AF464781

BIBLIOTHÈQUE
D'HISTOIRE CONTEMPORAINE

L'ESPAGNE CONTEMPORAINE

JOURNAL D'UN VOYAGEUR

PAR

LOUIS TESTE

PARIS
LIBRAIRIE GERMER BAILLIÈRE
17, RUE DE L'ÉCOLE-DE-MÉDECINE, 17

1872

L'ESPAGNE

CONTEMPORAINE

PARIS. — TYPOGRAPHIE LAHURE
Rue de Fleurus, 9

L'ESPAGNE CONTEMPORAINE

JOURNAL D'UN VOYAGEUR

PAR

LOUIS TESTE

PARIS
LIBRAIRIE GERMER-BAILLIÈRE
17, RUE DE L'ÉCOLE-DE-MÉDECINE

1872

A MONSIEUR

ÉDOUARD HERVÉ.

L'hommage de ces *Lettres* vous revient de droit, Monsieur, puisqu'elles ont été écrites pour le *Journal de Paris*. Mais, permettez-moi de vous les offrir à un autre titre. Depuis plusieurs années que je suis votre collaborateur, personne n'a pu apprécier, mieux que moi, la bonté de votre cœur et l'élévation de votre esprit. En m'ouvrant la carrière si périlleuse des lettres, vous avez bien voulu me donner votre amitié. Vous m'avez soutenu de votre appui et guidé de vos conseils. Je n'ai pas eu sous les yeux seulement un caractère droit et loyal, un écrivain consommé, une intelligence politique de premier ordre. J'ai eu un directeur à qui rien de ce qui m'intéressait n'a été indifférent. Ce sont là, Monsieur, des preuves d'affection que l'on n'oublie pas et dont je garderai le reconnaissant souvenir.

Louis TESTE.

Paris, le 1er juin 1872.

L'ESPAGNE CONTEMPORAINE

JOURNAL D'UN VOYAGEUR.

I

SAINT-SÉBASTIEN.

Saint-Sébastien, 5 mars.

Avant-hier, en quittant Paris, je vous ai promis de vous envoyer mes impressions de voyage. Dès la première halte, je tiens parole.

Vous pensez bien que je n'ai pas la prétention de décrire dans le détail et d'une façon complète, l'aspect, les villes, les monuments, la population, les mœurs et la politique de l'Espagne. Quelques jours ne suffiraient pas à cette étude ; il faudrait une année de séjour, de pèlerinages et d'observations. Je retracerai tout simplement ce que je verrai et ce que j'entendrai dans mon rapide voyage, en m'efforçant de voir le plus de choses que je pourrai et de les peindre fidèlement.

Je ne parlerai pas du trajet de Bordeaux à Irun, c'est-à-dire à la frontière espagnole, bien que le pays compris entre ces deux stations ait un caractère particulier qui prépare la transition avec les provinces d'au delà des Pyrénées. Vous connaissez ces plaines immenses plantées de pins maritimes, coupées çà et là de landes décharnées où des bergers paissent leurs moutons parmi les genêts aux fleurs jaunes et les touffes de bruyère. De loin en loin, dans les clairières, on aperçoit quelque chalet sans fenêtre, d'où s'échappe un filet de fumée. Ces chalets en bois sont barbouillés de couleurs voyantes. Il en est de blancs, de rouges, de verts. J'en ai vu un qui est jaune canari du seuil au toit; il doit être habité par un Aristée philosophe, comme il y en avait en Arcadie. Parfois ces humbles cahutes sont assez gentiment construites et situées dans des coins verdoyants; elles rappellent alors les poétiques métairies que l'on voit en Suisse, le long de la route de Chexbres à Fribourg. Voilà tout ce qui anime d'ordinaire ce paysage lugubre. En mars, il est un peu moins triste. C'est le moment d'émonder les jeunes pins, d'abattre les vieux, de pratiquer sur les sujets vigoureux de larges entailles, afin d'en faire découler la résine. Au-dessous de l'entaille, on attache à l'arbre un petit vase de terre qui reçoit les pleurs de la blessure. Ce travail occupe un bon nombre de paysans et d'ouvriers forestiers dont la présence rompt la monotonie des interminables *pinadas*.

A l'entrée de la vallée de l'Adour, à Dax, le site change tout à coup. L'air est plus vif. On ne voit plus des pins, mais des chênes-liéges et des bouleaux. De vastes prairies à moitié submergées s'étendent à la place des forêts. De petites collines, des vallées ébauchées, des flaques d'eau saumâtre, des ruisseaux couvrent la campagne. Dans les prés à l'herbe maigre broutent des mulets aux longs poils, au ventre gonflé, à l'œil morne. Vers le lointain, une silhouette bleuâtre se découpe sur le fond d'un ciel pâle qui n'a pas les tons chauds du ciel de la Provence : c'est la chaîne des Pyrénées.

Près de Saint-Geours, les pins et les landes reparaissent. Des bouffées de vent nous apportent une sorte d'odeur marine. Puis, on atteint bientôt Bayonne, dont les clochers se détachent au-dessus des toits lourds et gris. Quelques bateaux à vapeur flânent dans son port.

A partir de là, la route devient pittoresque. Nous traversons l'Adour, laissant à notre droite la Porte de France, les allées de Boufflers, les villas chamarrées qui s'abritent sous Bayonne. La vue se découvre. En approchant de Biarritz, la mer fait de fréquentes apparitions par les dentelures des rochers. A gauche, les Pyrénées sont parfaitement distinctes. De grosses croupes de montagnes un peu basses sont étagées les unes derrière les autres. Elles portent encore leur parure d'hiver, des arbres défeuillés. On dirait d'énormes ours à la fourrure épaisse et bourrue, accroupis sur leurs pattes. Des villages sont semés des deux côtés du chemin de fer.

Ici, le château de Marrac que Napoléon Ier a habité; le hameau de la Négresse ; le lac de Mouriscot ; Oyhare ; Alhaitea ; Bidard qui descend jusqu'à l'Océan. Là, Guéthary peuplé de marins et de pêcheurs ; le château d'Urtubie où Louis XI eut une entrevue avec les rois de Castille et d'Aragon ; Saint-Jean-de-Luz, une assez jolie bourgade ; Béhobie, le dernier village français. Plus loin, les redoutes d'Exail, de Fady, des Sans-Culottes, de Serrès ; la forteresse de Fontarabie ; la Bidassoa et l'île des Faisans, grande comme la main, où fut célébré, par procuration, le mariage de Louis XIV avec l'infante Marie-Thérèse ; Hendaye, la station extrême de la ligne du Midi. Toutes ces petites villes sont bâties de maisons dont les portes, les volets, les croisées, les poutres, les avant-toits et les balcons sont peints en rouge sang de bœuf ou en ocre. Autour des jardins bien ratissés, des pêchers et des poiriers en fleurs, des haies naines vertes et déjà fleuries.

En sortant d'Irun, première station espagnole où nous trouvons les *carabineros del Reino* qui fouillent nos valises, et où nous attendons une demi-heure que le conducteur du train ait fumé sa cigarette, nous franchissons les tranchées ouvertes dans les flancs du chaînon qui relie la montagne de Haya au mont Jaizquivel. Nous nous engageons ensuite dans une campagne assez riante du côté des Pyrénées, assez nue du côté de la mer ; nous longeons le port de *Pasajes*, en face de Renteria, où l'on voit les ruines d'un palais du quinzième siècle, et nous débarquons enfin à Saint-Sébastien.

Je suis assailli à la gare par dix garçons d'hôtel. L'un me prend ma valise, l'autre mon pardessus, le troisième ma canne, et les voilà tous trois se disputant en jargon basque, et moi obligé de reconquérir mes effets sur ces drôles. Je m'adresse à un quatrième industriel sur la casquette duquel je lis : *Fonda nueva de Beraza.* Mon larbin était de taille. Il réunit mes bagages, à renfort de coups de poing ; je monte dans sa voiture et le suis à sa *Fonda.*

A peine étais-je depuis une heure dans la ville que j'avais la bonne fortune de rencontrer un de mes anciens camarades de collége, M. Louis de Meurville, dont le père a été consul de France à Saint-Sébastien, où sa famille est fixée aujourd'hui. Vous comprenez qu'il m'a été facile de visiter la ville et d'y voir tout ce qui mérite l'attention.

Je suis sous le charme du spectacle que j'ai admiré tout un jour. Figurez-vous les Pyrénées allongeant leurs pieds vers l'Océan et les écartant pour former une baie dans laquelle les flots viennent se reposer. Un rocher pointu, au milieu de l'anse, la divise en deux et figure une presqu'île. C'est au bas de ce rocher, sur cette presqu'île, qu'est bâtie Saint-Sébastien. Si vous voulez jouir de la vue de la mer, de la ville et des montagnes fondues en un superbe panorama, nous allons gravir ensemble le rocher qu'on appelle ici le mont Orgullo. Il est fait de quartiers de roche entassés ; un épais gazon, des violettes, des primevères et des pervenches poussent dans les crevasses. Prenons ce sentier raboteux qui se cache derrière l'église Santa-Maria. Franchissons la poterne, car l'Orgullo est terriblement fortifié, et ce n'est pas sans des combats sanglants que les Anglais et les Portugais s'en sont emparés en 1813. La sentinelle est polie, elle nous souhaite la bienvenue. Passons une deuxième poterne. Nous voilà tout juste à soixante pieds à pic au-dessus de la mer. Un peu plus loin, quatre ou cinq tombeaux. Ce sont ceux d'officiers anglais tués dans l'assaut donné par le général Graham. Grimpons toujours en spirale. Nous touchons au but. Baissons-nous sous cette porte de caveau. Tournons à droite, montons cinquante marches d'escalier, répondons au salut d'un nouveau soldat en faction, et prenons position sur la plate-forme qui couvre la bastille et qui est bordée de créneaux et de mâchicoulis. Des canons sont couchés en face des embrasures, prêts à se dresser tonnants sur leurs affûts; des mortiers guettent l'ennemi; des boulets sont rangés en parc.

Maintenant, appuyez-vous sur le plateau du rempart qui sert de balustrade. Le vent souffle à décorner un bœuf de l'Estrémadure. Mettez votre chapeau dans la guérite du factionnaire qui est là à portée de votre main et contemplez si vous pouvez, sans émotion, ce tableau infini de la mer. L'eau est calme et unie comme une glace. Elle a des reflets verts qui caressent l'œil. Vous avez beau jeter les regards en avant, plus avant encore, toujours la même limpidité majestueuse. Là bas, au fond, aussi loin que le rayon visuel peut porter, vous croyez sans doute que la vue va se perdre dans l'atmosphère vague et nuageuse qui fait l'arrière-plan des paysages? Pas du tout. L'horizon le plus reculé est serein. Seulement, lorsque votre lunette marine atteint la limite de sa portée, il se produit un effet d'optique d'une beauté incomparable. Le ciel semble s'abaisser, la mer s'élever; tous deux se touchent. Le ciel conserve sa nuance tendre, la mer sa couleur foncée. Au point où ils s'unissent est tracée une ligne droite et nette comme un trait; pas la moindre obscurité, pas une incorrection dans cette perspective d'eau et de lumière. Bien loin, j'aperçois un point noir, un bateau à vapeur. A une distance plus rapprochée, deux barques étendent leurs voiles blanches. L'heure de la marée montante vient; le vent redouble. Comme je suis peu habitué à ces impressions sublimes et terribles à la fois, je m'imagine, sitôt que la mer moutonne, que les vagues vont s'enfler et déchaîner la tempête. J'ai le cœur serré. Non, je ne pourrai savourer à l'aise la sécurité de la terre ferme, quand cette pauvre frêle embarcation sera battue par l'orage. Les vers de Lucrèce me reviennent à la pensée; j'ai pu les admirer, après tant d'autres, au coin de mon feu; à présent je les trouve détestables, affreux. Heureusement, il n'y a guère de tempête que dans mon imagination. La marée ride tout au plus la surface de la mer. L'eau se balance contre le pied de l'Orgullo et se brise sur la grève avec un mugissement de nonchalance, jetant tout autour une écume neigeuse, tamisée, plus brillante que le diamant.

On n'est pas moins surpris, si l'on va s'accouder en observateur à l'autre bout de la plate-forme qui fait face aux Pyrénées. On plonge jusque dans le sein de ces montagnes, on les domine, on les fouille, on les tient dans la main. Chaque pic se détache. On suit les sinuosités des vallées les plus profondes, les plis les moins prononcés. Le soleil se joue à travers toutes ces crêtes et ces déchirures. Toutefois, les Pyrénées, dans la partie qui s'étend derrière Saint-Sébastien, ont des formes arrondies et moyennes qui n'offrent rien de bien effrayant. Elles sont plutôt gracieuses qu'imposantes. Elles encadrent mieux les jolies femmes qui viennent aux bains de mer que Roland et les pairs de Charlemagne.

Descendons l'Orgullo, rentrons dans la presqu'île, et parcourons la ville. Les rues sont d'une propreté admirable ; il est vrai que les vents brûlants du sud, qui font déjà épanouir les feuilles, les balayent à souhait. Les maisons brûlées par les Anglais en 1813, et rebâties depuis, paraissent toutes neuves. Elles sont presque d'égale hauteur. La façade est badigeonnée de jaune et de blanc. Une raie jaune marque les étages. Les volets sont verts. Toutes ces constructions sont coquettes et confortables. La *Plaza Nueva*, la plus belle des places de Saint-Sébastien, est entourée de portiques. Elle servait autrefois aux combats de taureaux, et l'on voit encore aux fenêtres les numéros des loges.

C'est sur cette place qu'est situé l'*Ayuntamiento*, que l'on appelle aussi *Casa consistorial*. La Junte et l'Alcade y ont leurs salles de réunion. Les autres monuments sont l'église *Santa-Maria*, qui est élégante et d'une architecture exquise. On y voit la trace des boulets anglais. L'église *San Vicente*, moins belle, est ornée à l'espagnole. Le chœur est surchargé de petites niches, de petits saints, de petits Christs transpercés de flèches, de petits diables, d'anges, de chérubins, de vierges, et d'un nombre incalculable de statuettes. Tout cela est doré ou rouge.

Ce qui est vraiment digne d'admiration, c'est la *Concha* ou anse dont je parlais tout à l'heure. Elle a la forme d'une coquille, *concha*. Les Espagnols l'appellent la *Perla del Oceano*. Elle est dessinée par l'Orgullo, l'île de Santa-Clara, la ville et la montagne. L'eau se prélasse comme une Andalouse dans la baie, se berce mollement jusqu'à quelques mètres des quais et dépose sur la plage un sable fin que peut fouler le pied le plus mignon de la plus délicate duchesse du royaume de Valence. En été, la plage se couvre de baraques à roulettes, en bois peint, blanc et bleu ou blanc et rose. A la marée basse, on pousse les baraques sur le bord de l'eau; on les retire à la marée montante. Toute la société madrilène vient se baigner à *la Perla*. Les femmes du peuple y viennent aussi. Des trains de plaisir les amènent de Madrid pour quelques réaux. Les unes et les autres prennent leurs ébats dans ce bassin. Elles se costument en baigneuses, abritées des regards indiscrets par les cabines multicolores. Elles en sortent, celles-ci vêtues de longues chemises blanches, celles-là de caleçons flatteurs ou de peignoirs légers.

Les bains de la *Concha* attirent beaucoup d'étrangers pendant la belle saison. On voit à cette époque de ravissantes toilettes, des équipages et un monde de señoras sur le *Campo de Maniobra* et la *Zuriola*. A l'heure du bain, la *Calle de la Concha* est semée de toutes ces fleurs.

Bientôt, la *Concha* sera bordée d'habitations. Il y en a déjà qui ont fort bon air. De mon appartement, j'aperçois l'hôtel de la duchesse de Medina-Sidonia, très-aimée de la colonie française, et à qui j'ai été présenté hier. Je vois aussi la maison occupée, pendant la guerre, par M. de la Guéronnière, le *mirador* de la chambre de M. Gambetta, le *Cursaal*, qu'habitait la reine Isabelle en septembre 1868, avant de passer en France. De tous côtés, on construit de nouvelles maisons, un pont superbe, une école spacieuse et l'on va agrandir le port de *Pasajes*, qui est insuffisant. La population doublera, triplera même ; de vingt mille habitants, elle montera sans beaucoup tarder à trente ou quarante mille.

Saint-Sébastien n'a pas un caractère bien particulier ; moitié français, moitié espagnol. La société y parle plus volontiers le français, la classe moyenne l'espagnol et le peuple le basque. Dans les environs, cette dernière langue est la seule connue. Parcourez le Guipuzcoa, l'Alava et la Biscaye, vous ne vous ferez pas comprendre des paysans en leur adressant la parole en français ou en espagnol. Ils ne savent que le basque.

Comme leur idiome, les Basques ont conservé le visage aux traits secs, durs, heurtés, mais non vulgaires. Ils se marient entre eux et méprisent l'Aragonais, comme le Castillan méprise l'Andalou. Ils forment un petit peuple à part.

Vous savez qu'on a écrit beaucoup sur l'origine du

basque, dans lequel on retrouve des mots magyares, assyriens, grecs et indous. Ce qui est certain, c'est que le basque est une langue qui ne se rattache intimement à aucune autre. Elle procède à peu près comme l'allemand pour la formation des mots, et elle tient du grec pour la richesse des images. Par exemple : *lèvre* se dit *españa*, à cause de sa forme qui est celle de l'Espagne. Au lieu d'attribuer au mot *Dieu* une idée purement abstraite, elle dit : *Jaungoicoa*, qui signifie *seigneur du ciel*. On prétend qu'elle est d'une étude difficile. Une dame très-aimable me disait même hier, dans un salon, qu'il fallait, pour l'apprendre, épouser une basque. Le moyen est charmant, mais tout le monde, hélas ! n'y peut songer. On m'assure que M. l'évêque de Bayonne n'a pas eu besoin de passer par semblable école, et que par un travail opiniâtre de quelques mois, il est parvenu à la connaître parfaitement. Aujourd'hui, dans ses tournées pastorales, il prêche en basque et prêche très-bien. C'est donc le basque que la classe populaire parle à Saint-Sébastien ; et ce matin, dès six heures, j'ai été surpris par une chanson d'un rhythme bizarre dont s'égayait, à son réveil, une servante de ma *Fonda*.

Les femmes ont la physionomie que je vous ai dite. A mon lever, je suis allé me promener à la *Plaza Nueva* et au marché aux poissons, petite halle bien installée, afin d'y étudier *de visu* les figures des commères. J'ai pu me convaincre que le type que j'avais cru remarquer est bien le type populaire. Les marchandes d'un certain âge portent les cheveux tressés en une natte qui pend derrière leur dos. Chez quelques-unes la natte est fausse. Je l'ai reconnu à la différence de couleur des bandeaux. Les jeunes filles se coiffent à la française. Leur costume est celui de France. Il en est de même dans le monde. Seulement, les dames vont à la messe avec la mantille espagnole. J'en ai rencontré plusieurs à Santa-Maria ; le voile piqué à la coiffure leur donne un air de veuve à demi consolée fort intéressant.

Les hommes ont le type basque moins pur que les femmes, et je ne songe pas à le leur reprocher. J'en ai bien vu une centaine portant, comme signe de leur nationalité, des chaussons en toile, à la semelle de corde, dits *alpargatas*, et le béret ou *boina* bleu ou rouge, pareil à celui des commissionnaires du port de Marseille. Ce sont surtout les conducteurs de chariots à bœufs, aux roues pleines et criardes. Le reste est habillé comme dans nos villages.

Il y a un certain nombre d'ouvriers à Saint-Sébastien, soit à cause des travaux de maçonnerie que l'on exécute, soit à cause de la foule qu'attirent en été les bains et la *roulette*. On les dit assez laborieux et tranquilles. Ils ont le bon esprit de ne pas s'occuper de politique. Un comité de l'Internationale a été établi ici par la section de Madrid. Il n'a pas eu le moindre succès. La religion est d'ailleurs en honneur dans toutes les classes, ce qui est une assez bonne garantie contre les idées révolutionnaires, lesquelles ne représentent la plupart du temps que des appétits. J'ai vu des ouvriers saluer les prêtres qui passaient et leur marquer du respect. Ces prêtres ont le manteau romain et le chapeau à la Basile. Leur vêtement et leur mise respirent un air de prospérité qui fait voir qu'ils ne sont pas en pays ennemi.

Ce qui fait que ce caractère de simplicité s'est conservé dans les provinces basques, c'est leur organisation politique. Elles vivent en quelque sorte isolées et indépendantes en Espagne. Le gouvernement ne lève chez elles ni impôt du sang ni impôt fiscal. Elles n'ont que l'obligation de lui fournir chaque année, à titre de *cadeau*, une somme variant selon les nécessités, et une troupe de volontaires, à ses frais, en temps de guerre. L'industrie et le commerce ne payent qu'un impôt de patente insignifiant. Les droits qui frappent les denrées à leur entrée dans les trois provinces basques forment le budget provincial : les droits d'octroi, le budget communal. Ayant peu de charges, ces hommes ont peu de besoins, partant peu d'envie.

II

DE SAINT-SÉBASTIEN A BURGOS.

Burgos, 6 mars.

Je n'ai pas quitté Saint-Sébastien sans me proposer de m'arrêter, à mon retour, dans cette délicieuse station de mer. En m'éloignant, je me suis retourné plusieurs fois vers sa *Concha*, réfléchissant mélancoliquement sur la destinée qui oblige les hommes à se séparer brusquement des êtres ou des choses qu'ils aiment ou qu'ils commencent d'aimer.

Quelques instants après avoir passé l'Urrumea, à la porte de Saint-Sébastien, on atteint Hernani où est né Juan de Urbieta qui fit prisonnier François Ier à la bataille de Pavie. On aperçoit Urnieta dont la campagne est très-fertile; Andoain et son église en style de la Renaissance; Javora perché à côté d'un pont en fer; Villabona, Irura, Hernialde; le colossal Saint-Jean-Baptiste de Santa-Maria de Tolosa, ancienne capitale du Guipuzcoa, qui a gardé ses privilèges, *fueros*. Je distingue aussi le sommet d'un autre de ses monuments, l'*Armeria.* Alegria étend ses forges et sa papeterie de *la Providencia* le long de l'Oria. A deux ou trois kilomètres de là, sur la route de Madrid, à Icasteguieta, est une maison de construction commune sur la façade de laquelle s'étend une fresque immense. Je n'ai pu en saisir le sujet, bien que je croie y avoir remarqué des saints et des anges. Legorreta sommeille dans un pli de terrain vert et boisé. Isasondo s'abrite sous le cône de l'Alalar. Villafranca, enserrée dans ses murailles, me paraît être une assez jolie bourgade. Enfin, Beasaïn est la dernière étape de ce paysage.

Tout ce parcours est extrêmement pittoresque. Partout, des ruisseaux, des cascades, des forêts de chênes-liéges, de châtaigniers et de pins, des prairies, des terres cultivées, des jardins bien entretenus, des bouquets d'arbres fruitiers. Les maisons y sont uniformes. Ce sont de grandes baraques en pierres, percées de petites fenêtres. Mais, sont-elles malpropres, noires, enfumées, lézardées, crevassées, mortes, sépulcrales! et toutes les vilaines épithètes que le dictionnaire vous fournira. Avec cela, elles ont un air tellement antique, vénérable et moyen âge que je ne puis m'empêcher de les contempler respectueusement.

Je me crois transporté au quatorzième siècle. J'attends que des castels sortent les gentes damoiselles et les chevaliers en cotte de mailles, que des vieilles églises surmontant les monticules, défilent les processions de moines et de pèlerins. Mais je n'entends que les cloches qui depuis des siècles marquent les heures dans cette solitude, et je ne vois que de misérables montagnardes, sèches comme les sorcières de Macbeth, rabougries, ratatinées, édentées, la queue de cheveux secouée par le vent. Et c'est ainsi d'Hernani à Béasain. Je n'ai pas vu une femme qui ne fût aussi maigre qu'une chèvre de Corse ni une maison où le sabbat ne se puisse célébrer. Pardon! j'ai entrevu une maisonnette peinte en bleu de ciel, la seule gaie de toute la route; elle est habitée certainement par quelque señorita désabusée du Prado et qui a fait un vœu à Sainte-Marie-Magdeleine.

A Béasain, le chemin de fer est à cheval sur le dos d'une montagne. En se penchant à la portière pour regarder cette longue suite de chaînons que l'on vient de parcourir, on est émerveillé. On se dirait dans un nid d'aigle d'où l'on surplombe les Cantabres. En revanche, on s'enfonce dans d'autres montagnes moins peuplées, moins pittoresques et presque aussi froides que l'Oberland bernois. La bise cingle la figure, une pluie fine et perfide glace l'air. Les arbres deviennent plus rares, les rochers nus se pressent contre la voie; des trous noirs et profonds, encombrés de pierres détachées des blocs, effrayent le regard. J'aperçois là-bas le viaduc d'Ormaïsteguy qui relie deux côtes. Il y a à Ormaïsteguy une source d'eau minérale et un palais, l'Iriarte-Erdicoa, celui du général carliste Zumalacarregui. Six tunnels se succédant presque sans intervalle me permettent de sommeiller une demi-heure. A Zummaraga, comme je n'avais pas eu le temps de déjeuner à mon départ, j'étais muni d'un assez bon appétit. Le buffet se compose d'une table boiteuse sur laquelle clochent quatre ou cinq bouteilles de je ne sais quel liquide, des petits pains en torsades, à la pâte épaisse et sans levain, et des calviles blanches. J'en mords une et me désaltère tout au moins.

Nous passons à un troisième tableau, à Vitoria que domine une église du douzième siècle. Nous approchons de la Vieille-Castille. Le pays s'aplanit. De temps en temps, il nous faut bien franchir d'énormes masses calcaires, entre autres près des ruines du monastère de Bugedo, de l'ordre des Prémontrés. Mais les chaînes pyrénéennes deviennent décousues; et nous entrons dans la Castille, à Miranda. J'avoue que je ne suis plus étonné de la maigreur légendaire de don Quichotte, de Rossinante et de ce pauvre diable d'âne qu'écrasait Sancho. Ces plaines me paraissent la désolation de la désolation. Voyez à gauche, à droite, en avant, en arrière, c'est plat comme un champ de manœuvres. La terre y est rouge, violette, verte, grise, noire, couleur de feu, blanche, safranée, pain grillé, pierre ponce, rôtie, tout ce que vous voudrez. Elle est multicolore comme un jupon de bohémienne. On dirait qu'elle a eu la fièvre typhoïde et qu'il lui est resté sur le corps des plaques sanguinolentes et tuméreuses.

L'Èbre coule dans le lointain, au delà de la vallée de l'Ameyugo, et l'on voit les crêtes de Santander. La route de Madrid, que nous suivons depuis la frontière, s'allonge toujours en ruban monotone vers la capitale. Elle est bordée de poteaux de pierre rapprochés, semblables à ceux qui existent encore en Savoie. Elle est déserte, peu s'en faut. De distance en distance, une charrette couverte, traînée par quatre ou cinq mules attelées en cheville; un Castillan monté sur un mulet fin et vif, à la bride ornée de pompons rouges, le manteau brun fièrement rejeté sur l'épaule, le béret en peau de mouton noir fixé sur le chef; une maraîchère assise dans le panier sous lequel gémit, la tête entre les jambes, un ânon poussif; deux gendarmes de grade égal, sans baudrier ni sardine blanche. Dans les champs, des laboureurs chaussés d'*alpargatas* en cuir, les mollets serrés dans des guêtres sordides, vêtus de paletots de bure, enveloppés dans le manteau-capucin qui enterre deux ou trois générations; des paysannes, un foulard bigarré tortillé autour de la tête, accoutrées de fichus éclatants et de jupes jaune-serin avec une large bande rouge au bas; une jeune fille, assez peu poétique, filant une quenouille, comme une bergère de M. de Florian ou de Mme Deshoulières; un vieux, soufflant dans ses doigts et veillant sur ses moutons mérinos aux laines soyeuses. Celui-ci gratte son patrimoine avec une arare et deux vaches dont le joug est recouvert d'une fourrure d'agneau. Celle-là pique sa bêche dans le sol. Tout ce monde a l'air assez pauvre, si l'on en juge par les guenilles, la malpropreté et le peu d'embonpoint de ces hères. On me dit que ces plaines désolées produisent du blé, du seigle et de l'avoine et nourrissent les habitants. Mais où et quand ces céréales poussent-elles donc? car je vois beaucoup plus de terrains en jachère que d'espaces ensemencés.

La faim me talonnait furieusement à Briviesca, lorsqu'un à-compte sur le dîner copieux que je me promettais de faire à Burgos, se présente à moi sous la forme d'une galette. Mon estomac a des tressaillements. Mais au moment où je tire de ma poche quelques *cuartos*, ma brune marchande prend délicatement entre ses doigts le tablier noir à fleurs jaunes qu'elle porte à la taille, et se mouche, la conscience parfaitement tranquille, à la barbes des voyageurs. Adieu, la galette!

Cet incident risible qui aurait pu se changer en scène de cannibale, si nous avions été à cent kilomètres de Burgos, car j'aurais été capable de dévorer mon voisin, m'a fait oublier les souvenirs historiques auxquels j'eusse songé en passant à Briviesca dans des dispositions moins faméliques. Je serrai ma ceinture, me pelotonnai dans mon plaid, croisai les bras, plantai là mentalement la Castille, Juan Ier, le prince des Asturies, l'infante Garcia, Sancho de Navarre, Sancho II et tous les autres Sancho, et me mis à voyager, toujours mentalement, d'un plat à l'autre de ma future table d'hôte.

Enfin! Burgos! *Fonda de la Rafaela*, demandai-je à un *carabinero del Reino*. Il allait me répondre, quand je m'aperçois que je suis tombé en pleine fourmilière de mendiants puants, dégoûtants, déchirés, rapiécés, bariolés, qui m'entourent, me pressent : *Caballero, la caridad! Por amor de Dios, señor! Caballero! señor! señorito! caballero!* Allez au diable! finis-je par leur crier. Je distribue à deux ou trois quelque monnaie, je saute dans la voiture de *la Rafaela*, et cinq minutes après j'étais au coin d'un bon feu, dans un vieil hôtel qui a dû être un couvent, en face de la caserne de cavalerie, guettant une servante du nom de Carmen, qui fait les yeux doux à un chasseur à cheval de l'autre côté de la rue, sans penser, la malheureuse! que cet hidalgo est un don Juan qui la trompera, la rossera et la délaissera. Chasseur volage! naïve Carmen!

Le dîner est servi. Je suis placé à table à côté de deux abbés du Canada. Je parle peu et je mange. Vous ne savez pas quel a été notre plat de résistance? Du bœuf bouilli, du lard bouilli, des grains de maïs bouillis, des haricots blancs bouillis, des pommes de terre bouillies. Eh bien, voilà cinq plats! Pas du tout. On vous présente successivement, et dans l'ordre indiqué, ces deux quadrupèdes et ces trois légumes. Vous empilez le tout sur votre assiette et vous mangez. Je suis surpris qu'à ce régime les gens de Burgos ne soient aussi volumineux que madame Thierret. J'arrose ces boulettes indigestes d'un vin liquoreux qui ressemble à du sirop de groseille; il faudrait une cuillière pour le mélanger avec l'eau que je verse dans mon verre. Sur ce, je monte chez moi pour vous écrire et me reposer ensuite. Demain, je visiterai Burgos.

III

BURGOS.

Burgos, 7 mars.

On m'avait donné un mot de recommandation pour M. Igon, ancien président à la Cour Suprême, retiré à Burgos, et qui, en ce moment, se trouve à sa villa, près de la *Cartuja de Miraflores*, à une lieue d'ici. C'est un homme de mérite que j'aurais été fort honoré de connaître. Je me proposais d'aller, ce matin, à cheval jusqu'à la Chartreuse me présenter chez lui. Mais le mauvais temps m'a retenu à Burgos.

Par bonheur, la pluie n'a pas duré tout le jour ; j'ai pu, à mon aise, visiter la ville et monter à la *Castilla*, afin de découvrir les environs.

Burgos est une jolie ville bâtie sur les bords de la rivière de l'Arlanzon. Elle est très-propre. Un certain nombre de ses rues sont de construction tout à fait récente; la plupart datent du dix-septième siècle; deux ou trois sont de la Renaissance, telle que la *Calle del Cid* et la *Calle del Fernan Gonzalez*.

Le long de l'Arlanzon, s'étend l'*Espolon*, promenade ornée de pelouses, de fontaines, des statues de Fernando Ier, d'Alfonso XI, d'Enrique IV, de Fernan Gonzalez. Ces statues de pierre sont sculptées d'après la statuaire antique, c'est-à-dire sans être dégagées entièrement du bloc. La partie postérieure est à peine dégrossie. Un détail assez singulier! les trois rois tiennent à la main une épée de fer, ce qui est d'un effet bizarre. Lorsqu'il fait beau, et ce n'est pas tous les jours, puisque les trois quarts de l'année peuvent être revendiqués par l'hiver ou du moins par une température humide et fraîche, l'*Espolon* est animé; les habitants y viennent entendre la musique de la garnison et goûter le soleil.

De l'*Espolon*, on n'a qu'à traverser la chaussée et une voûte de quelques mètres pour se trouver sur la *Plaza Mayor*, depuis trois ans *Plaza de la Constitucion democratica*, nom malsonnant pour la noble Castille. La place est ovale. Elle est entourée de maisons à deux étages, à balcons, à fenêtres bleues. Des arcades en font une promenade circulaire où l'on vient flâner quand il pleut. C'est vraiment l'endroit de Burgos qui satisfait le mieux la curiosité du touriste en quête de couleur locale. Sous les galeries, sont des boutiques exiguës, borgnes, impossibles, où l'on vend de tout. J'ai vu dans la *botiga* d'un épicier un livre espagnol sur le procès du prince Pierre Bonaparte. Sur la place elle-même, des revendeuses de légumes, des ânes, des mulets, des marchands de pain, de savon, de fruits, de fromages, de bananes en chapelet. Des groupes de Castillans stationnent çà et là. Leur *capa* ou manteau est retroussée superbement. Ils fument leur cigarette avec le négligé d'un seigneur. S'ils ne fument ni ne causent, ils sont étendus appuyés contre une arcade. Charles III, dont la statue en bronze s'élève au milieu de la *Mayor*, a moins grand air. Pourtant, ces don César de Bazan sont sales et en haillons. Il n'est crible ni écumoire plus percés que leur *capa;* on passerait la tête à travers le premier trou venu. N'importe, ils s'en moquent parfaitement. Si vous les regardez avec étonnement, ils semblent vous répondre : « N'est pas Castillan qui veut. » Les femmes n'ont pas une toilette plus recherchée. En général, pardonne-moi, peuple de Burgos! elles sont laides. L'invariable jupe jaune à bande rouge, criblée de pièces, vrai damier d'échantillons râpés et crasseux, émaille leur personne. Leurs enfants, plus malpropres, plus jaunes et plus rouges encore, se roulent à terre.

Vers midi, j'ai fait plusieurs fois le tour des galeries, étudiant avec attention ces types mélangés de fierté, de paresse et de misère. Il y avait beaucoup de promeneurs. Le temps était devenu doux. Les señoras se glissaient sous les voûtes comme des lézards au premier rayon chaud. Vous allez me dire que je les vais juger à l'instar de l'Anglais de Sterne qui, voyant une femme rousse à l'auberge où il était descendu, inscrivit sur son calepin : « Les femmes sont rousses dans ce pays; » et que par les quelques dames que j'ai vues à la *Mayor*, je vais conclure qu'à Burgos les señoras sont brunes. Le fait est que je les ai vues toutes sous ce jour et que je n'ai pas la jaunisse. J'ai vu encore qu'elles étaient moins anguleuses que les Basques, qu'elles avaient le teint mat, la joue potelée sans être bouffie, les dents blanches. Leur robe noire sied bien à leurs traits, et la mantille y ajoute la grâce. Ce costume simple est celui qui fait le mieux ressortir la beauté.

Il y avait aussi bon nombre de señoras avec la *capa* en drap brun ou bleu foncé. Chacun ici porte la *capa*. J'étais, je crois, le seul promeneur vêtu des habits insignifiants qui fleurissent à Paris. C'est sans doute à cela que je dois d'avoir été distingué par un joueur de mandoline qui, la première fois que je passai devant lui, s'inclina avec tant de déférence que je fus obligé, pour ne pas laisser croire qu'il se méprenait, de donner à ma physionomie une majesté telle que je la suppose à un grand d'Espagne, et de jeter négligemment à ses pieds quelque monnaie. Le faquin comprit la chose. A mon retour, il m'adressa un salut plus respectueux encore, espérant que je n'oserais lui refuser de menus maravédis. Je continuai mon chemin sans sourciller; on n'attrape pas deux fois de suite un Parisien. Ce virtuose a dû rire de moi. En tout cas, il n'a pas ri d'aussi bon cœur que je l'ai fait deux minutes après. En levant les yeux, je me rencontre nez à nez avec un brave homme de prêtre, coiffé du chapeau à la Basile, long de trois pieds, et je ne puis retenir un cri de surprise en voyant un nez! non, je renonce à vous le peindre. Vous avez vu une pomme de terre au moment où elle s'est *remariée*, suivant un mot employé par nos paysans pour signifier qu'elle s'est grossie d'une foule de petits tubercules, d'excroissances. Eh bien, figurez-vous une pomme aussi grosse qu'un poing, illustrée des difformités les plus saugrenues et d'une couleur vineuse; plantez ladite pomme au beau milieu d'un visage rougeaud. Affublez le monsieur, porteur du visage, d'un manteau noir descendant jusqu'au trottoir; fourrez-lui sur le chef un chapeau à la Basile, immense, profond, vraie gargouille de cathédrale; contemplez votre œuvre et dites si elle est bien.

Je profitai de ce que j'étais à la *Mayor* pour entrer à la *Casa Consitorial*. Le monument est vulgaire, mais j'y voulais voir les restes du Cid et de Chimène que l'on conserve dans un sarcophage en bois, au milieu d'une chambre disposée en chapelle. Une femme préposée à la conduite des visiteurs m'ouvrit diverses salles, dans l'une desquelles se trouve un banc en bois de chêne que l'on dit dater du onzième siècle et qui aurait servi de siége au premier juge de la Castille, Nuño Rasura. Je confesse que j'ai regardé avec indifférence ce banc vénérable. Le cœur me battait. Mon guide pousse une clé dans la serrure du sarcophage, soulève le couvercle, puis une vitre. Un grillage léger m'empêche de toucher ces ossements. Trois doigts d'espace les séparent de ma main. Je respire cette odeur de moisi que garde le sépulcre, même après des siècles. D'un côté, les os de Chimène, de l'autre ceux du Cid. Sur ces derniers, une bouteille qui renferme la cendre des deux cœurs brûlés. Je reste cinq grandes minutes penché sur cette poussière qui n'est plus rien. L'oraison de Condé me revient à l'esprit; il me semble entendre Bossuet rapprocher tant de grandeur du néant et nous ramener à la pensée de la mort, nous qui sommes si peu de chose.

Je venais de voir le tombeau du Cid, je tenais à voir également l'emplacement de la maison où il est né. De l'*Ayuntamiento*, je pris par l'*Espolon* où j'avais donné rendez-vous au *cicerone* de la *Rafaela.* Nous nous acheminons ensemble, en ayant soin de nous arrêter vers les fontaines où les femmes viennent puiser l'eau dans des amphores qu'elles portent à la main, au lieu de ces seaux en bois à trois cercles de fer battu que les Basques tiennent en équilibre sur leur tête. Et suivant le chemin de l'école, après avoir dépassé l'*Arco*, flanqué de six tourelles, orné des statues du Cid, du comte Diego Porcello, de Nuño Rasura, de Lain Calvo, de Fernan Gonzalez et de Charles-Quint, en l'honneur duquel il a été érigé, nous visitâmes la *Casa del Cordon*, antique palais aux murs blasonnés que fit construire au quinzième siècle Fernandez de Velasco; la *Plaza del Mercado*, les églises de *San-Gil*, de *Santa-Agueda* et divers édifices, portails ou sculptures, réservant pour plus tard la cathédrale que j'avais déjà parcourue à la première heure, au moment où vingt messes se célèbrent à la fois, et où les señoras agenouillées sur le marbre nu, dans la demi-obscurité, semblent plus pâles que les madones et plus pieuses que les anges.

Le berceau du Cid est à cinq minutes de la cathédrale, à trois cents mètres de l'arc de Fernan Gonzalez, bâti par Philippe de Bourgogne, à cent cinquante du *Campo-Santo*, au-dessous de la *Castilla.* Il ne reste pas une seule pierre de la maison. Des bornes indiquent son emplacement, et une sorte de trophée à trois colonnes, chargé d'inscriptions, rappelle que là, à cette place, sur ces quelques pieds de terre, dans ce lieu isolé, est né le Cid, *solar del Cid !*

Nous enjambons le talus et nous gravissons le coteau de la *Castilla* ou citadelle à moitié démantelée. Mon guide, qui est carliste, me dit que *el rey Amadeo* a fait braquer des canons sur les principales rues de la ville, car il paraît que Burgos lui est hostile. Pour achever sa démonstration : *Caballero!* me dit-il, *viva don Carlos!* A mi-chemin, nous faisons halte.

Les plaines castillanes, vues d'ensemble, me semblent moins désolées ; j'embrasse Burgos d'un coup d'œil et je fouille les cent clochetons, les flèches à jour, les faisceaux de piliers grêles, la tour octogone, les deux pyramides faites de dentelles de pierre, de ce magnifique sanctuaire, l'un des plus beaux de la terre. On ne le voit bien que du castel, car il est encastré, ainsi que la plupart des monuments gothiques, dans un fouillis d'échoppes, de masures, d'impasses étroites. Mais de la position où je suis, je le dégage parfaitement de son entourage. Il forme une croix latine et comprend trois nefs parallèles qui se brisent à la naissance d'un dôme de soixante mètres. De trois lieues à la ronde, on l'aperçoit.

Nous descendons par la petite place *Santa-Maria*, en face de la façade principale, une merveilleuse guipure. Par une distraction involontaire, je lis sur une boutique : *se vende petroleo*, et je frissonne de tout mon corps en pensant à ces brigands sans Dieu, sans foi, sans loi, sans cœur, sans esprit, sans yeux, qui ont incendié les monuments témoins de l'histoire de nos pères, et dont les stupides doctrines feront un jour peut-être disparaître ce chef-d'œuvre devant lequel se réchauffent contre eux mon mépris et ma colère.

J'entre tout saisi d'admiration. Une nuée de mendiants s'abat sur moi. C'est une profession à Burgos. Il en est qui vont à la gare, à l'arrivée de chaque convoi; ils *font* le train. Je parviens à me réfugier dans une nef. J'ai passé sept heures dans la contemplation la plus extatique d'un mystique rêvant au paradis. J'ai tout vu et je n'ai rien vu. On a mis trois siècles à placer ces pierres les unes sur les autres, à les rendre vivantes, à les faire parler, à les revêtir de l'inspiration religieuse; comment voulez-vous que j'aie vu tout cela en quelques instants, et que je vous en parle en quelques lignes. Je resterais là un an sans éprouver une seconde d'ennui, et j'écrirais un volume sans épuiser le sujet. Notre-Dame de Paris, plus grandiose peut-être extérieurement, est bien loin de donner une idée de toutes les richesses que renferme la cathédrale de Burgos. Chaque pierre représente la vie d'un moine; des dalles à la voûte de la coupole, c'est un joyau ciselé comme l'anneau d'un roi. On est ébloui, écrasé, anéanti. Allez des *Silleria* du chœur aux chapelles latérales, de la *Capilla real* à la *Capilla del Condestable*, à la *Capilla de la Visitacion*, à la *Capilla de la Presentacion*. Regardez la grille massive du *Coro* ou les vitraux, les autels, les entablements ou les colonnes, les cent mille statuettes, les incalculables fruits, fleurs, démons, pendentifs, bas-reliefs, ogives, figurines, boiseries, dorures, peintures, fresques, mosaïques, arabesques, colonnettes, nervures, lancettes; c'est un gouffre de beautés inénarrables. Les yeux me scintillent et me cuisent, le vertige s'empare de mon cerveau. Je m'en vais, je deviendrais fou. Ah! l'on plaisante ces moines, on se moque du moyen âge. Eh bien, ces moines étaient d'incomparables génies, le moyen âge était une grande époque!

Quand je songeais à mon guide qui me suivait sans m'interrompre, j'avais la fièvre et une sorte de tremblement nerveux. Je me dirigeais, pour chasser cette émotion, vers la chapelle du duc de Frias, afin de fixer mon attention sur de moindres objets et dissiper les brouillards qui avaient surgi en mon esprit. Un bedeau, en *capa* rouge, racolé par mon homme, nous accompagnait. Don Pedro Hernandez de Velasco et Doña Mencia de Mendoza sont couchés sous des tombeaux en marbre rouge sur lesquels est étendue leur statue en marbre de Carare. Le bedeau m'énuméra leurs titres; deux minutes n'y suffirent pas, bien qu'il récitât sa tirade comme le *pater*.

Le service de la chapelle est renfermé dans une petite sacristie adjacente; il est d'une grande richesse. L'armoire qui lui est réservée, contient aussi un petit tableau sur bois, de Léonard de Vinci, le buste de Sainte-Marie Magdeleine dont un Anglais a offert, me dit le bedeau, trente-deux mille douros: les seins sont nus, les cheveux flottent des deux côtés de la poitrine et sur les épaules, les yeux sont levés au ciel. Est-ce une nouvelle hallucination? Ces chairs palpitent, cette Magdeleine est vivante. Jésus, qu'elle est belle! Et que vous avez bien fait de lui pardonner. J'ai froid; j'approche mes mains d'un *brasero* où il y a encore de la braise; et j'examine encore quelques tableaux dans la petite sacristie où nous étions entrés en sortant de la *capilla:* une *Nativité* de Jordaens, un *Ecce homo* et un *Christ en croix* de Murillo.

Il y avait autrefois des moines dans le monastère qui est attenant à la cathédrale. A présent, il est vide. Il sert d'annexe à la basilique. On y remarque de beaux morceaux d'architecture, des tombeaux, des galeries. La grande sacristie y est installée; les murs en sont tapissés de tous les portraits des archevêques de Burgos depuis saint Jacques le Majeur. Dans une salle à côté est accrochée à la muraille le coffre du Cid, *cofre del Cid*, un vrai coffre, bardé de fer, pavé de clous, armé de serrures énormes, pourvu de charnières gigantesques, un maître-coffre. Vous n'ignorez pas sa légende et je ne vous fatiguerai pas en la répétant. Voici la salle capitulaire, elle est fort commune. J'ai vu seulement les noms des vingt-quatre chanoines inscrits sur des jetons d'ivoire arrangés dans une longue boîte à dominos. Ces jetons servent aux élections. La nuit est tombée, je rentre à *la Rafaela.*

Vous me demandez si j'ai dîné comme hier. D'abord mon appétit était moins ouvert; ensuite la cuisine à l'huile que je connais maintenant me tente peu. J'étais tranquillement à une extrémité de la table, quand la moitié des assistants se lève et sort. J'interroge, je m'informe; deux officiers, l'un d'infanterie, l'autre de chasseurs à cheval, il y a dix ou douze officiers à cette table, viennent de se provoquer. Je suis très-vexé d'avoir arrêté mon départ, je voudrais bien savoir si l'on en découdra et si mes capitaines se contenteront de faire comme les boulevardiers qui vont au Vésinet, au lever de l'aurore, se piquent au bras et rentrent déjeuner au Café anglais.

IV

DE BURGOS A VALLADOLID.
VALLADOLID.

Valladolid, 8 mars.

Aujourd'hui, à quatre heures du matin, par la nuit noire, je traversai le faubourg de *Vega* et je disais adieu à Burgos. Je montai en wagon et m'étendis sans cérémonie ; j'étais seul d'ailleurs, attendant qu'il convînt au jour de s'éveiller. Ce brave vieillard, peu matinal en la saison d'hiver, se fit prier trois ou quatre lieues durant. Et, quand il lui plut d'ouvrir les yeux, je pus épier minutieusement les moindres préparatifs de sa toilette, car la Castille est la plus chauve et la moins bossuée des plaines ; elle ne vous gêne nullement si l'on a fantaisie de regarder au-dessus d'elle.

Sa paresse ne me permit d'apercevoir que dans l'ombre le couvent de Santa-Maria de las Huelgas et les premiers villages de la vallée de l'Arlanzon. A Quintanilleja, l'obscurité commençait à blanchir. En collant mes yeux contre la portière, je distinguai des champs mieux cultivés que ceux qui précèdent Burgos ; mais la plaine, toujours la plaine et les sempiternelles variations sur le gris.

Le jour nous éclaira tout à fait, lorsque nous arrivâmes vers le confluent de l'Hormaza et de l'Arlanzon. Pampliega est non loin de là. Le roi goth Wamba y est mort dans un couvent de Bénédictins. Il s'était fait moine, de dégoût sans doute de gouverner les hommes. Pampliega est étagé sur la montagne, au fond de ce pays plat. Nous passons l'Hormaza sur un pont en biais, à Villodrigo. Toujours la plaine! Sœur Anne, ne vois-tu rien venir? Je ne vois que la plaine qui grisonne, l'herbe grise, les maisons en pisé gris, les arbres gris, les pierres grises, les ânes gris, les chiens gris, les moutons gris. A Torquemada coule le Pisuerga limoneux; on dirait qu'il charrie de la soupe de farine de maïs. Sur la berge, quelques jardins plantés de légumes; dans la campagne, des vignobles que l'on dit produire d'excellent vin; de loin en loin les ruines d'un château, celui de Magaz entre autres. S'il est vrai que *Castille* vienne de *Castel*, à cause du grand nombre de castels ou forteresses qui avaient été élevés sur tous les points stratégiques pour défendre le pays contre les Maures, je ne m'explique pas d'abord que l'on n'en constate pas une plus grande quantité de vestiges, ni comment ces forts, fussent-ils dix fois plus nombreux, pouvaient arrêter les envahisseurs. Les espaces qui séparent chaque monticule sont tellement vastes, qu'à cette époque où l'on ne connaissait pas les engins de guerre qui permettent d'attaquer l'ennemi sans même le découvrir des yeux, les Maures devaient tout à leur aise y pénétrer. Que ma remarque soit juste ou que je me trompe, ce qui est bien possible, je n'ai jamais vu d'aussi beaux champs de bataille. Les boulets y voleraient sans obstacle enfoncer les carrés et l'on y ferait de splendides charges de cavalerie.

La Venta de Baños que nous atteignons est une station balnéaire. On raconte (que ne raconte-t-on pas en Espagne !) que le roi visigoth Receswinte, revenant d'une expédition en Navarre et souffrant de la pierre, laquelle tourmentait déjà les humains, s'arrêta à Baños, s'y baigna dans une source d'eau minérale, obtint sa guérison, et par reconnaissance pour saint Jean-Baptiste à qui il vouait une dévotion particulière, lui éleva une chapelle. L'histoire n'est pas jeune, elle date du septième siècle. Je ne sais si elle est authentique. Ce qui est certain, c'est que la chapelle existe encore, du moins à l'état de débris, et que l'on déchiffre sur une table de marbre fruste l'inscription commémorative.

Le monastère de San Isidro de Dueñas n'est pas très-éloigné de la Venta, et après avoir traversé, sur un pont à sept arches, le Carrion aussi boueux que le Pisuerga, nous arrivons à Dueñas.

Cette bourgade est bâtie sur une verrue grise, le long du canal de Castille. Des filles en jupon jaune lavent dans le canal des torchons qui ne sont point radieux comme ceux que M. Victor Hugo savonne dans la Marne. Mais leur couleur, car ils sont d'un noir de suie, ne m'a plus surpris quand on m'a eu donné l'explication du curieux phénomène que me présentait ce qu'on appelle la ville de Dueñas. Dans la colline sont pratiquées des ouvertures fermées par des claies. Je pensais que ces ouvertures donnaient accès dans les caves, les maisons ne pouvant en posséder, parce que l'eau du canal pénètre le sol et en ferait des réservoirs. Cependant, je ne comprenais pas à quoi servaient les quatre-vingts ou cent cheminées qui surgissent du gazon. Ce sont tout simplement les cheminées des maisons qui sont bâties sous terre. Une partie des habitants de Dueñas est logée comme les lapins. Ferdinand d'Aragon ne dédaigna pas ce somptueux séjour, puisqu'il y vint promettre la fleur d'oranger à Isabelle de Castille, et que le premier fruit de leur hymen y vint au monde.

Presque en face, je vois les pans des murs jaunâtres de ce qui fut le couvent de Santa-Maria de Palazuelos et à quelques kilomètres, le village de Cabezon que la légende dit avoir été une grande ville. Ses habitants couchent aujourd'hui à la même enseigne que leurs voisins de Dueñas. Une dernière rivière à passer, l'Esgueva, et voici Valladolid.

Là encore, j'ai failli être dépossédé de ma malle par un coquin qui l'ayant saisie à ma descente du wagon, sous le prétexte de me conduire à une *buena fonda*, m'a fait trotter par tout Valladolid. Le pendard, le vaurien, je n'ai pas d'expression pour le qualifier, m'a mené dans trois maisons d'appartements meublés qui pouvaient être tenues par des honnêtes gens, mais que je soupçonne d'appartenir à des compères qui savent plumer le voyageur sans le faire crier. Moi qui ne plume personne, mais qui ne souffre pas d'être plumé, voyant ce que mon gredin appelait une *buena fonda*, je vais droit à un aide de l'Alcade qui se promenait le bâton sous le bras, et lui fais ma réclamation, avec un accent, mon Dieu ! m'a-t-il compris? je ne le garantis pas. Toujours est-il qu'il semonça vigoureusement mon commissionnaire, lequel se décida devant cette mercuriale à me mener à une *fonda* pour de bon. Si je relève ce petit incident, c'est qu'il se répète en Espagne partout où l'on s'arrête. Les hôtels ne sont pas très-chers ; il est vrai que la cuisine est affreuse et que Monselet y mourrait de faim avant un mois ; mais les commissionnaires, les garçons, les servants, les cochers d'omnibus, les gérants, les guides, les portiers, leurs amis et les mendiants sont de véritables punaises qui vous sucent, réal par réal, le meilleur de votre bourse. Aussi, je jure bien que si je reviens en Espagne, j'y viendrai les mains dans mes poches, sans le plus léger bagage, sans canne, dussé-je acheter mes chemises deux fois leur valeur.

Valladolid est une grande ville fort triste. Sauf au centre, les maisons sont laides, vulgaires, les rues percées en coupe-gorges, du pisé et de la brique, des cloîtres gigantesques sans toit ni fenêtres, des monuments en lambeaux. Mais, il existe d'autres monuments très-remarquables et un quartier fort intéressant à visiter.

Lorsque je veux connaître une ville, je procède toujours avec méthode. Je vais voir en premier lieu les monuments, puis j'étudie les indigènes ; et je commence les monuments par les églises, parce qu'il y en a dans toutes les villes. La cathédrale de Valladolid n'a jamais été achevée. Herrera, sur l'ordre de Philippe II, voulait en faire une œuvre colossale ; elle l'eût été, en effet, à en juger par l'épaisseur énorme des murailles qui pourraient supporter tout un monde de voûtes et de clochers. Mais son plan n'a pas été exécuté. La façade d'ordre dorique ne me plaît pas davantage que le reste de la métropole. Je n'en dirai pas autant des diverses richesses qu'elle renferme : du tombeau de Pedro Ansurez, du tabernacle en argent de Juan d'Arfe, de l'*Assomption* de Velasquez, de la *Transfiguration* de Giordano, et d'une peinture florentine représentant le crucifiement. L'église de la *Cruz* est aussi de Juan de Herrera, qui n'est pas mon architecte.

Elle possède plusieurs groupes de Gregorio Hernandez, un *Christ au jardin des Oliviers* et une *Descente de croix* qui sont des œuvres de mérite. L'église gothique de la *Magdalena* offre à l'extérieur l'écusson de Pedro de Gasca, évêque de Palencia, qui occupe une partie de la façade ; à l'intérieur, un beau retable corinthien d'Esteban Jordan. *San-Lorenzo* n'a que son tableau représentant une députation envoyée à doña Maria, épouse de Philippe III ; *San-Miguel*, de Pompeio Leoni, sa nef, ses piliers corinthiens et les sculptures du retable ; *Las Huelgas*, d'ordre corinthien, le tombeau d'albâtre de Maria de Molina ; *San-Salvador*, sa tour en briques et son portail ; *Santa-Anna*, qui date seulement de Charles III, ses tableaux de Goya et de Bayeu ; *San-Martin*, une image de la Vierge du XIIIe siècle ; *Nostra-Señora de la Peña de Francia : Santa-Maria de las Angustias*, les statues des saints Pierre et Paul qui ornent sa façade d'ordre corinthien, et la *Mater dolorosa* de Juan de Juni.

Mais la façade gothique et le portail de *San-Pablo* valent mieux, à eux seuls, que toutes ces églises. La façade est fouillée aussi délicatement qu'une boucle d'oreille. Le soleil a teint ses pierres, qui ont des reflets d'orange mûre ou de guipure jaunie par l'usage. Le reste du monument est vulgaire. Au chevet de *San-Pablo*, qui a servi tour à tour aux conciles, aux cortès et au préside péninsulaire, est adossé le *Collége dominicain de San-Gregorio* dont la façade gothique, moins grande que celle de *San-Pablo*, est plus riche peut-être et plus touffue. Le collége possède aussi une cour en arcades et un escalier fort beau. Cette cour est ornée de sculptures d'une merveilleuse élégance. On y a installé je ne sais quel service public.

En face de *San-Pablo* et de l'autre côté de la *Plazuela*, se trouve le *Palacio real*, qui fut le palais des rois jusqu'à l'époque où Philippe II transporta la capitale de l'Espagne de Valladolid à Madrid. C'est un bâtiment en style de caserne. Le *patio* seul mérite un coup d'œil.

En revenant de la partie extrême de la ville où sont situés ces trois monuments, je passai par la *Plazuela de Chancilleria* dont un côté est occupé par l'ancien palais de l'Inquisition, transformé à présent en prison. Il n'aurait jamais dû avoir une autre destination; car c'est une vraie prison. Néanmoins, je tenais à voir ce souvenir historique, non que j'excuse, bien que catholique, les cruautés de l'Inquisition. Je les condamne, comme je blâme en politique les prodigalités de Louis XV et l'entêtement de Charles X. Mais j'avais la curiosité de le voir de mes yeux. De là, je descendis à l'Université de la *Plazuela de Santa-Maria*. Je parcourus ses galeries où rôdaient quelques étudiants. J'allai ensuite dans une rue déserte, une sorte d'impasse, m'arrêter un instant devant une pauvre masure à un étage, en pisé, qui tombe à chaque coup de vent. Le mur est percé de trois fenêtres dont les vitres sont absentes. Des sarments sortent par les carreaux. Une petite pierre, près de la porte, est ornée d'un médaillon au-dessous duquel sont gravés ces trois mots : *Aqui mori Colon*, « là est mort Colomb, » Christophe Colomb, dans cette chaumière de pauvre ! O vanité humaine ! *Aqui mori Colon !* je m'en allai tout ému au n° 14 de la *Calle del Rastro*, où Cervantes habitait en 1605, lorsqu'il faisait imprimer son *Don Quichotte*.

Le *Teatro de Calderon* et le musée sont les derniers édifices qui me restaient à visiter. Le théâtre est vaste et d'assez belle apparence, on l'a enduit des pieds à la tête d'une couleur de bistre. Le musée est très-gracieux. Sa distribution intérieure n'est pas heureuse. Les salles sont basses, quelques-unes sont de véritables caveaux. Il contient une foule de toiles dont bon nombre ne valent pas trente sous, et une ribambelle de statues en plâtre colorié que l'on portait autrefois aux processions de la Semaine sainte. Deux magnifiques Rubens, les *Fuensaldañas* qu'à mon avis l'on peut classer parmi ses plus belles œuvres, un *saint Joachim* de Murillo, une *sainte Famille* de Diego Riaz, une *Magdeleine* du Corrége ; voilà ce que j'y ai le plus admiré. J'y ai vu également avec un grand intérêt la *Passion* en marqueterie de nacre. C'est un travail fort curieux. Sur le devant du musée, après les salles de peinture, on m'a fait entrer dans une bibliothèque ravissante en bois de chêne tourné, avec médaillons dorés. Nous n'avons rien à Paris d'aussi élégant.

C'est le moment, un peu avant la tombée de la nuit, d'aller se promener sur la *Plaza Mayor*, car il y a partout, en Espagne, une *Plaza Mayor*, comme en France une rue royale, impériale ou nationale, suivant les temps. L'*Ayuntamiento* est là. Il est peinturluré en bleu vague. Au milieu de la place, un arbre de la liberté, bariolé de blanc et de rose, surmonté d'une planchette figurant une banderole où on lit je ne sais plus quoi en l'honneur de la démocratie. Tout autour, d'assez belles maisons toutes semblables, à balcons, soutenus par de grands piliers de granit usé, formant au rez-de-chaussée des galeries dallées, dont l'une surtout est jonchée de promeneurs. La foule se divise en deux colonnes : l'une monte la galerie, l'autre la descend, ce qui forme une courroie sans fin. On est pressé, serré, bousculé. On appelle cela une promenade d'hiver.

La *Plaza Mayor* est entourée de rues, de *Plazuelas* bordées de galeries, ornées de fontaines, inondées de quelques jolis magasins et d'immondes petites échoppes, pullulant de flâneurs, de marchands, de laitières, d'ânes, de mulets, de brouettes, d'étudiants, de señoras, de choux, de légumes, de souliers, d'étoffes à quatre sous, de bric-à-brac, de bazars rococos, de *peluquerias*. Pas une voiture, rien que des ânes et des mulets. Huit ou dix berlines, qui doivent venir de la Sainte-Inquisition, attendent vainement, le long de la *Acera*, un voyageur assez téméraire pour se risquer sur leurs ressorts mal assurés.

Valladolid est dans ce quartier, dans ce pâté de maisons; ses soixante-dix mille habitants tiennent dans ces quelques centaines de mètres carrés. Allez là, si vous voulez les étudier.

Ce qui m'a beaucoup frappé, c'est la similitude du costume et du type féminin populaire de Valladolid avec celui de Burgos, et la différence du type et du costume masculin. Ceux-ci ne sont plus les mêmes. L'air fier, boudeur et réservé, ne se remarque plus que sur quelques visages. La *capa* devient plus rare. Beaucoup la remplacent par une couverture à raies éclatantes et à glands. Le large chapeau est aussi préféré.

La *fuente* ou fontaine qui est derrière la *Plaza Mayor* est littéralement mise à sec par la multitude de *criadas* ou porteurs d'eau des deux sexes qui y emplissent, du matin au soir, leurs amphores. De petits ânes bourrus sont bâtés d'une espèce d'échelle garnie de trous dans chacun desquels on introduit une amphore pleine, laquelle ne verse pas, grâce à un tampon en cuir. La *criada* donne une claque à l'âne. L'âne part en rechignant, et voilà mon porteur qui d'une voix aussi variée que celle des marchands d'habits du quartier Latin, s'en va parcourant la ville en criant à vous fendre l'âme : *Agua ! Agua ! quien quiere agua !* Je suppose que plusieurs de ces industriels cumulent cette profession avec la fonction de gardien nocturne. Car il me semble reconnaître une voix qui, la nuit, poussait devant le *Teatro de Lope* à côté duquel je couche, un cri strident : *Una hora! sereno!* Que diable veut-il avec son *sereno?* me demandai-je. J'ai appris qu'à Valladolid, ces gardiens nocturnes annoncent d'heure en heure et l'heure qui sonne et le temps qu'il fait.

Je considérai tout ce mouvement qui anime les alentours de la *Plaza Mayor* et je flânais à droite et à gauche, lorsqu'en passant devant un savetier sur le pas de sa porte, j'entendis siffler le grand air de *Rigoletto*. C'était le savetier qui s'offrait cette mélodieuse distraction. Un coup de marteau enfonçait un clou dans la semelle, et, quand le marteau se relevait, une note bien filée, suave de mélancolie, sortait de ses lèvres. Je réfléchissais que c'était probablement une âme d'artiste égarée dans l'enveloppe d'un ressemeleur, lorsque, interrompant son *solo*, il se moucha dans ses doigts le plus carrément du monde. Tout mon échafaudage poétique s'évanouissait.

De dépit, je quittai la place de la *Fuente*, me demandant comment il se faisait qu'à Valladolid il y eût si peu de linge, puisque à toutes les croisées je voyais des draps, des chemises et des essuie-mains en train de sécher, alors qu'une heure auparavant j'avais vu le Pisuerga, fouetté, battu, bleui et blanchi par plusieurs centaines de lavandières. Il faut que chaque habitant n'ait qu'une demi-douzaine de chemises et deux paires de draps pour que l'on fasse ainsi constamment la lessive.

En cent pas, je m'étais adjoint à la courroie sans fin du portique. Il y avait là deux ou trois cents étudiants, tous enveloppés de la *capa*. Les étudiants *chics* la portaient gentiment retroussée, étalant la fourrure du collet. Les autres, que leur famille ne doit pas couvrir d'or, avaient une tournure moins dégagée. J'avais vu le matin plusieurs de ces derniers, au *Café imperial*, un café en forme de cercueil, déjeuner de pommes de terre frites pour toute pitance; ce qui n'est pas un repas de Lucullus, même à Valladolid. Mais aucun n'a cet air débraillé qu'affectent en France les étudiants en droit et en médecine. Ils ont, en général, une figure fine et intelligente. Je ne sais s'ils travaillent, en tout cas ils paraissent laborieux. Le soir, ils se réunissent près d'un millier au *Café suisse* et boivent un affreux mélange de bière et de limonade, en jouant aux dominos, ce qui fait un bruit épouvantable. Pas une fille avec eux, cela est proscrit heureusement par les mœurs. La *Acera* n'est pas occupée par eux seulement à l'heure de la promenade. J'y ai rencontré plusieurs señoras que j'avais aperçues déjà au *Prado de la Magdalena*, au *Paseo de Recoletos* et à la *Fuente de la Salud*. Elles attendaient sous les arcades que leurs maris sortissent du cercle, un cercle où l'on joue au billard et où on lit, mais où on ne consomme pas, ce qui va faire envie aux bourgeois des chefs-lieux de canton qui l'apprendront. Ces señoras sont bien celles que j'ai décrites à Burgos, le type castillan : moyenne grandeur, taille bien prise, teint blanc, lèvres fraîches, dents blanches, yeux noirs, doux et caressants, cheveux noirs mats, traits réguliers. Comme elles portent une robe un peu longue, je n'ai pu m'assurer si elles ont un petit pied. La robe est toujours noire ainsi que la mantille. Les élégantes sont vêtues de soie brochée avec armure de velours violet. Elles se coiffent en relevant leurs cheveux sur le sommet de la tête. Du haut de cette coiffure descendent jusqu'au front une centaine de mignonnes frisures qui figurent une grappe de raisin. Cela les rend adorables. Quelques-unes feraient perdre la tête à saint Jacques de Compostelle, s'il n'était dans un monde meilleur.

Ces tours et ces retours sous le portique me plaisent beaucoup parce qu'on y étudie les passants, perdu dans la foule. Je crois les Castillans désœuvrés et très-avides de spectacles. Je suis persuadé que les aïeules de ces gentilles señoras ont applaudi, sur cette même place, à la décapitation du connétable Alvaro de Luna, à *l'auto-da-fé* de 1559 et aux contorsions des hérétiques sur les bûchers du *Campo grande*.

V

DE VALLADOLID A L'ESCORIAL.

L'Escorial, 9 mars.

Encore la plaine ! en sortant de Valladolid. Viana est dans la plaine, Valdestillas est dans la plaine, Matapozuelos est dans la plaine ; dans la plaine, on traverse le Duero, l'Adaza, le canal qui va à Ségovie. J'exècre la plaine. L'œil s'y perd bêtement sur une surface bête.

A Pozaldez dont la tour carrée, avec son campanile octogone, domine les environs, les terres paraissent meilleures et bien cultivées. L'eau se rencontrant à une faible profondeur et s'écoulant difficilement, faute d'une pente suffisante, on a adopté le mode de culture pratiqué à Bordeaux. Après le labour, on ne passe ni la herse ni le rouleau ; on sème sur la crête du sillon, de telle sorte que la rigole formée par deux sillons n'est pas ensemencée et que la pluie s'y étanche. Un voyageur de la maison Darblay, venu en Castille pour acheter des grains, me disait hier à Valladolid, à la table d'hôte, que les terrains compris entre Pozaldez et Adanero forment la Beauce de la province, qu'ils sont fertiles en céréales de bonne qualité et que Medina del Campo et Arévalo sont deux marchés de blé importants. Ils servent aussi d'entrepôts pour les vins de la contrée qui est plantée, en assez grande abondance, de vignes mal piochées, mal taillées, en un état pitoyable. Ces diverses cultures sont entrecoupées de steppes sablonneux, de pins clair-semés en forme d'ombrelles, bas et rachitiques.

Medina del Campo, arrosé par le Zapardiel, est assez vert et assez riant. Les ruines de la *Mota* de la reine Isabelle et de Jeanne la Folle, se détachent au-dessus de ses habitations. Quelques moulins à vent battent l'air de leurs bras décharnés à travers les peupliers et les saules d'alentour, sans qu'un Don Quichotte pique sa bête et courre sus les pourfendre. A San-Vicente, apparaît le profil du Guadarrama, et recommence la monotonie des champs arides jusqu'au delà d'Ataquinès. Vous connaissez l'origine du nom de ce village, tous les Itinéraires de l'Espagne le rapportent. Isabelle la Catholique passant par là, sa jarretière tomba. Les règles de la galanterie ne permettant pas à un chevalier de boucler la jarretière d'une dame, la reine appela une de ses suivantes du nom d'Inès : *Ata aqui*, *Inès!* « Attache ici, Inès! » lui dit-elle. En souvenir de cet événement important, ce lieu a pris le nom d'Ataquinès. Il est situé à la même altitude que le Visillo, point culminant de la Sierra-Morena.

Abreuvé, gorgé, saturé de landes, je m'assoupissais, lorsqu'à San-Chidrian, un capitaine de gendarmerie monta dans le wagon de première classe où j'étais. C'était mon premier compagnon de voyage depuis Valladolid. Il me salua, je m'inclinai. Ma connaissance approfondie de la langue espagnole ne me permettait pas de me fourvoyer dans une conversation plus intime. C'était un Pandore blanchi sous le harnais. Cheveux gris coupés ras, moustache noire drue comme une broussaille, sourcils prodigieux, fourrés, feuillus, touffus ; un chardonneret y arrangerait son nid. Au demeurant, la physionomie passive et bon enfant d'un vieux grognard. Pour varier mes occupations, je me mis à déchiffrer ce gendarme et à recomposer son état civil. C'est un pauvre gentilhomme de la basse Castille à qui sa gentilhommière suffisait juste pour mourir de faim. Peu entreprenant et d'une culture qui ne dépassait pas celle de son pays, il écrivit à la cour, à quelque grand d'Espagne qui, dans le temps, avait voulu du bien à madame sa mère, et obtint une lieutenance. Peu à peu, par les services rendus à son pays en pourchassant les voleurs et les contrebandiers, il s'est élevé jusqu'au point de mériter les étoiles de capitaine, car les officiers portent ici des étoiles.

Tout en devisant *a parte*, je jetai un coup d'œil sur la voie et j'aperçus le *puerto* d'Avila, espèce de coupure dans la chaîne que nous atteignons. Bonsoir, braves plaines ! je ne vous en veux pas par amour pour Notre-Dame de Burgos. A Velayos, nous filons tout à fait dans la montagne. Des pins, des chênes-verts malotrus, des *garbanzos* ou pois chiches, des cochons dévorant des glands doux, des quartiers de roche jetés en désordre dans tous les sens, polis, usés, frottés par les intempéries, arrondis en boule, affectant des attitudes fantastiques, imitant parfois les *dolmens* de la Bretagne. De rares hameaux dont les cabanes sont bâties à fleur du rocher : des jardinets encerclés dans des murailles en pierres sèches, entre lesquelles on gratte quelques pouces de terre végétale ; des loups en hiver, en été des moutons noirs, des ânes étiques, des vaches desséchées, des lapins et des perdrix. Le chemin de fer traverse, vers Mingorria, de grandes tranchées pratiquées à coups de mines, suit des remblais élevés, tortueux, et nous débarque à Avila.

Il faisait froid. La Sierra d'Avila et le Somo-Sierra étaient couverts d'un capuchon blanc ; la neige était tout autour de nous par étroits gisements, abritée derrière une roche, un arbre ou dans un creux. L'air vif aiguisait mon appétit. Je m'arrêtai donc à Avila. Au moins, voilà une ville comme je les comprends en Espagne. Au milieu des montagnes, sur un monticule, parmi les rochers, environnée de la végétation habituelle dans ces parages, végétation qui s'enrichit d'érables et de bruyères, se dresse fièrement une petite ville entourée d'une ceinture de belles murailles crénelées flanquées de tours rondes. Dans le haut, la cathédrale. Au bas, un gracieux clocher, celui de *San-Antonio*. Cette Avila, hérissée de bastions brunis, aux portes sombres, aux vingt couvents, m'enchante. C'est une ville originale qui ne ressemble pas à toutes les villes. Les habitants doivent s'y ennuyer horriblement ; mais, pour le passant, est-ce poétique ! C'est à Avila qu'est née sainte Thérèse, l'imagination la plus ardente de toutes les Espagnes, l'incarnation de l'amour mystique; et vraiment cette nature bouleversée n'est pas faite pour inspirer des passions terrestres. Il paraît non moins qu'elle ne favorise pas l'art culinaire. On m'y a fait manger, comme mets de résistance, une saucisse d'un croqueur de glands doux. Cela avait un goût douceâtre qui m'a fait venir le cœur sur les lèvres.

Au delà d'Avila, la route s'élève vers la montagne; les ravins se creusent; le ciel prend une teinte bleu foncée; les bandes de neige deviennent plus épaisses et plus larges; les tunnels, les tranchées, les remblais et les viaducs se succèdent à Tornadizos, à la Gartera, à Navalgrande, à Valdespinos, au Val de Juño, à la Pedriza; le désert revêt un aspect plus sauvage; des troupeaux de chevrettes noires, grises, isabelle, pie, feu, s'enfuient à toutes jambes à notre approche, comme si le loup était à leur poursuite; les rochers ruissellent; une multitude de minces ruisseaux courent en tous sens; le soleil fait scintiller les hautes cimes comme des basquines de danseuses. Le spectacle est varié et superbe.

Nous sommes ici à 1359 mètres d'élévation, le point le plus élevé où atteigne un chemin de fer en Europe. Un long tunnel nous mène à la Cañada, et là nous allons descendre par des pentes rapides. Quel pauvre village que Navalperal qu'égayent un peu cependant les magnifiques sapinières et le chalet du duc de Medina-Cœli! que Las Navas! que Robledo! C'est, je crois, à Navalperal que j'ai vu un jeune montagnard conduisant une couple de mules. Voir un jeune montagnard qui conduit une couple de mules, c'est chose fort ordinaire en Espagne. Mais, de ma vie, je n'ai vu des souliers et une chemise pareils à ceux de ce gars. Feu M. Dupin se serait pâmé d'aise devant le cuir épais, les semelles colossales, les talons énormes, les clous de portail de basilique, les lacets, vraie courroie de taureau, qui agrémentaient cette phénoménale chaussure.

On découvre très-bien la plaine horrible qui mène à Madrid. Nous achevons de descendre les derniers escarpements, et nous voici à l'Escorial. Le monastère nous écrase tant il est vaste. La nuit tombe. Le froid est pénétrant. Je me jette dans une voiture jaune, moins bien suspendue que celle de madame de Metternich. Deux mules au timon, quatre de front à la cheville, couvertes de clochettes, de grelots et de colliers bordés de jaune, m'enlèvent au galop et grimpent la côte droite. Leur croupe dodue a des balancements cadencés et doux ; leur ardeur est soutenue et sincère, elle n'a rien des emportements suivis de découragements qui se voient chez le cheval. En un quart d'heure, nous arrivons à l'hôtel. C'était l'heure de la table d'hôte. Nous étions trois : une jeune femme brune et bien portante, un monsieur quelconque et moi. Sur la table, qui est de cent couverts, une double ligne d'autant de piles de sept assiettes qu'il peut tenir de convives. Ma voisine en a jusqu'au menton et barbotte dans son potage. Sans respect pour les usages locaux, j'écarte six de mes assiettes, au grand ébahissement de la dame, et je m'attable à la française. La cuisine est sans nom. A la fin, on m'apporte un poulet. — Bon, me dis-je, je vais me rattraper sur ce volatile. Le scélérat avait été empaillé et avait dû orner une cheminée de l'Escorial. Je le tourne et le retourne, ma fourchette et mon couteau rebondissent. Je prends un membre entre le pouce et l'index, dans l'espoir que mes dents en viendront à bout; je fais vainement cet essai loyal, mes canines se plantent dans une paume. Désespéré, je monte chez moi. Qui dort dîne, pensai-je. Et je me couchai. Ces couchettes espagnoles sont tentantes! Le lit en fer est trop étroit; mais les draps de lin sont d'une finesse, d'une blancheur de voile de jeune mariée; le double coussin avec sa dentelle au crochet vous convie si gentiment au sommeil! Je bus ma nuit tout d'un trait, et me réveillai le lendemain, le dôme de l'Escorial vis-à-vis mon balcon, tout doré par l'aurore, une fanfare d'enfants de troupe sonnant en refrain un air des *Diables roses*. Je ne me souvenais plus d'avoir mal soupé.

VI

L'ESCORIAL.

L'Escorial, 10 mars.

Je ne sais rien de plus ennuyeux à la lecture que la description d'un monument, si ce n'est la rédaction de la description elle-même. Aussi, ne comptez pas que je vous énumère les tuiles qui couvrent l'Escorial, ses onze cent dix fenêtres, ses quinze portes, ses dix-sept niches, ni que je vous dise que l'édifice affecte la forme d'un parallélogramme régulier ou d'un gril de deux cents mètres dans un sens, et de cent cinquante-six dans l'autre. Cela m'est aussi indifférent que de savoir combien de pagodes renferme Fou-Tcheou et si le grand Khan de Tartarie est enrhumé. Je suis un passant qui, trouvant un palais sur son chemin, le regarde, y pénètre si la porte est ouverte, et dit tout bonnement : « Voilà un palais à mon goût, ou, voilà un palais qui ne me plaît pas. »

On m'avait répété si souvent que Napoléon Ier avait promené ses aigles triomphales de l'Escorial au Kremlin, que je m'imaginais d'abord que l'Escorial était un château-prodige, et que je ne savais pas au juste dans quelle mesure c'était un château et jusqu'à quel point c'était un monastère. Je ne le sais pas encore précisément. L'aspect est d'un château en granit froid et sévère, aux proportions gigantesques. Le site est d'un monastère, d'un pays désolé, où l'âme s'élève à Dieu, sans le secours de la discipline, par la seule contemplation du désert. Si c'est un château, je lui préfère Versailles ; car, à la hauteur du bassin d'Apollon, lorsqu'on fait volte-face pour juger de l'effet de la résidence de Louis XIV, cette phrase vous vient involontairement sur les lèvres : « Le beau palais et le grand roi ! » Tandis qu'en regardant du bas de la montagne la coûteuse fantaisie de Philippe II : « Quel original et quel beau tas de pierres ! » Comme monastère, la Grande-Chartreuse est une retraite plus favorable au mysticisme. L'Escorial n'est donc ni absolument château ni absolument monastère.

Après l'avoir examiné et parcouru dans tous les sens, je me suis posé cette question : « Si j'étais obligé d'habiter l'Escorial, de quelle façon m'y arrangerais-je pour me conformer le plus exactement à sa disposition architecturale ! »

Voici la réponse que je me suis faite : « Cela me serait égal de vivre au temps du fils de Charles-Quint, à la condition dont je vous fais la confidence. Je voudrais être abbé mitré, commandataire de quatre ou cinq plantureux bénéfices, trois dans l'Andalousie, un dans le royaume de Valence ; on me donnerait le cinquième où l'on voudrait. Mon monastère posséderait quelques dépendances autour de l'Escorial, avec droit de seigneurie, de haute, moyenne et basse justice sur mes vassaux, et six ou sept menues privautés sur mes vassales, telle que d'offrir un bouquet aux jeunes mariées le jour de leurs noces. Vous voyez que je serais un abbé mitré très-discret. Ceci posé, je célébrerais un petit office bien court à la *capilla mayor*, je ferais résonner ma crosse sur les dalles de la sacristie, je mettrais au pain et à l'eau père Nonotte et frère Patouillet pour avoir dormi dans leur stalle et je me retirerais dans les appartements que le roi Philippe s'est fait construire. Là, je me reposerais sur une chaise longue dans le boudoir bleu dit Salon des conférences, je lirais chaque jour trois odes d'Horace, une page de la Bible, et chaque semaine un chapitre de la *Somme théologique* ou de la *Chaîne d'or* de saint Thomas d'Aquin afin de m'éclairer sur les cas de conscience. J'achèverais ainsi mes jours dans une modeste aisance. »

Voilà comment on pourrait vivre à l'Escorial.

Je vous promènerai rapidement dans l'église qui est au centre de l'édifice, dans les galeries qui se croisent, se succèdent, se replient comme un labyrinthe, dans les salles et les salons. Nous prendrions des douleurs dans ce couvent.

L'église est partagée en trois nefs par quatre énormes piliers carrés. En entrant, j'ai été frappé par sa ressemblance avec la coupole de l'Institut et n'étaient les proportions et la destination, mon illusion aurait duré plus qu'un éclair. Au-dessus de moi, en scrutant tout ce granit, j'étais dans le *bajo coro*, j'ai vu pour la première fois une voûte plane. Quarante-huit autels s'élèvent dans le pourtour de la basilique, comme on l'appelle dans ce pays. La plupart ont pour retables de beaux tableaux de Juan d'Urbina, de Vélasquez et d'autres peintres de l'école espagnole. Les fresques des voûtes sont de Lucas Giordano, de Luqueto, de Lucas Cangiaso et du Cincinnatus. Des marbres précieux, des jaspes variés, deux groupes dorés représentant, l'un Charles-Quint, l'impératrice Isabelle, doña Maria, les infantes Eléonor et Marie ; l'autre, Philippe II, les reines Anne, Marie, et don Carlos, décorent la *capilla mayor*.

Le chœur placé dans les tribunes possède de belles boiseries, un lustre en cristal de roche, un lutrin où le plus gros chanoine se cacherait et sur lequel Boileau aurait pu rimer quatre mille vers assommants. Un gamin qui s'était malgré moi improvisé mon guide, pour gagner une *peseta*, m'expliquait tout, me montrait tout, avec une volubilité intarissable, me parlant de la bataille de Saint-Quentin et de la bataille de Lépante, comme s'il s'y était battu. Je lui donnai l'objet de ses vœux, sa *peseta*, et le quittai pour le sacristain, vieille figure de fouine, à qui je demandai de voir le panthéon ou caveau destiné aux sépultures des rois d'Espagne, lequel est creusé sous la *capilla mayor*.

Le sacristain me regarda d'un air confit et béat ; je crus qu'il allait me donner sa bénédiction. Il alluma une petite lampe et nous descendîmes avec précaution l'escalier glissant, en marbre de Tolède et de Tarragone, qui y conduit. Les parois des murs sont revêtues de marbre. La mèche vacillante se reflétait assez lugubrement dans ce froid miroir. Trois portes en marbre ou en bronze doré tournent sur leurs gonds. Nous passons par le *pudridero* (le pourrissoir), où l'on dépose les cadavres royaux avant de les coucher au Panthéon, et nous entrons dans le caveau. C'est un octogone de dix mètres de diamètre, plaqué de porphyre, de jaspe, de marbres rares, de bronze doré. Six de ses côtés sont occupés par quatre rangs de niches superposées qui renferment chacune un cippe de marbre noir, supporté par des griffes de lion et rehaussé de moulures en bronze doré, avec un cartouche où on lit le nom du mort. Je note ceux de Charles-Quint, de Philippe II, de Philippe III, de Philippe IV, de Charles II, de Charles III, de quelques autres, et celui de la reine Anne, la *cuarta*, de Philippe II, me dit le sacristain, c'est-à-dire sa quatrième femme. Il allait bien, Philippe II. Ce mot du sacristain, malgré la majesté du lieu, me remit en mémoire cet autre mot de mon *cicerone* de Burgos que je vous ai conté peut-être. J'étais à l'*Ayuntamiento*, rêvant devant les ossements du Cid et de Chimène qui ne sont séparés que par une mince feuille de plomb. Ce Castillan, pour m'être agréable, s'essayait à parler français et y réussissait comme moi à causer en espagnol. M'indiquant du doigt ces ossements : « Les restes de monsieur, les restes de madame, » me dit-il. Je profitai de ce que le sacristain avait rompu le silence, pour lui demander si les cippes sur lesquels il n'y avait pas de cartouches étaient vides. *Si*, me répondit-il, *el rey Amadeo !* Ce croque-mort me glaça. Il est vrai qu'on s'habitue à tout, même à voir mourir les autres. A ce propos, vous estimerez peut-être que je vais dire une inconvenance; eh bien, ce panthéon où le fossoyeur songeait déjà à enfouir Amédée, qui abrite des squelettes si illustres, où l'idée de la mort est tant de fois présente ! ce panthéon, à cause de son ornementation singulière, ne vous pénètre pas du respect que l'on se proposait d'avoir en descendant la première marche. Au bout d'un instant vous y êtes habitué et vous vous croyez dans une pharmacie de la rue Vivienne, avec ses décors de marbre, ses niches et ses urnes.

Je ne vous dirai rien des galeries salies de mauvaises peintures, ni de la bibliothèque, ni des couloirs ; qui a vu un couvent en a vu cent. Je ne vous parlerai pas davantage des jardins plantés de buis que l'on a taillés en arabesques, ni des appartements royaux où l'on voit un fort riche cabinet de travail en bois des îles qui servait à Charles III, et quinze ou vingt pièces mesquinement meublées, mais tendues de tapisseries flamandes, italiennes et espagnoles d'un goût exquis et d'une fraîcheur qui réjouit l'œil ; je veux vous dire un mot seulement de l'*habitacion*, ou appartement de Philippe II.

Ce prince, que son humeur hypocondriaque jetait tantôt dans une dissipation insensée et tantôt dans une dévotion maladive où il ressemblait à Louis XI, moins le génie, s'était retiré et mourut dans une petite cellule de l'Escorial. Elle est oblongue, basse, carrelée, blanchie à la chaux, éclairée par une fenêtre donnant sur les jardins. Elle est divisée en deux parties. L'une servait de *dormitorio* ou de lit ; l'autre de cabinet. De là, en tirant un *iudas* pratiqué dans la porte qui communique à l'église, il voyait le prêtre officiant à la *capilla mayor*. Un fauteuil à bras, deux chaises sur lesquelles il étendait sa jambe gonflée par la goutte ; une table en bois de chêne surmontée d'un casier, un pupitre, un large portefeuille, une mappemonde en cuivre composent le mobilier de l'héritier de l'empire de Charles-Quint et du fondateur de la huitième merveille du monde que, pour ma part, je n'admire pas en ce rang.

VII

DE L'ESCORIAL A MADRID.

MADRID.

Madrid, 11 mars.

Si vous connaissez la Campagne romaine, vous connaissez la campagne de Madrid, et je ne crois pas que l'avantage soit à cette dernière. Depuis l'Escorial, elle est hideuse au delà du vraisemblable. On dirait que des titans, perchés sur les sierras environnantes, se sont battus à coups de rochers, que leurs discordes fratricides ont voué le sol à une stérilité perpétuelle, et que les débris de leurs combats homériques gisent épars. Je savais cette laideur par ouï-dire, mais la réalité me parut à ce point dépasser la renommée que j'entrais à Madrid, découragé, prêt à rebrousser chemin.

Il faisait nuit, les magasins étaient fermés, les rues éclairées à l'instar de Paris depuis que nous avons un conseil municipal. La voiture suivit un quartier qui me rappela Montrouge, et lorsqu'elle déboucha sur la *Puerta del Sol*, je n'en croyais pas mes yeux. Eh quoi! voilà cette *Puerta del Sol* connue de Moscou à Birmingham, ce boulevard des Italiens, ce cœur de Madrid, ce rendez-vous de la fashion, de la politique, ce forum où le grand d'Espagne coudoie les *arrieros*, les *mozos de cordel*, les *gallegos*, les marchands de *fosforos* et de *palillos !* Voilà ces *las foralas* de deux maigres candélabres d'où les tribuns haranguent le peuple représenté par trois ou quatre douzaines de Castillans faméliques! cet étroit bassin, rival des grandes eaux du grand roi! Où sont ces brillants équipages, ces belles señoras, ce luxe, ces lumières, cet éclat, ce bruit, cette folie de la *Puerta del Sol*, la Porte du Soleil? Au fait, il n'y en a pas davantage que de soleil ni de porte. J'étais furieux; et si un train avait pu me ramener télégraphiquement à Paris, je vous donne ma parole d'honneur que je ne débouclais pas ma valise. Heureusement, car je m'en serais repenti, il me fallait trente-six heures pour parcourir les quatorze cent soixante kilomètres qui nous séparent. Je me bornai à rentrer sur-le-champ à l'*Hôtel de Paris*, et je ne regardai même pas par la fenêtre cette *Puerta del Sol* que je prenais pour un carrefour borgne.

Le matin, de bonne heure, ma mauvaise humeur étant dissipée, je sonnais chez l'ancien aide de camp de l'infortuné comte de Girgenti, neveu de M. le comte de Chambord, le commandant de cavalerie Adolfo de Cortijo. M. de Cortijo achevait sa toilette. Un quart d'heure après, nous sortions ensemble et jusqu'à minuit nous battions le pavé et nous courions les salons. Comme M. de Cortijo est un homme obligeant, j'en pris à mon aise, et je crois bien que, le soir venu, tout militaire et tout robuste qu'il est, il dormit d'un bon sommeil.

Madrid ne m'a pas paru justifier tout à fait ce dicton : *No hay sino un Madrid*, « il n'y a qu'un Madrid. » C'est une grande ville, moins belle que Lyon. Il est vrai que je ne la connais encore qu'imparfaitement, mais vue d'ensemble, rapidement, elle m'a produit cette impression. Les rues n'ont rien de particulier dans leur construction, les maisons sont assez vulgaires et toutes jaunes ; peu de monuments, peu d'églises remarquables, ce qui est rare en Espagne. Dans notre exploration à vol d'oiseau, voilà le dessin général que je me suis fait de Madrid. Peut-être me suis-je trompé. En tout cas, je vous dirai ce que j'ai vu aujourd'hui, aussi simplement que je vous ai dit mon désappointement d'hier soir. Puis, durant mon séjour, j'examinerai la ville en détail, je visiterai ses monuments, je lirai ses journaux, j'irai m'asseoir au spectacle, j'étudierai la situation politique, j'assisterai aux clubs, je lorgnerai les señoras, je me promènerai au Prado, je flânerai de long en large dans la *Calle de Alcala*, je m'arrêterai devant les vitrines, je secouerai la guenille populaire, et je vous enverrai au fur et à mesure mes observations, sans ordre ni souci des règles, parce que je suivrai en cela mon humeur et que je ne veux pas m'assujettir, par exemple, à passer deux jours consécutifs dans les musées, pour vous écrire le lendemain : « j'ai vu un coquillage du nom de Vénus et qui vient de Vénézuela ; il y en a trois exemplaires en Europe ; il est d'une forme extrêmement curieuse et féminine, c'est pour cela qu'on ne le montre pas aux dames. » La méthode est bonne pour les petites villes où l'on passe une journée : lorsqu'il s'agit d'une capitale comme Madrid, elle serait pour moi une corvée insupportable ; je suis bien sûr alors que vous bâilleriez en me lisant, moi qui ai peur déjà de vous fatiguer.

Je vous contais, je crois, que le commandant de Cortijo, pour me donner d'abord une idée, un panorama de Madrid, m'a entraîné dans une course de cinq ou six heures, me montrant : ici, le palais du roi, de belle apparence quoique un peu massif; là, l'*Ayuntamiento*, très-insignifiant ; ailleurs, la statue de Philippe III enfourchée sur une jument grotesque prête à mettre bas deux poulains ; plus loin, les ministères don un, le ministère de la guerre, situé à l'entrée du Prado, a un fort bel air ; le palais du duc de Sesto, second mari de madame de Morny ; le palais du duc de Medina-Cœli ; le Corps législatif ; l'habitation très-modeste extérieurement de la comtesse de Montijo, mère de l'impératrice Eugénie ; les théâtres, les places, les fontaines, de façon à pouvoir me promener sans m'égarer dans Madrid.

A chaque détour de rue, il fallait nous arrêter. M. de Cortijo connaît tout le monde, salue tout le monde, donne le bonjour à José, serre la main à Iago, tutoie Joaquin, fait un signe à Carlos et tend du feu à Federico, tout cela avec la meilleure grâce du monde.

Dans je ne sais plus quelle rue, un monsieur fort mal mis, mal peigné, rasé du samedi précédent, la bouche ornée d'une pipe de dix centimes atrocement *culottée*, se précipite vers le commandant, lui administre trois ou quatre poignées de main, lui fait trente protestations auxquelles M. de Cortijo répond affectueusement, ce qui ne me surprend pas, vu la cordialité de son caractère. Mais enfin, je ne laissais pas de trouver l'empressement du monsieur quelque peu gênant. Nous formions groupe au milieu de la chaussée. De charmantes señoras passaient à côté de nous et je me disais intérieurement : « Mon Dieu, si nous rencontrons une de ces señoras dans un salon, elle va penser que M. de Cortijo et moi avons de singulières relations. » Je pinçai le bras de M. de Cortijo, qui me comprit et se mit à rire. Quand le monsieur nous eût quittés : « Savez-vous, mon cher, me dit-il, que ce garçon sans façon est le marquis X..., général de brigade et grand d'Espagne de première classe! » Général, cela me serait égal; mais grand d'Espagne! vraiment, cela me désoblige.

Nous commencions à trouver le pavé brûlant. Pour nous reposer, nous montâmes dans l'atelier du peintre de la reine Isabelle, Don Eusebio Valldeperas. C'est un artiste de distinction et de talent. Il nous fit les honneurs de son atelier et de son musée, avec une amabilité exquise. Il y a là plusieurs belles toiles dues à son pinceau, de ravissantes copies de Murillo et quelques ébauches d'où sortiront bientôt des tableaux d'un coloris vif, d'une création spirituelle et d'un goût parfait. Il travaille en ce moment à une *Fête populaire dans les îles Baléares* qui me paraît d'une composition très-heureuse. Après avoir passé une heure agréable dans sa galerie, nous partîmes tous les trois pour le Prado. Nous y restâmes jusqu'au soir.

La nuit tomba trop vite, à mon gré, jetant son vilain voile sombre sur tous ces blancs visages et ces mantilles élégantes. Nous remontâmes vers la Puerta et nous n'étions pas sortis du Prado que le roi Amédée passa près de nous à cheval. C'est un grand jeune homme brun, vêtu en simple gentleman et suivi d'un seul piqueur en veston rouge. La foule était compacte et choisie comme elle est tous les jours, à cette heure, du Prado à la Puerta. S'il y avait là des démocrates, ils devaient être bien clair-semés. Cependant, je n'ai pas entendu un cri de *Vive el rey!* et je n'ai pas vu une main se porter au chapeau. Il paraît que la vieille noblesse espagnole ne connaît pas encore le rejeton de l'arbre de Savoie qui, aidé par la politique française, a patiemment étendu ses rameaux, de Turin sur Rome et Madrid.

Son cheval noir avait à peine disparu, que je fus tiré de la rêverie où le prince m'avait jeté en me faisant songer à la fragilité des couronnes, par quatre ou cinq gamins vendant une pancarte et criant à tue-tête : « *La conspiration alphonsine et montpensiériste!* » Tiens, me dis-je, c'est comme en France, sous l'empire, la *grande conspiration orléaniste;* et comme aujourd'hui, sous la République, *les intrigues monarchistes*.

Chemin faisant, j'offris mes excuses à la *Calle de Alcala* et à la *Puerta del Sol* que j'avais mal jugées dimanche. De trois heures de l'après-midi à la nuit, elles sont sillonnées par les équipages qui vont au Prado ou qui en viennent, et présentent, à peu de chose près, l'animation des boulevards de la rue Drouot à la Madeleine. Elles sont le lieu de réunion de tout ce qu'il y a à Madrid d'élégants. Je m'humiliais sincèrement devant ces vénérables douairières, tant de fois foulées par les grandes dames et les jolies pécheresses, lorsque M. Eusebio Valldeperas me demanda si je désirais, puisque j'étudiais les mœurs espagnoles, assister à une soirée de famille telle qu'il s'en donne fréquemment à Madrid. J'acceptai avec empressement. Son père, Trésorier de la Couronne avant 1868, me fit, en effet, l'honneur de m'adresser, pour le soir même, une invitation.

Je me rendis, à six heures, chez le señor Valldeperas, et si j'ai l'indiscrétion de vous parler de sa maison, c'est pour vous dire les usages en cours dans la société de Madrid. Ces réunions sont assez nombreuses. On y cause, on y joue du piano, qui est très-répandu *tra los montes*, on y danse quelquefois, ce qui se fait partout; mais des jeunes poëtes y récitent des vers de leur muse, et les señoritas y chantent, ce qui n'est pas aussi commun, toutes les demoiselles n'ayant pas la lyre d'Apollon ni la voix d'une fauvette. L'une d'elles, Doña Blanca de Gasso y Ortiz, déclama quelques-uns de ses *Cien cantares à los ojos*, strophes d'un sentiment doux et naïf. J'ai lu plusieurs autres morceaux de l'aimable auteur : la *Corona de la Infancia*, *Màs cantares*, *El Desterrado*, l'*Ultimo pensamiento de Weber*, poésies gracieuses. Sa compagne, Doña Clementina de Mozoncillo, dont le talent de musicienne est très-recherché à Madrid, chanta de sa voix fraîche une chanson andalouse et une romance de l'Amérique du Sud, d'un rhythme plus pittoresque encore. Ces soirées se terminent d'ordinaire à minuit et se répètent périodiquement. Le lundi, on va dans un salon; le mardi, dans un autre; de sorte que la société madrilène est en continuel échange de visites. Ces relations incessantes prennent par là même une intimité, une simplicité, qui en font des réunions de famille. On y reçoit les étrangers avec empressement. Il suffit que vous soyez présenté quelque part, pour que vous y jouissiez dès le premier jour du même accueil que les habitués et pour que vous fréquentiez les salons des amis de la *casa*.

VIII

MADRID. — LE PRADO.

Madrid, 13 mars.

No hay sino un Prado. Il y a cinquante villes en Europe plus intéressantes que Madrid. Il n'y a qu'un Prado.

A l'Est de la ville, dans un vallon formé par la colline des quartiers élégants et par les hauteurs qu'occupent le *Barrio de Salamanca* et le parc du *Buen-Retiro*, se déroule, de la *Puerta d'Atocha* à la *Puerta de Recoletos*, sur un espace de quatre kilomètres, un large boulevard bordé de chaque côté d'une double rangée d'arbres. Ces arbres végètent dans une terre ingrate et sont chétifs. On a pratiqué à leur pied un trou circulaire revêtu de briques ; c'est le verre dans lequel on leur sert à boire pendant la chaude saison. De distance en distance, des squares plantés de pins, d'acacias, de sycomores, d'arbustes odoriférants, de pelouses, de corbeilles de fleurs, et fermés d'une ceinture d'orangers taillés en haie, font office de reposoirs. Ils sont assez mal entretenus depuis la chute de la reine Isabelle, ainsi que les jardins de la cité; ils auraient grand besoin d'être ratissés et arrosés.

La partie comprise entre la *Carrera de San-Geronimo* et la *Calle de Alcala* s'élargit et prend un air de fête. Le sol en est battu comme une aire de grange. Les promeneuses eussent préféré le sable; mais les jours d'orage, elles auraient pu être aveuglées par ce sol symbolique et mouvant. Aux deux extrémités, la fontaine de Cybèle et la fontaine de Neptune jettent leurs fusées blanches sur ce fond de verdure et de lumière. On appelle ce lieu le *Salon*. Dans toute la longueur du Prado, s'étend une troisième allée, le *Paseo*, réservée aux cavaliers et aux amazones. Enfin, à droite et à gauche, s'élèvent des hôtels qu'on nomme palais. Car, à Madrid, toute maison qui appartient à un homme distingué est un palais. Ainsi, on m'a montré le palais du maréchal Serrano, près de la place des Taureaux; c'est une maisonnette en briques, à deux étages, comme en construirait à Romainville un négociant de la rue du Sentier qui aurait fait de bonnes affaires. A côté des palais, des jardins, des chapelles; le Jardin botanique, l'hôtel des Monnaies, le Musée royal et les fondations d'une vaste bibliothèque que l'on est en train de bâtir. C'est une manière de Champs-Élysées et de boulevard.

Les promeneurs se portent tantôt sur un point, tantôt sur un autre, suivant la mode. L'été, c'est invariablement au *Salon*. On y vient à la brune. On s'y assied sur des chaises et des fauteuils en fer. On y reste fort avant dans la nuit, à la clarté discrète des candélabres. En hiver et au printemps, a promenade varie. Un mois elle commence à la *Calle de Alcala* et va jusqu'à l'hôtel des Monnaies ; un autre mois, elle se fixe au delà de la *Carrera*. A présent, elle part de l'hôtel des Monnaies et finit à l'obélisque. Pourquoi ? je n'en sais rien ni les promeneurs non plus. C'est la mode de venir à la *Fuente Castellana ;* voilà ce que je puis vous dire.

A quatre heures de l'après-midi, la *Calle de Alcala* qui est la grande artère du Prado, regorge d'équipages, de chevaux, de gens du peuple, de curieux, d'hommes du monde, de femmes légères légèrement vêtues, de señoras et de señoritas, d'officiers, de soldats, de bonnes d'enfants, de nourrices, de bambins, de prêtres, d'artistes en plein vent, de chiens, de mules et de bien d'autres choses. Si vous le voulez bien, fumons une cigarette devant la grille du ministère de la guerre, ou allons nous asseoir, comme je l'ai fait, dans un salon du ministère, laissons s'écouler cette foule et attendons une demi-heure que chacun ait pris place au Prado.

Maintenant, marchons tout droit à la *Castellana ;* mêlons-nous aux rangs des promeneurs dans l'allée qui longe le *Paseo*, faisons deux ou trois tours, regardons chaque voiture, chaque cheval, chaque cavalier, chaque amazone, chaque robe, chaque coiffure, chaque mantille, chaque visage et tout ce que nous pourrons voir, en prenant la précaution de rendre les feux de nos yeux plus ou moins convergents, suivant que nous les dirigerons sur une señora de haut parage, une timide señorita ou une femme mariée de trente ans qui supportera tout ce que vous voudrez.

La chaussée est encombrée de quatre files d'équipages, la plupart à deux chevaux. Il y a des landaus, des victorias, des berlines, des coupés, des paniers, des corbeilles, des tilburys et des voitures de famille datant de Charles III, le restaurateur du Prado. Ces véhicules sont assez bien suspendus, assez luisants, convenables en un mot : quelques-uns sont de l'*ultima moda*. Si la señora est jeune ou jolie, la voiture est découverte. Si elle a des cheveux blancs et une bonne santé, la voiture est encore découverte. Si elle a quarante ans et qu'elle soit laide ou malade, la voiture est fermée. Il existe une autre variété que je vous dirai tout à l'heure. En général, les chevaux sont de nobles rosses, efflanquées, à l'encolure étroite, au trot pénible ; mais j'en ai vu plusieurs à robe noire, à l'allure superbe, au jarret nerveux, à la tête hennissante, beaux et fiers animaux. Les cochers sont vêtus proprement, bien que leur livrée ne soit pas d'une folle splendeur. Ils n'ont pas d'assez belles mines de laquais. A part un petit nombre formés à Paris, ils ont un air gauche sentant son valet de charrue endimanché. Les cochers du faubourg Saint-Germain les laissent loin en arrière.

Quelquefois, le cocher n'est autre que la señora qui, le lorgnon sur le nez, conduit lestement son attelage andalou. J'en vois une toute en bleu de ciel et en dentelles de Bruxelles, qui ne manque pas un jour de venir au Prado ; ce n'est pas assurément pour que l'on admire l'habileté qu'elle met à diriger ses poneys pommelés, elle les mène fort mal; c'est plutôt, je crois, un exercice hygiénique, car, à côté d'elle, madame Alboni paraîtrait une frêle jeune fille. Huit ou dix antiques, surannées, ternies, branlantes, vastes, pesantes voitures. Le cocher et le valet de pied ont blanchi sur leur siége. Leur manteau verdâtre à liséré jaune a essuyé quatre ou cinq règnes. Deux mules fatiguées par plusieurs lustres de bons et loyaux services traînent, en secouant l'oreille, ce lourd coucou dont les portières hermétiquement fermées permettent à peine d'entrevoir un couple séculaire qui se dérobe aux profanes. Ce couple, homme et femme, est carliste; ce cocher est carliste; ce valet est carliste, cette berline carliste; et si les mules savaient parler, elles brairaient en plein Prado : *Viva don Carlos!* Gens et bêtes vivent d'étiquette. Autrefois, on avait des mules à sa voiture, ils ont des mules. Ils sont persuadés que le duc de Madrid est le représentant de la monarchie légitime en Espagne. La loi salique, si peu claire de ce côté des Pyrénées, n'offre pas, à leur esprit, l'ombre d'un doute. Ce sont les chevau-légers de la légitimité. Si M. le marquis de Franclieu était député aux Cortès, il serait carliste, il aurait deux mules à sa voiture, et se promènerait au Prado en se dissimulant au vulgaire.

Dans le *Paseo*, des coursiers de sang, fringants, sveltes, vifs, prompts à l'éperon, piaffant, impatients, dressés à la haute école, caracolant, humant les senteurs des jardins, enivrés par le bruit. Leurs cavaliers sont pleins d'audace et d'aisance, leurs amazones légères comme des oiseaux, sémillantes et habiles. Avec le chapeau noir entouré d'une plume, la longue robe serrée à la taille, la cravache mordante, le camélia blanc à la naissance de la guimpe, elles galopent, amblent, vont au pas, partent comme un trait, reviennent, s'arrêtent immobiles, sans que les secousses de la selle impriment à leurs corps d'autres mouvements que des inflexions gracieuses. Les cavaliers vont isolés, deux à deux, ou en caravanes. Alors, on se réunit dix ou quinze sous un arbre du *Paseo* et quand le signal est donné, l'escadron se précipite dan une course échevelée, les montures ne touchent pas terre, les écharpes flottent au vent, jusqu'à ce qu'au second signe, il retourne à bride abattue au point de départ. De loin en loin, un Anglais à la figure allongée, à la physionomie flegmatique, au carreau observateur, tranche sur ces Espagnols aux traits accentués, bruns, mobiles, au regard perçant. Ou bien, un cheval rose à la croupe mignonne, à la longue queue flottantes, aux sabots immaculés comme la babouche d'une princesse, flâne mollement au milieu des coursiers ardents et sombres, puis, s'échappant du *Paseo*, caracole à la portière d'une señora et la salue de sa tête intelligente, de ses naseaux gonflés d'amour.

Comme le *Paseo* et la chaussée, l'allée des piétons est toute semée de la fine fleur de la société madrilène. Point de mélange. Aux Champs-Élysées, la châtelaine et la brillante favorite se frayent un passage à travers les flots de bonnes et de nourrices; le boulevardier écarte du coude les groupes d'artilleurs désœuvrés ou de sapeurs en quête de *payses*. Ici, tout est trié sur le volet, señoras et señores. Si le temps le permet, les hommes viennent au Prado en simple redingote. Si la température est piquante, ce qui est fréquent à Madrid, ils jettent sur leurs épaules un manteau aux plis onduleux, doublé de velours bleu, vert ou gris, et protégent leurs dents blanches, en rapprochant ses bords de leur figure. Ils préfèrent à cette précaution, une cigarette de la Havane qu'ils aspirent par petites bouffées, de crainte d'irriter leurs bronches délicates.

Mais tout cela se voit un peu partout. Il n'est pas besoin de venir au Prado pour rencontrer des hommes qui soignent leur santé et leur toilette à l'égal d'une petite maîtresse, ni des équipages élégants, ni de beaux chevaux bien montés se promenant sur une chaussée, dans une allée ombreuse ou sur la sciure d'un *Paseo*. Les boulevards, les Champs-Élysées, le Bois présentent un spectacle plus varié et plus brillant encore. Ce qui ne se trouve nulle part au monde, c'est une réunion d'aussi jolies femmes et d'aussi splendides toilettes que celles que l'on admire tous les jours au Prado.

Le Prado est un salon ou mieux un théâtre. Les dames de Madrid y viennent étaler leur beauté et la richesse de leurs parures. Je crois bien que la vie est un peu extérieure et que l'on fait dans le ménage quelques sacrifices pour que la robe soit plus traînante et la guipure plus haute ; mais, cela ne me regarde pas. Ce que je constate, c'est que les señoras réservent pour le Prado le plus élégant de leur garde-robe ; que si l'on veut savoir la dernière mode, il faut aller au Prado ; que madame la duchesse et madame la maréchale essayent leurs costumes au Prado et non chez elles ou au théâtre, ni, je crois même, à la cour savoisienne où elles ne vont guère. A la cour, il est difficile de briller, le cercle est trop restreint, les rivales trop bien choisies. Au théâtre, c'est le public de la cour et des salons, trop restreint encore. On se chiffonne dans les loges, le feu des lustres fait mal ressortir les attraits. Chez soi, l'on n'ose, de crainte d'écraser les invités. Chez les autres! on vous connaît et l'on sait bien ce qu'en vaut l'aune. Mais, au Prado! sous le soleil éclatant de la Nouvelle-Castille, au bord de ces ombres, parmi ces équipages, devant cette foule pressée, sous les regards de l'étranger surpris, comme le cœur de ces petites castillanes bout et bat fort! A demi-couchées dans leur landau, sur des fourrures soyeuses, ou se promenant nonchalamment comme des couleuvres, elles semblent vous dire : « N'est-ce pas que je suis jolie, que mon velours, mon satin, mes dentelles, mes diamants et mes perles font bien épanouir l'éclat de mes yeux, la pâleur de mes joues et la pureté de mon âme? » Ne jurez pas, belle comtesse, un jour peut-être vous tremperez vos lèvres dans la fontaine de Cybèle.

Je vous confesse que je suis de l'avis des señoras, — on dit qu'en politique il faut toujours être de l'avis des femmes, — elles ne sauraient trouver une cour, un salon ni un théâtre où elles puissent mieux déployer leurs armes qu'au Prado, et si vous les connaissiez, vous leur pardonneriez bien vite cette vanité. Je n'exagère pas en disant qu'au Prado, quatre femmes sur cinq sont jolies. Une erreur généralement répandue consiste à croire que les Madrilènes sont sèches, brunies, à demi mulâtresses. Eh bien! représentez-vous une femme ni grande ni petite, ni grosse ni maigre, mais de taille fine et bien prise, potelée et appétissante, le pied pouvant s'enfermer dans un étui, la tête ovale, les joues blanches et fraîches, les lèvres roses, les dents en nacre, les yeux noirs, humides et profonds, les cils noirs, les sourcils noirs, les cheveux bleu noir abondants. Voilà le type de l'Espagnole du Prado. Ce fond brun et mat favorise bien chez quelques-unes la croissance d'un léger duvet qui parfois se fortifie jusqu'à devenir de la barbe; ainsi, j'ai aperçu une señorita ayant des favoris dont se contenterait un substitut; mais c'est là un accident. D'autres, en petit nombre, sont blondes et se fanent comme les roses sous ce climat hâtif. D'autres, en une rare minorité, ont les cheveux rouges et sont, ma foi! très-gentilles malgré leur couleur peu appréciée. Mais l'immense majorité reproduit invariablement le type dont je vous ai parlé en premier lieu. Il est d'une grande beauté, d'un attrait irrésistible et d'une suprême distinction. Il a un défaut, le revers de la médaille. Je vous défie de me dire si cette Castillane de vingt-cinq ans est mariée ou si elle n'a pas allumé encore le flambeau de l'hymen, si elle a réellement son âge ou si elle a trente ans, trente-cinq ou quarante ans. Arrivée à cette période de la vie, elle se fige en une statue de marbre, statue vivante, oh! très-vivante, sensible, passionnée, enfin en une statue qui, durant quinze ou vingt ans, supporte la pluie et le beau temps, sans vieillir d'un jour.

Je vous ai amené au Prado, s'il m'en souvient bien, pour examiner leurs toilettes. Deux objets caractéristiques les distinguent : la coiffure et la coupe des robes. Vous savez que la plupart des Madrilènes portent la mantille, c'est-à-dire un voile de tulle-illusion ou la vraie mantille en dentelles noires, piquée dans la chevelure, retenue par une épingle sur l'épaulette et ramenée sur les bras en écharpe. C'est là toute leur coiffure. La tète est à peu près nue. De là, le soin que les femmes mettent à donner à leurs cheveux les formes les plus agréables. La moitié du jour est livrée aux coiffeuses qui, du matin au soir, de la duchesse à l'ouvrière, tressent, tordent, frisent, lissent, ébouriffent. Trois coiffures se disputent en ce moment le haut du pavé : les cheveux relevés avec une torsade en couronne ; les cheveux liés en gerbe sur le sommet et laissant s'échapper des frisures en épis ; la grappe de frises en raisin sur le front. Avec quelques coiffures à l'anglaise, les bandeaux lisses des douairières, deux ou trois fontanges et une coiffure à la *chien*, vous en savez autant que le parfait coiffeur de Madrid, en l'an de grâce 1872, le 13 mars. Les élégantes ajoutent depuis avant-hier la *peiñeta*. La *peieta* est un peigne gigantesque en écaille que l'on plante derrière, devant ou par côté, dans les coiffures. Il y a quarante ans que l'on n'avait vu à Madrid une seule *peiñeta ;* lorsqu'il y a deux jours je ne sais quelle señora s'avisa de venir au Prado avec un de ces peignes. Hier, il y en avait trois. Aujourd'hui, j'en compterais plus de cinq cents. Toutes les dames ont mis à sac les magasins de bric-à-brac. Voilà une restauration rapidement faite !

Je trouve ces *peiñetas* disgracieuses, bien qu'originales. Elles ont, en outre, le tort de donner au visage un certain air qui rappelle trop le boulevard parisien. Je remarque aussi avec désespoir les chapeaux calèches, les toques, les invraisemblables à la française, qui tendent à faire disparaître la mantille, sous laquelle une femme, même laide, semble aimable. Beaucoup d'enfants ne la portent pas. Encore deux générations! et nous pleurerons la mantille. Gracieuse mantille! nuage de tulles et de dentelles! ailes de papillon, qui caressez ces brunes chevelures, ces visages satinés, ces épaules tremblantes! Oh, ne vous envolez pas!

Vous pensez peut-être que ces jolies têtes, si gentiment attifées, si artistement peignées, se terminent, comme la femme d'Horace, en queue de poisson, en une robe de pensionnaire, en noir mérinos d'une religieuse détachée des biens de ce monde. Cette fois, vous vous tromperiez. Vous avez certainement assisté à un bal de la cour, je ne parle pas de la cour présidentielle ni de la cour impériale, mais vous avez assisté à un bal d'une cour quelconque. Alors, fermez les yeux; et, vous retirant dans cette chambre à demi obscure que l'imagination s'est arrangée en un coin du cerveau humain, évoquez toutes les robes de velours, vert, rouge, cerise, groseille, caroubier, ponceau, orange, feu, ventre de biche, grenat, noisette, bleu, violet, amaranthe, noir, blanc, aurore, arc-en-ciel. Froissez dans vos mains tous les satins et toutes les soies les plus tapageuses, les plus délicatement brodées, les plus cossues des fabriques de Lyon, de

Zurich, de la Chine et du Japon, achetez toutes les dentelles et les guipures de Malines, de Bruxelles et de Paris, tous les points d'Angleterre. Dévalisez les bijoutiers de la rue de la Paix; et jetez toutes ces étoffes et tous ces bijoux ruisselants sur les promeneuses du Prado. Vous les verrez se métamorphoser en splendides robes à traîne, en vêtements de bal, en costumes les plus variés, en jupes et doubles jupes, en écharpes, en basquines, en armures, en corsages, en ceintures, en manteaux. Ces riches couleurs vont et viennent, formant une féerie, un champ de fleurs qui ondule sous le vent. Les voitures roulant sur la chaussée les font reluire au soleil. Tiens! j'aperçois une charmante señorita à laquelle j'ai été présenté l'autre soir dans un salon. Elle est en velours mauve, accoudée sur une fourrure, un camélia dans les cheveux, car, le printemps venu, les dames se parent ici de fleurs naturelles. La voiture va au pas. Elle me voit la regarder et sourit. Je me rapproche. Vous savez que les piétons, ce qui est flatteur pour eux, parlent aux flâneurs en voiture, que de l'allée à la chaussée et au *Paseo*, c'est un échange incessant de saluts, de bonjours, de sourires, de poignées de main. L'équipage s'arrête ne pouvant avancer, tant la foule est serrée. J'offre à la señorita un bouquet de violettes. Elle le met à son corsage. C'est la mode au Prado.

Les promeneuses, mêlées aux piétons, ont des costumes tout aussi riches que les señoras des voitures. Elles préfèrent marcher, voilà tout. A propos, savez-vous qu'ici on ne donne jamais le bras aux dames? On se tient à leur gauche, au contraire de ce qui se fait en France.

Six heures sonnent. Rentrons à la *Puerta del Sol*, non sans regarder les jardins qui sont à l'entrée de la *Calle de Alcala*. Ils sont jonchés d'enfants qui s'amusent, de bonnes, de nourrices à la robe à bandes bleues et rouges, portant sur leur dos, dans une corbeille d'osier recouverte d'un foulard voyant, un bébé couché dans ses langes et criant comme un petit possédé; des soldats, des marchands de meringues, de noisettes, de gâteaux, d'allumettes-bougie, — on ne brûle que des allumettes-bougie, — de verres d'eau que l'on adoucit avec un bâton de sucre qui trempe successivement dans trente potions, d'oranges à un sou les trois, de prêtres qui ont diminué leur basile et qui ne portent plus qu'un *basiliolus*, de mendiants, de filles de bas étage, de commissionnaires, de virtuoses, de violoneux et de guitaristes.

Si jamais je rends à la ville de Madrid quelque service signalé, je demanderai pour toute récompense que l'on m'enterre au Prado, à la *Castellana*. Je verrai encore dans mes songes d'outre-tombe les señoras et les señoritas,

Et leur ombre sera légère
A la terre où je dormirai.

IX

PROMENADE A MADRID.

Madrid, 15 mars.

J'ai passé aujourd'hui ce que l'on peut appeler une journée fantasque : je me suis morfondu dans les quartiers excentriques du vieux Madrid ; mêlé aux badauds qui regardaient la pose des pièces en fonte du pont destiné à relier le Palais-Royal avec le quartier San-Francisco ; j'ai caqueté avec les lavandières du Manzanarès ; fureté dans le *Rastro* ou *America* et dans trois boutiques d'antiquaires ; entendu un sermon ; fumé une cigarette au *Buen-Retiro ;* donné du sucre aux pensionnaires du Jardin d'acclimatation ; visité les constructions ouvrières du *Barrio de Salamanca ;* causé pendant une heure avec un officier supérieur d'artillerie ; fait un tour à la *Castellana ;* dîné avec un gentilhomme espagnol ; passé la soirée avec un ingénieur français ; assisté à l'exécution d'un morceau de musique, par M. Henri Spira, sur un instrument indien, le *Xilo ;* pris le thé dans une famille autrichienne ; et rôdé jusqu'à trois heures du matin dans les cafés de la *Calle de Alcala*, de la *Calle Mayor*, de la *Carrera de San-Geronimo* et autour de la *Puerta del Sol*, afin de m'édifier sur les mœurs nocturnes de Madrid.

Sitôt que l'on a dépassé l'église Saint-Sébastien, l'aspect de Madrid change comme par un coup de baguette. On croirait parcourir les rues qui s'échelonnent près des buttes Montmartre, tant parce qu'elles sont ouvertes sur un terrain accidenté, — ce qui fait dire au madrilène que Madrid est bâtie, comme Rome, sur sept collines, — que parce qu'elles ont la physionomie de ce quartier parisien. On ne rencontre plus un équipage ni une señora en toilette. Des maisons basses, assez propres, occupées par de petits boutiquiers et des familles d'ouvriers.

A l'extrémité, dans le voisinage de la rivière du Manzanarès, les maisonnettes n'ont plus qu'un étage. Elles sont pauvres, mais elles ne paraissent pas sordides et repoussantes comme les taudis que l'on voit au bout de Ménilmontant et dans les abords du Père-Lachaise. On les a surnommées les *maisons du dimanche*, les malheureux qui les habitent payant leur loyer chaque dimanche. Cette population ouvrière n'a pas un cachet particulier, ni dans son type, ni dans son vêtement, ni dans ses habitudes. Comme les rues ne sont parcourues que par des troupeaux d'ânesses qui apportent leur lait dans le centre de la ville, par quelques mules à pompons rouges chargées du bât ou charriant sur leur échine, serrées dans des filets, des bottes de foin et de paille; femmes et enfants habitent beaucoup plus la rue que la *casa*. Les mères et les jeunes filles, un foulard en indienne noué sous le menton, cousent ou raccommodent le linge, font une reprise au gilet jaune du père qui est à son travail; les bambins s'amusent, se battent, pleurent, chantent et pullulent de tous les pavés. Ces faubourgs sont très-prolifiques et ne laisseront pas Madrid se dépeupler.

En général, toute cette jeunesse a de jolis yeux; c'est le seul trait remarquable. Le jour, très-peu d'hommes, à part quelques muletiers ou paysans qui fument sur le pas de leur *Parador*, ancienne auberge pittoresque que l'on abandonne peu à peu; quelques gamins vendant des beignets enfilés à une perche; des porteurs d'eau remplissant leurs tonneaux aux vilains robinets qu'alimente le canal du Lozoya; des pitres en costume d'Arlequin faisant des grimaces à l'entrée des bazars d'étoffes à bon marché, afin d'attirer les chalands; des maraîchers en blouse blanche à passementerie noire aux manches et au collet : tels sont les visages que l'on voit, le jour, dans cette partie de la ville. La rue de Tolède, étant la plus passagère du quartier, pourrait à elle seule résumer sa manière d'être. Mais, le soir venu, les ouvriers débouchent par toutes les voies, rentrant chez eux pour se reposer et manger le détestable *puchero* que l'on trouve à Madrid depuis la *rue du Chien* et la *rue du Chat* jusqu'à la *calle de Alcala* et la *Puerta del Sol*, depuis le pétrin du mendiant jusqu'à la table du ministre. C'est aussi de ce quartier qu'au moment des émeutes sortent les bandes révolutionnaires; et, dans cette même rue de Tolède, l'on m'a montré le comptoir, le *despacho de vino* du cabaretier dont la révolution de 1868 fit un administrateur général des biens domaniaux, plaisanterie moins sinistre que celle de M. Gambetta traçant des plans de bataille.

Un coin curieux pour le chercheur, c'est le *Rastro* ou *Temple* qui occupe tout un pâté, de l'autre côté de la rue de Tolède. Toutes les vieilleries de la capitale viennent là s'accumuler : les meubles vendus à l'encan, les horloges détraquées, les bouquins piqués des vers, la ferraille, les armes faussées, les cadres dédorés, les tableaux crevés, vieux chapeaux, vieux habits, vieilles bottes, vieilles guenilles. Il y a là de la vie, de l'amour, de la mort, de la splendeur, de la misère et surtout beaucoup de crasse. M. Victor Hugo y trouverait matière à quatre ou cinq volumes petit in-quarto populaire. On appelle également ce *Temple* l'*America*, parce que l'on y trouve quelquefois, à un prix minime, des objets de valeur qui sont venus s'échouer par hasard au milieu des ordures.

Tout en suivant le sentier laissé libre par ces tas de débris moisis, je lus sur l'atelier d'un menuisier en cercueils : *A l'ultima verdad*, « *à la dernière vérité !* » Cette enseigne funèbre me donna le frisson, malgré le soleil qui me brûlait les reins, comme si mon médecin m'y avait appliqué un *Topique-Bertrand. A l'ultima verdad !* je hâtai le pas, peu soucieux de connaître cette vérité ; et j'entrai dans l'église de Saint-André qui était sur mon passage. Je dois dire pour être vrai, — et je vous ai promis de l'être, lors même que mes impressions seraient contradictoires ou bizarres, — que la réclame du raboteur de la robe d'été et de la robe d'hiver que les morts ne dépouillent guère, me décida à ouvrir la porte de cette église, style dix-huitième siècle, dont l'extérieur ne m'aurait peut-être pas attiré.

J'avais entrevu seulement la profusion de marbres multicolores qui revêtent ses murs, le maître-autel, la coupole du chœur et le tombeau de Saint-Isidore, qu'un prêtre en surplis à ailes montait en chaire. Je ne serais certes pas capable d'écrire, comme le cardinal Maury, un traité sur l'éloquence de la chaire. Cependant, tout laïque que je suis, il m'arrive de lire un sermon de Bourdaloue, une oraison de Bossuet, le carême de Massillon, voire une conférence de Frayssinous, du P. Lacordaire ou de M. de Ravignan. La vue de ce prédicateur ne me chassa donc point de Saint-André, au contraire. Je me dissimulai dans un angle, afin de ne pas déranger les assistants qui étaient agenouillés et je prêtai l'oreille. Le sujet du prêche portait sur les vicissitudes humaines — voilà un abbé qui aura fort à faire, pensai-je; — et sur le mérite qu'il y a à les supporter. Je saisis difficilement les premières phrases, tant parce que, dans la connaissance de la langue espagnole, je suis de la force d'un élève de troisième, que parce que je n'avais pas encore trouvé le point où mon organe auriculaire pouvait recueillir les ondes vocales qui partaient de sa bouche. Mais je distinguais très-clairement ses yeux levés vers la voûte, ses gestes passionnés, les élans de son corps qui semblait vouloir renouveler le miracle de l'Ascension. En France, un prédicateur met bien dix minutes à établir sa proposition et à préparer son auditoire. Pendant ce laps de parole calme, simple, l'esprit se recueille, s'apprête à discuter, puis à se laisser convaincre et émouvoir. On procède différemment en Espagne, où, dès le second mot, l'on use et l'on abuse de l'action que Démosthène recommandait aux Athéniens, mais qu'il n'aurait pas, je crois, enseignée aux Espagnols. Donc, ce prédicateur, après deux minutes d'exorde, en était arrivé à un degré d'incandescence oratoire tel que ma voisine avait la paupière déjà mouillée. « Les larmes, s'écriait-il, avec une mimique inimitable sont l'épopée de la douleur! » L'exorde achevé, j'entendis le premier point; et comme les hyperboles, les tropes, les catachrèses, les apostrophes, les prosopopées, les invocations redoublaient et que je prévoyais que tous les cœurs allaient se fendre, les señoras éclater en sanglots, ce qui m'aurait fait de la peine, je me hissai sur la pointe des pieds et effleurant le paillasson, — car il y a des paillassons partout en Espagne, de la cave au grenier, — je me faufilai dehors.

Je hélai un cocher qui trottinait entre deux vins, c'est aussi l'usage des cochers espagnols de trottiner et d'être entre deux vins, et je me fis conduire cahin-caha à l'autre extrémité de Madrid, au delà du Prado, au *Buen-Retiro*. J'ai horreur de l'ivresse. Pourtant, ce cocher reçut un pourboire honorable. Ce qui m'arracha cette largesse, c'est que son fiacre était propre ; le premier fiacre propre que je rencontre! Une jetée au crochet sortant du panier de la blanchisseuse, tapissait le fond de ce phénix des *sapins ;* on y pouvait appuyer sa tête, sans que les cheveux se prissent à une glue nauséabonde ou se saupoudrassent de poussière, comme la perruque d'un laquais. Je réglai ma course, m'approchai de la lanterne sur laquelle était peint le numéro matricule, transcrivis sur mes tablettes le chiffre 247 et m'enfonçai dans les allées du *Buen-Retiro*, laissant mon automédon stupéfait.

Depuis l'intelligente révolution faite par le maréchal Prim, le *Buen-Retiro* est un peu bouleversé, comme les autres jardins de Madrid, comme les quartiers que l'on a démolis pour tracer des boulevards qui ne se bâtissent pas, comme les monuments écornés par les patriotes, comme la politique des Espagnes. Il est ouvert à tout venant, ce n'est pas là un mal; mais il me faudrait emprunter à Rabelais toute sorte d'épithètes pour qualifier les ribauds qui, déjouant la surveillance devenue trop difficile des gardiens, ont écartelé de leurs armoiries le pourtour des arbres. — Le *Buen-Retiro* est un beau et grand parc. Il faut une heure et demie pour en faire le tour. Ferdinand VII y planta de magnifiques allées qui, malgré l'aridité du sol, ont prospéré et fournissent une ombre agréable. Il me semble toutefois que ce prince a abusé des ifs, qui donnent au *Retiro* un faux air de cimetière; à moins qu'il ne les ait choisis avec intention, en signe de deuil, les Français y ayant établi leur quartier général en 1808 et ayant maladroitement ravagé les anciennes plantations faites par Philippe IV et Ferdinand VI. Une jolie pièce d'eau, quelques chalets élégants, d'assez laides statues, des corbeilles de fleurs, des salles d'ombrage, des berceaux, une ménagerie ou *casa de fieras* à peu près déserte, un éléphant colossal attaché en plein air par trois pattes et qui s'ennuiera plus longtemps dans cette position que le roi Amédée dans son palais ; voyez cela lorsque vous viendrez au *Buen-Retiro*.

Le *Retiro* étant à la tête du *Barrio* ou faubourg *de Salamanca*, ainsi nommé, je crois, du banquier qui y construisit les premières maisons, et qui maintenant a vendu ses terrains à une compagnie, j'allai visiter les habitations ouvrières que l'on m'y avait signalées. Ce sont de vastes constructions bàties sur de larges boulevards. Elles sont confortables, bien aérées et même élégantes. Les appartements situés sur le devant peuvent servir à des employés d'administration, à de modestes rentiers, et ceux qui sont situés sur la cour sont des logements salubres et clairs pour les ouvriers. Ce qui est une innovation heureuse, ce qu'il faut dire et ce qu'il faudrait imiter à Paris et dans toutes nos grandes villes manufacturières, c'est la disposition des maisons et des cours intérieures. Chaque série de maisons occupant l'espace compris entre le boulevard et trois rues, ne forme en apparence qu'un seul et immense bâtiment, bien qu'il y ait, sur les quatre façades, plusieurs portes cochères. Au milieu de ce bâtiment monstre s'étend une cour qui a, à peu près, l'étendue de la place Louvois. Un jet d'eau, des pelouses, des arbres verts, des arbustes et des fleurs en font un lieu assez agréable. Tout autour, des allées, un sol bien sablé et bien propre. Les logements qui ont vue sur cette cour sont parfaitement éclairés et presque gais. L'ouvrier s'y plaît et y rentre de bonne heure. Il y a un autre avantage. La mère qui reste à la maison, peut, tout en travaillant, surveiller de sa fenêtre ses enfants qui jouent dans la cour avec les enfants des voisins. Ils ne courent pas le risque de se faire écraser par les voitures, ni de rencontrer quelque vaurien et ne se salissent pas. Il me semble que si l'on adoptait à Paris ce genre de constructions, on rendrait un véritable service aux ouvriers qui sont parfois si tristement logés qu'il est bien naturel qu'ils fuient leur logis. Je crois que les propriétaires n'y perdraient rien, parce que le terrain improductif de la cour serait compensé par les logements plus chers qu'ils loueraient sur la façade principale, logements qu'ils n'ont pas dans les baraques d'aujourd'hui.

Je descendis du *Barrio* par la *Castellana* où je vis un certain nombre de faux chignons, de figures poudrées ou imbibées d'*Eeau de Barcelone;* mais où j'appris, en revanche, le jeu de l'éventail. Si vous ne connaissez pas le jeu de l'éventail, il faut l'apprendre, cela peut vous servir. Ici, toutes les dames ont un éventail à la main, alors même que le vent soufflerait à déraciner le Guadarrama ou qu'il gèlerait à faire éclore des ours blancs. Quand vous êtes assis à côté de l'une d'elles et que vous désirez savoir quel degré d'intimité vous rapproche, vous lui prenez son éventail, vous l'ouvrez à moitié. Cela signifie *amitié*. Rarement la dame refuse de le recevoir de vos mains dans cet état de demi-floraison. Mais si vous déployez toutes ses voiles, ce qui veut dire *amour: Señora estoy à lòs piès de usted*, « *Señora, je suis à vos pieds;* » la dame vous l'arrache, le referme vivement et vous n'avez qu'à pointer vos batteries dans une autre direction. Au contraire, si elle l'accepte tout épanoui, cela peut vous mener très-loin.

Maintenant, s'il vous plaît, permettez-moi de dîner tranquillement, de causer un peu de choses qui ne vous intéressent pas, d'entendre un peu de bonne musique, de déguster mon thé. Reprenez mon bras, si cela vous fait plaisir, et achevons cette journée peu attrayante pour vous, j'en conviens, mais plus fatiguante encore pour votre serviteur. Dès que la nuit tombe, les environs de la *Puerta del Sol* s'emplissent de promeneurs, de señoras en manteau de laine blanche, de rôdeuses mal famées et nombreuses. C'est un spectacle que je n'aime pas plus que vous; il est aussi uniforme et aussi malpropre qu'à Paris. Passons. Ce qui tente plus la curiosité et ce qui est plus particulier à Madrid, c'est la vente des journaux, la vente des billets de loterie et l'aspect des cafés. On est littéralement assourdi par les crieurs qui annoncent avec des intonations aigües et avinées : *El Combate*, *La Revolucion social*, *La Tertulia*, *La Correspondencia de España*. Toute la nuit les oreilles me bourdonnent. Il me semble revenir à la veille de la Commune et entendre sur les boulevards : V'là le *Rappel!* V'là le *Réveil!* Achetez le *Cri du Peuple*, par Jules Vallès! Le *Combat*, de Félix Pyat! Ces crieurs ont cela de bon, qu'ils se contentent de crier et qu'ils ne vous fourrent pas leurs imprimés sous le nez, ce que font, à vous mettre en colère, les marchands de billets de loterie.

Il y a quelques jours, j'avais entre les mains un numéro de la *Gaceta de Madrid* de 1810. Cette gazette a le petit format de poche qu'avait le *Journal de Paris* à l'époque où le dirigeait l'abbé de Mably.

Les quatre pages, à l'exception du dernier quart de la dernière colonne, sont consacrées aux nouvelles politiques des divers États de l'Europe, et je remarquai, entre autres singularités, que la poste mettait deux mois à venir de Pesth à Madrid. Mais que croiriez-vous lire à l'article *España* qui remplit le petit carré dont je vous parle? — Les numéros gagnants de la dernière loterie et le programme des théâtres. — Les loteries sont toujours en faveur. On en fait deux par mois, et le gouvernement gagne à cette spéculation 40 p. 100 à peu près.

Pardonnez-moi de ne pas vous offrir un rafraîchissement au café. Les consommations y sont affreuses, du *Cafe Fornos* au *Cafe del Siglo*, au *Cafe de Madrid*, au *Cafe Suiz*, au *Cafe Europeano*, au *Cafe de las Columnas*, au *Cafe Imperial*. Cafés, hôtels et restaurants se valent. A part la pâtisserie et la confiserie qui y sont excellentes, l'éducation culinaire des Espagnols est à reprendre par le pied. Il faudrait inonder ce pays des Traités du baron Brisse, de Brillat-Savarin et de la *Cuisinière bourgeoise;* ouvrir à Madrid une académie de sauces et de fritures; la peupler des élèves de la Sophie du docteur Véron; apprendre à ces gens la recette de faire une omelette mangeable; expédier leurs vins à Cette, afin qu'en les coupant on les rendît potables; voilà une réforme urgente. Mais vous n'imaginez pas la quantité de consommateurs qui, le soir, sont empilés dans ces cafés et frappent la paume de leur main droite contre la paume de leur main gauche pour appeler les garçons. On y étouffe, on y est serré comme dans un assaut, on s'y abreuve de consommations qui vous donnent des nausées, on y marche sur des robes, sur des pieds qui appartiennent on ne sait à qui, sur des enfants ; car les enfants les fréquentent. Des familles entières y débarquent : le père en tête, le grand-père, les oncles, la mère, les tantes, les filles, les fils, la bonne, la nourrice, le nourrisson non encore sevré. Je ne plaisante pas, j'ai vu au café des nourrissons qui tetaient.

X

LES PARTIS EN ESPAGNE.

Madrid, 18 mars.

Il y a beaucoup de ressemblance entre la situation actuelle de la politique en Espagne et la situation de la politique en France. Outre que la monarchie du roi Amédée n'a pas des racines plus profondes que la république de M. Thiers, l'un et l'autre pays sont bouleversés par les révolutions successives qui les ont fait tomber de mal en pis et qui ont créé l'instabilité permanente, en consacrant le système électif comme base du pouvoir suprême. Un nouveau point de rapprochement, c'est le morcellement des partis. Le *Times* en comptait seize en France ! En Espagne, on en trouverait davantage peut-être; car, autour de chaque homme de quelque importance rayonne un petit cercle, une *tertulia* où l'on tient école de politique, et de politique très-personnelle. Vous voyez donc, des deux côtés des Pyrénées, les esprits dans le trouble, les opinions divisées, un principe gouvernemental qui ouvre la porte toute grande à la révolution. Chez nous, une république provisoire à la durée de laquelle on ne croit pas ; ici, une monarchie élective dont on suppute les heures.

Si la situation de l'Espagne et la nôtre ont des points essentiels de ressemblance, elles présentent également des différences notables. En raison des mœurs particulières à chacune de ses provinces, la péninsule souffre moins des révolutions ; l'indiscipline ne s'étend pas d'un bout à l'autre, comme en France, à la première émeute. La Catalogne peut allumer la guerre civile, sans que la Murcie songe à se soulever. Elle embraserait, au surplus, ses quarante-neuf provinces que l'économie générale de l'Europe ne serait pas désorganisée.

Enfin, les Espagnols n'ont ni territoire occupé par les Allemands, ni rançon à payer, ni les intérêts considérables de toute nature que compromettent chez nous les révolutions. Leurs pronunciamientos ne présentent pas un grand danger pour le continent, en temps ordinaire, ni pour eux-mêmes un dommage majeur.

Mais, ce qui est spécialement commun à l'Espagne et à la France, c'est un gouvernement qui ne se soutient que par l'antagonisme des partis. Dans les pays vraiment politiques, l'Angleterre, par exemple, il n'y a que deux opinions possibles, conservateurs et progressistes, whigs et tories, qui arrivent tour à tour aux affaires, suivant qu'ils représentent mieux les intérêts généraux sur une question déterminée. Chez les peuples, au contraire, où les opinions sont des appétits, il se produit un fractionnement infini de l'esprit public et l'on peut assister au spectacle d'un gouvernement qui, ne personnifiant aucun principe politique, est étayé sur la discorde.

Ainsi, pour vous indiquer l'état des partis ou plutôt des factions en Espagne, je ne commencerai pas par vous énumérer les forces du pouvoir existant. Je vous dirai d'abord quels sont les chefs et les soldats des véritables partis qui ne sont pas nés d'hier et qui ont leur origine dans la tradition ou les systèmes. Vous verrez par cette énumération de quoi se compose l'armée amédéiste.

Malgré des dissentiments marqués et une infinité de nuances, on peut grouper tous les cercles politiques sous les dénominations suivantes : carlistes, modérés fusionnistes, modérés non fusionnistes, républicains, unionistes, progressistes.

Vous savez qu'en Espagne la loi salique n'est pas aussi claire qu'en France. S'il est incontestable, d'après le droit héréditaire de l'ancienne monarchie, que M. le comte de Chambord soit le roi légitime et M. le comte de Paris, l'héritier du comte de Chambord, il est moins certain que la couronne appartienne au duc de Madrid, plutôt qu'à la reine Isabelle. Les légitimistes, dans le sens doctrinal que nous attachons à ce mot, sont partagés ici entre les deux branches. Une partie de la noblesse tient pour Don Carlos, ainsi que le bas clergé et les paysans, surtout dans les provinces basques du Guipuzcoa, de l'Alava, de la Biscaye; dans la Navarre ; dans la partie Nord de la Vieille-Castille; à Burgos; à Téruel en Aragon. Ces contrées sont dévouées au prince, et j'ai pu m'assurer que le populaire y est fanatique de son nom.

Le parti carliste a pris beaucoup de consistance, depuis quelques semaines, dans les campagnes du royaume, à peu près sur tous les points, grâce à l'influence des curés qui sont entrés en lice contrairement à l'habitude qu'ils suivent de ne pas se mêler à la politique. Vous en jugerez par la place que les carlistes ont prise dans la coalition qui vient d'être organisée par les partis bourboniens ou républicains contre le roi Amédée. Ils ont pu faire accepter par les coalisés une centaine de candidats. Toutefois, ce qui rend leurs chances douteuses, c'est premièrement qu'ils manquent de chefs. M. Nocedal que l'on a surnommé le vice-roi, est, je crois, le seul homme politique du parti. Les autres personnages carlistes vivent depuis longtemps en dehors du mouvement et sont étrangers à la tactique des affaires. Ils ont en Espagne la même situation que les chevau-légers en France. Ce sont d'honnêtes gens, qui ont souffert des persécutions souvent injustes, que leurs ennemis respectent, mais qui ont le tort d'avoir des idées peu pratiques.

Un autre obstacle pour eux, c'est qu'ils n'ont pas un parti assez sérieux dans l'armée. Or, en Espagne, la moitié de la politique est aux mains des généraux.

Récemment, un léger dissentiment s'est accusé entre les conseillers de Don Carlos et il s'est formé un cénacle de carlistes libéraux. Un fil seulement les sépare des autres carlistes. Je ne suppose pas que ce fil puisse jamais servir de pont entre le carlisme et la monarchie moderne.

Les autres membres de la noblesse, en majorité, sont restés fidèles à la reine Isabelle et désirent la restauration bourbonienne en la personne de son fils, l'Infant Alphonse, avec la régence de l'oncle du prince, le duc de Montpensier. On affirme que l'accord existe entre la reine et le duc. Des hommes considérables travaillent à établir la même entente entre les isabellistes ou alphonsins et les montpensiéristes. Je citerai parmi eux M. Lersundi, le marquis de Barzanallana, le duc de Sesto, le comte de Toreno, M. Mon, M. Salaverria. Ils ont réussi à rapprocher beaucoup de serviteurs de la reine qui étaient divisés sur les voies à suivre pour arriver à une restauration, et sur le mode de restauration lui-même. Aujourd'hui, ils dirigent le parti fusionniste des *Moderados alphonsinos-montpensieristas*.

C'est la reconstitution d'un grand parti. Je sais bien qu'à l'exemple de quelques fusionnistes français, de certains légitimistes qui se proposent de jeter par-dessus bord le comte de Paris, ou de certains orléanistes qui méditent de se débarrasser du comte de Chambord, une fois la monarchie restaurée en France; des Isabellistes, fusionnistes en apparence, projettent de se servir du duc de Montpensier pour faire monter sur le trône le prince des Asturies, et se réservent de le tenir après à l'écart. Mais la plupart des fusionnistes ne prêteront pas la main à cette petite politique et comprennent très-bien la force que le parti alphonsin recevrait de la présence du duc aux affaires en qualité de régent.

Je vous ai dit que les *Moderados alfonsinos-montpensieristas* sont un grand parti. La majorité de la noblesse et des fortunes territoriales, les classes éclairées, le haut clergé, à peu près tout le personnel de l'ancienne administration, l'état-major politique du pays et cette partie de la population dont la révolution de septembre a dérangé les intérêts, leur appartiennent. Cependant, ils n'ont pu, à cause de la résistance des carlistes et des radicaux, faire accepter qu'une trentaine de candidatures. Aux élections dernières, quelques provinces se sont montrées particulièrement attachées au régime tombé. Ainsi, dans les Asturies, sur seize députés et quatre sénateurs, dix-sept élus étaient alphonsins; un seul député était ministériel. Mais il ne faut pas juger la force de ce parti par la petite part qui lui est faite dans les districts électoraux. Il s'agissait de se coaliser contre les amédéistes. Or, les fusionnistes se trouvent placés entre des hommes d'opinion extrême, qui sont également exclusifs. Ils ont estimé qu'il était plus politique de ne pas se disputer sur le plus ou moins grand nombre de siéges que tel ou tel groupe de la coalition occupera aux Cortès, et qu'il valait mieux aviser d'abord à ne pas laisser la coalition avorter.

La fusion a un autre élément de succès qui vaut bien quelques banquettes du congrès, étant donné les mœurs politiques de l'Espagne. On assure que le gros de l'armée, malgré les retraits d'emploi qui ont atteint non-seulement les généraux, mais des colonels, des officiers et jusqu'à des sous-officiers, que l'armée, dis-je, est restée alphonsine, qu'elle reconnaît la nécessité de la fusion et qu'à un moment donné, elle ne sera pas un appui pour la dynastie de Savoie. Ce que je sais bien, c'est que j'ai entendu de mes propres oreilles des officiers en uniforme et de différentes armes, qui ne dissimulent pas du tout leur dévouement à l'ancien état de choses.

Malheureusement, des hommes importants tels que le général Calonge, les anciens ministres Castro et Esteban Collantes, M. Moyano refusent d'entrer dans la fusion et disent tout haut qu'ils ne veulent pas de M. le duc de Montpensier pour régent. Ils ont constitué un groupe, qui n'est pas un parti, mais qui est un bataillon gênant, les *Moderados anti-Montpensieristas*. Par leur fidélité exclusive à la reine Isabelle et à l'Infant en faveur duquel la souveraine a abdiqué, ces chevau-légers, deuxième manière, empêchent l'unité de s'accomplir dans la composition du parti monarchique constitutionnel et l'entravent par des discussions intestines en présence de difficultés plus graves à résoudre et sur la solution desquelles ils s'accordent d'ailleurs.

Le parti républicain a des soldats comme le parti carliste. Comme lui, il manque de chefs et il est beaucoup plus divisé que le parti modéré. Cependant, s'il est divisé pour gouverner, il est uni quand il s'agit de renverser un gouvernement. Internationalistes, socialistes, fédéralistes et unitaires s'entendent alors.

On a exagéré l'influence de l'Internationale en Espagne. J'en causais, avant-hier, avec trois ou quatre des députés qui ont pris, aux Cortès, l'initiative des lois que l'on a votées contre cette association, et qui m'ont assuré qu'elle n'avait pas le nombre d'adhérents qu'on lui attribue. Ce matin même, j'ai lu, dans la *Carrera de San-Geronimo*, une affiche rose adressée aux *travailleurs* par la section de Madrid, les convoquant à fêter l'anniversaire glorieux du 18 mars. Les passants la regardaient d'un air peu sympathique, je vous assure. Dans l'après-midi, j'ai parcouru les faubourgs. La ville était parfaitement tranquille. Le journal *El Tiempo*, dans son numéro de ce soir, s'étonnait avec raison que M. Sagasta, contrairement à sa circulaire, tolérât une semblable impudence. Un des porte-voix de l'Internationale, à Madrid, est M. Garrido.

Les socialistes sont frères utérins des internationalistes. Ils n'en diffèrent que parce qu'ils ont négligé de solliciter leur admission dans cette corporation honorable et que leur état civil est incomplet. On prétendait que l'Andalousie était tout entière convertie au socialisme et s'apprêtait, sur un signe de M. Rispa-Perpina ou de M. Salmeron, à procéder au partage des terres. Il est certain que cette province a été très-activement travaillée par l'Internationale, les socialistes et toutes les sectes de ce genre. Les choses pourtant n'en sont pas venues à ce point. A présent, l'agitation est sensiblement calmée.

MM. Castelar, Figueras et Pi y Margall sont les chefs des républicains fédéraux, partisans de la réorganisation des anciennes provinces, de leur fédération en États unis, sur le modèle des États de l'Amérique du Nord ou des Cantons suisses, et de l'indépendance de Cuba. M. Castelar est, dit-on, un orateur très-disert; mais j'entends dire par des hommes d'opinions diverses que ce n'est pas un esprit politique et qu'on ne le croit pas de taille à devenir jamais chef d'État. M. Figueras, avec des qualités moins brillantes, aurait plutôt ce tempérament. M. Figueras est le véritable *leader* fédéraliste. M. Pi y Margall est le financier du parti. Les centres d'action de ce triumvirat républicain sont les villes de Barcelone, de Saragosse, de Séville, de Cadix, de Malaga et de Valence.

Il est à remarquer qu'en Espagne le parti républicain est fédéraliste, et qu'il n'inscrit pas sur son drapeau, comme les républicains français : *République une et indivisible*. M. Garcia Ruiz est presque isolé dans ses opinions unitaires. Je ne connais pas à Madrid d'autre défenseur de l'unité républicaine, et je ne sais guère où résident ses coreligionnaires.

Ces diverses doctrines qui ont fait de nombreuses recrues dans les classes ouvrières et dans les grandes villes, ont peu d'influence sur les campagnes. Le paysan préfère son pain, son oignon et son soleil aux discours de M. Castelar. Avant tout, il est catholique. Après, il est volontiers carliste, à moins qu'il ne soit alphonsin, parce qu'il ne détestait pas la reine dont il se souvient, à moins encore qu'il ne se résigne à être ministériel sous la pression des gouverneurs civils que le président du conseil incite à soutenir la Constitution et à faire triompher les candidats amédéistes. Mais il n'est pas républicain. En dehors des masses urbaines, la république rouge ou rose ne compte pas plus d'une douzaine d'hommes de valeur, état-major insuffisant pour constituer et surtout pour faire durer un gouvernement. Mais ses soldats sont très-résolus et ne reculeront devant aucun moyen. Leur peu de scrupule, je parle des masses qui sous le nom de république ne cachent que leurs appétits, est tellement connu, qu'un républicain qui, paraît-il, a dépensé une partie de sa fortune au service de sa cause, M. Roque Barcia, annonce dans un Manifeste que l'on vend dans toutes les rues de Madrid, qu'il rentre dans la vie privée, écœuré par les agissements des siens et faisant des vœux pour qu'ils n'arrivent pas au pouvoir, ce qui serait le dernier coup porté à l'Espagne.

En ce qui concerne les unionistes, ce parti libéral que le général O'Donnell avait formé, à la suite de la révolution de 1854, dans le but de grouper les conservateurs libéraux et les progressistes modérés, vous vous rappelez qu'avant la révolution de 1868, M. le duc de Montpensier y comptait nombre d'amis. Les unionistes représentaient alors la monarchie parlementaire et les idées libérales. Leur système s'adressant aux intelligences bien plus qu'aux passions des villes ou au goût autoritaire des campagnes, ils étaient alors une Église, mais une Église qui désirait arriver au ministère par le jeu du Parlement, afin d'acquérir une influence qu'elle ne pouvait obtenir dans le pays à cause de l'esprit des populations. Je crois bien qu'ils furent dépassés par les événements et un concours de circonstances exceptionnelles, et qu'ils ne poussaient pas aussi loin qu'on le prétend dans certains cercles, le dessein de renverser la reine Isabelle.

Prim, à qui l'on avait refusé un portefeuille, Prim qui avait vu la couronne du Mexique lui échapper, qui, ayant su se rendre populaire, voulait tirer parti de sa popularité et jouer un premier rôle, Prim était à ce moment une personnalité assez puissante pour agir seul. Une dizaine de généraux et quelques régiments lui suffirent : il domina les partis, les fit taire, et fut le maître réel de la situation. Quoi qu'il en soit, après le depart d'Isabelle II, les unionistes songèrent à offrir la couronne au duc de Montpensier; mais les progressistes étaient là, et le duc ne faisait pas leur compte. Il fallut céder à leurs menaces. De compte à demi avec eux, ils prirent la singulière résolution d'appeler au trône un prince étranger, d'abord le prince de Hohenzollern, de funeste mémoire! puis le prince Amédée de Savoie. Aujourd'hui, les unionistes sont assez disloqués. La plupart d'entre eux soutiennent plus ou moins tièdement le gouvernement ou observent cette attitude cauteleuse et indécise des doctrinaires fins qui se ménagent. La minorité, M. Mantilla particulièrement, est encore montpensiériste.

Les progressistes à qui, pour ma part, j'attribue la paternité directe et complète du roi Amédée, les progressistes sont : les uns au pouvoir ou près du pouvoir et se disent naturellement ministériels, MM. Sagasta, Romero Robledo, Candau; les autres hors du palais, désireux d'y entrer et naturellement radicaux, MM. Ruiz Zorrilla, Martos, Montero Rios, Rivero. Il n'y a guère entre les premiers et les seconds que la différence d'un portefeuille. On les dit tous monarchistes sincères, avec des idées plus ou moins avancées sur la garde nationale et la démocratie dans la royauté. Ils voudraient d'un roi démocrate, *el rey debe ser el gran tribuno del pueblo*, d'un roi qui soit le grand tribun du peuple, disait il y a quelques jours dans un meeting M. Echegaray y Figuerola. Cependant, des personnes qui paraissent au courant des tours de carte prétendent que plusieurs radicaux, MM. Martos tel

Rivero, par exemple, lesquels étaient républicains et ont fait descendre leur baromètre au radicalisme en alléguant que l'Espagne n'était pas « mûre » pour la république, pourraient bien revenir par dépit à leurs anciennes amours. On dit même qu'il ne serait pas impossible que M. Sagasta, un peu désabusé de la politique progressiste, rentrât plus tôt qu'on ne pense au bercail des modérés. M. Nocedal, de progressiste et même de démocrate, n'est-il pas devenu le chef avoué des carlistes? Tout cela peut arriver.

Ce qui est moins probable, c'est ce que me disait tout à l'heure, sans y attacher foi, bien entendu, un ancien conseiller d'État, à savoir que les républicains cesseraient de faire de l'opposition au gouvernement, si le roi remplaçait M. Sagasta, qu'ils exècrent, par M. Zorrilla. Si le bruit est exact, il signifie simplement que M. Zorrilla et M. Figueras se sont déjà entendus secrètement. Je n'ai pas besoin de vous dire que les progressistes ministériels ont posé partout des candidatures et que l'administration ne se gêne pas pour faire de la propagande. Quant aux progressistes radicaux qui ont à eux la province d'Albacete et la ville de Madrid, celle-ci, grâce à l'inertie de la bourgeoisie, ils comptent bien réussir dans plusieurs colléges.

C'est au milieu de ces unionistes si peu unis et de ces progressistes qui progressent en tous sens, que se débat le gouvernement. Il a fait des avances à M. Espartero et à M. Serrano, dont la grande position relierait un peu ces éléments informes et épars. Mais M. Espartero est si vieux ! Mais M. Serrano est si prudent! il accepte les compliments de tout le monde et se tient sur la réserve. Le roi Amédée se rabat donc sur les progressistes. Là est tout son personnel gouvernemental, et un personnel dont les convictions et le dévouement se chauffent, se proclament et se refroidissent par l'espoir, la possession ou la perte d'un portefeuille. C'est une course au clocher de toutes les intrigues, de toutes les avidités, de tous les égoïsmes, au détriment de l'État et du jeune roi. Les carlistes, les alphonsins, les fusionnistes, les républicains sont coalisés contre lui. Dans l'armée, on a bien introduit quelques sujets dévoués, mais les jours de révolution peut-on compter sur des serviteurs aussi nouveaux? J'ai entendu des gens qui doivent tout à la reine Isabelle, parler d'elle en des termes que je n'oserais répéter, moi qui ne lui dois rien. Que sera-ce du roi Amédée? Le haut et le bas clergé, importants dans ce pays soumis au catholicisme, lui sont contraires. La noblesse est tout entière carliste ou fusionniste dans cette patrie de la grande propriété seigneuriale. On a aboli, je crois, au palais royal, la cérémonie du baisemain; on a été bien inspiré, car le capitaine de garde serait seul à baiser la main de la reine Victoire.

La bourgeoisie, partout chauvine, voit dans le roi un prince italien. Le paysan religieux n'aime pas le fils de celui qui est entré en conquérant dans la Rome des papes. L'ouvrier n'aime aucun pouvoir. Et toute cette population, très-monarchique au fond, cette population habituée au luxe d'une grande cour, à la pompe qui donne à la royauté de l'éclat et du prestige, ne comprend pas ce roi démocrate qui se promène au Prado en simple fils de famille, et ne respecte pas cette monarchie, de même qu'elle déserterait les églises, si les prélats officiaient en pantalons à carreaux et en redingote. L'humanité est ainsi faite que le respect lui vient des yeux bien plus que de l'esprit. Je puis donc dire que le roi Amédée a pour seuls partisans quelques hommes avides de portefeuilles ou de hautes situations, mais qu'il n'a aucune racine dans le pays, qu'il ne s'est établi et qu'il ne s'est maintenu jusqu'à présent au pouvoir que parce que les factions sont en guerre intestine, et que leurs forces se sont employées à se combattre les unes les autres.

Au palais, on ne se fait pas illusion sur la gravité des circonstances ni sur la fragilité de ce trône. Il y a quelques jours, à la table du roi, on s'exprimait tout haut à ce sujet. On se demandait si le moment viendrait, le jour de la réunion des Cortès, dont la composition sera nécessairement très-mélangée, ou si le conflit éclaterait à la suite d'une prise d'armes des carlistes, d'une levée de boucliers des révolutionnaires, ou d'un pronunciamiento du parti militaire alphonsin, les trois seuls partis qui aient une armée militante. Il serait fort téméraire de le prévoir; mais il serait insensé de croire à la durée d'un pareil état de choses.

Et lorsque l'heure de la lutte sonnera, que fera le roi? Les uns prétendent qu'Amédée ne veut pas s'imposer, qu'il retournera à la cour de Victor-Emmanuel; les autres, qu'il suivra les conseils de la reine Victoire, que l'on dit prête à la résistance. *La Epoca* lui attribue ce mot : « Je ne partirai qu'embaumé. » J'incline à penser que le roi résistera. Il est jeune, il a peu d'expérience, il me paraît courageux. Il n'abandonnera pas son trône. Je l'ai croisé trente fois dans les rues de Madrid. En voyant ce monarque que personne ne salue, que personne ne siffle ou n'acclame, il me venait cette pensée : « Si ce malheureux tombait de cheval, cette foule, indifférente en apparence mais cruelle pour les hommes impopulaires, se précipiterait sur lui, lui passerait une corde au cou et le traînerait sur les pavés, comme elle fait du taureau qui a succombé sous le couteau des torréadors. » Et je me rappelais la scène horrible qui se passa, il y a trois ans, à Burgos. Pareil accident était arrivé au gouverneur civil, M. Gutierez de Castro. La populace, qui haïssait ce magistrat à cause de ses opinions anti-carlistes, l'étrangla, coupa son corps en quatre morceaux et promena par la ville ses restes ensanglantés.

Mais aussi, quelle singulière politique d'aller chercher en Italie un roi d'Espagne ! Et quelle imprudence d'accepter une couronne qu'en ce moment un prince étranger, fût-il Charles-Quint, ne pourrait conserver, en présence de l'hostilité des classes, de l'hostilité des monarchistes, de l'hostilité des républicains, dans un pays politiquement morcelé, qui s'en va par lambeaux malgré son intelligence et sa vivacité, à la veille peut-être de complications européennes ; car j'ai le vague pressentiment que la guerre, qui est née en Espagne en 1870, y pourrait bien renaître encore avant peu.

XI

LA PRESSE MADRILÈNE.

Madrid, 21 mars.

M. Émile de Girardin estime que la presse est sans influence. Je ne veux pas discuter cette opinion. Ce que personne ne contestera du moins, c'est que les journaux reflètent les préoccupations du public; que dans un temps calme ils ont un langage modéré, une allure violente aux époques de trouble, et qu'ils sont un signe assez certain des orages politiques.

En ce moment, la presse de Madrid atteint un diapason tel que les nuages ne tarderont pas à crever, ou bien les pronostics ordinaires n'ont plus de sens. Vous n'imagineriez pas à quels excès de polémique elle se livre tous les jours, si vous n'aviez assisté au chaos politico-littéraire qui a précédé la Commune. Les organes de tous les partis en sont à épuiser les derniers mots du répertoire des injures; et, lorsqu'ils auront fini, on en viendra aux coups. Voilà quelle impression m'a produite leur lecture.

La presse politique madrilène est plus nombreuse qu'à Paris. Je connais bien une quarantaine de feuilles qui se publient ici. Depuis la chute de la reine Isabelle, il en est né deux cents, sur lesquelles douze ou quinze seulement vivent encore. Deux ou trois ont fait leur apparition pendant mon séjour; je ne sais si la mère et l'enfant se portent bien. Je ne vous parlerai que de ceux qui ont au moins un mois d'existence et quelques lecteurs, en vous indiquant leurs tendances générales.

Mais laissez-moi rendre justice au gouvernement du roi Amédée. Vous savez que je ne suis pas partisan de ce prince. Je crois que la restauration de l'Infant Alphonse avec la régence du duc de Montpensier serait la seule combinaison qui pourrait rallier les éléments monarchistes et libéraux en Espagne. Je crois aussi que la présence du roi Amédée ne fait qu'augmenter la confusion, et que la politique dite progressiste est éminemment funeste au peuple espagnol, en ce qu'elle inaugure un système bâtard qui n'est pas la République, mais qui n'est plus la Monarchie. Je suis donc peu suspect de partialité lorsqu'il m'arrive de louer le roi Amédée. Eh bien, je vous assure que la presse jouit ici d'une liberté à peu près complète et que le gouvernement ne l'inquiète guère. Peut-être ne peut-il agir différemment? Toujours est-il que la presse est libre à Madrid, sous les yeux du roi, à ses oreilles, devant lui, et que si le *Journal de Paris* s'avisait d'annoncer le départ de M. Thiers de l'hôtel de la présidence, dans les mêmes termes que *La Igualdad* faisait ces jours derniers du prince italien, le lendemain l'*Officiel* annoncerait que, le conseil des ministres entendu, le *Journal de Paris* est suspendu.

Puisque le parti progressiste est aux affaires, il convient de commencer par ses organes. Le plus important des journaux progressistes ministériels, le mieux rédigé, est celui de M. Sagasta, président du conseil des ministres, *La Iberia*. Inutile de vous dire que c'est dans *La Iberia* que l'on consulte le programme gouvernemental et que l'on se renseigne sur les projets de la faction sagastine. *El Puente de Alcolea*, ainsi nommé du pont d'Alcolea, près duquel s'est livrée la bataille de 1868, représente spécialement les idées de M. Candau et soutient résolûment la dynastie de Savoie. *El Eco del progresso* reçoit ses inspirations de M. Espartero et se conduit avec toute la prudence du vieux maréchal. *La España constitucional*, *La Independencia española*, *La Prensa* ont beaucoup moins d'importance et défendent avec assez de modération le gouvernement. Je ne citerai que pour mémoire *El Popular* et *El Eco popular;* ce dernier a vu le jour le 1er mars.

Je vous ai dit que les unionistes, appelés aussi conservateurs ministériels, — un dictionnaire des dénominations politiques ne serait pas inutile en Espagne, — étaient en grande partie ralliés au gouvernement et aux progressistes, côté de M. Sagasta. Un certain nombre cependant sont restés secrètement dévoués à M. le duc de Montpensier. C'est ainsi que le journal unioniste le plus considérable et le mieux fait, *La Politica*, bien que ministériel par obligation pour le parti auquel son directeur, ami particulier de M. Serrano, M. Mantilla, a toujours appartenu, conserve des tendances montpensiéristes qui s'aperçoivent sans que l'on soit obligé de lire entre les lignes. *El Argos* de M. Gibert et *El Debate* de M. Albareda, gouverneur civil de Madrid, le plus beau préfet que je connaisse, sont rédigés avec une modération, un *templado* qui me fait supposer qu'ils ne veulent pas non plus rompre définitivement avec le duc. *El Diario espanol* de M. Roberts a l'esprit indépendant; c'est encore un journal qui se ménage. En revanche, *El Norte* de M. Romero Robledo, ministre des travaux publics, est un unioniste ministériel fougueux qui n'y va pas de main morte et qui frappe sur ses adversaires avec une violence n'ayant rien de libéral. Un charivariste, un *jocoso*, *El Cascabel*, secoue ses grelots en l'honneur du duc de Montpensier.

Ici, avant de clore la liste des journaux progressistes et unionistes ministériels, je suis forcé d'ouvrir une parenthèse. Il existe depuis vingt-trois ans, à Madrid, un journal qui est une bonne personne, *La Correspondencia de España*. La *Correspondencia* ne fait pas de politique à proprement dire. Elle se borne à enregistrer des nouvelles politiques ou parlementaires, et toujours elle est bien renseignée. Comme on la sait simplement curieuse, les gouvernements et les ministres ne se sont jamais refusés à lui donner des informations et même à lui faire quelques confidences. Elle a ses entrées au palais royal depuis qu'elle existe. Cette spécialité lui a valu un succès énorme. On la vend dans toutes les bourgades, on la crie dans toutes les rues; à Madrid, beaucoup de gens l'achètent en rentrant se coucher, afin de se mettre au courant des événements du jour. Elle tire à cinquante mille exemplaires. Sa publicité lui attire beaucoup d'annonces. Elle en a, ai-je entendu dire ici dans plusieurs rédactions de journaux, pour cinq cents francs par jour. A ce sujet, j'ai un détail curieux à vous donner. On a l'usage, en Espagne, de faire annoncer les décès à la quatrième page du journal, sous la forme d'un petit carré long comme le doigt, bordé de noir et orné d'une croix. Cela coûte un louis, deux si le carré est plus grand, vingt-cinq s'il tient la moitié de la page, et cinquante la page entière. On ne mourra jamais, à Paris, à ce prix-là. Le tirage élevé de *La Correspondencia* et ses annonces ont fait gagner au propriétaire de ce journal une belle fortune. Mais quand l'heureux et paisible M. Santana s'occupe par hasard de politique active, le nom de M. le duc de Montpensier, pour qui il a une vieille et sincère tendresse, tombe de ses lèvres et s'étale avec toutes sortes d'égards sur *La Correspondencia*.

Quant aux progressistes radicaux qui ne sont pas ministériels, parce qu'ils désirent être ministres, le premier de leurs organes est *El Imparcial*. Il a pour directeurs MM. Martos et Echegaray. C'est le mieux fait peut-être de tous les journaux de Madrid. M. Martos est un homme habile, qui connaît bien la politique et qui a de la souplesse dans l'esprit et dans la plume. Son journal a un grand succès, succès mérité, je dois le dire. *El Imparcial* est une publication à bon marché. L'abonnement est de quatre réaux par mois. Cette modicité de prix a contribué à le répandre. Avant de le connaître, je pensais que le plus important des organes radicaux devait être celui de M. Ruiz Zorrilla, le chef du parti. Mais, après avoir lu quelques numéros de *La Tertulia*, ainsi nommée du cercle d'où M. Zorrilla est sorti un beau jour homme d'État improvisé, comme M. Gambetta du café Procope, je me suis dit que lorsqu'on a véritablement un tempérament politique, on évite ces exagérations de théories et cette violence de style qui, d'après moi, sont de l'impuissance. *La Tertulia* est pourtant dépassée par *El Universal* de M. Asquerino. Celui-là fait de la politique en écrivain atteint d'épilepsie. Il est en outre absolument athée, ce qui fait bien dans un paysage démocratique. *Las Novedades* sont indépendantes et furent montpensiéristes. *La Nacion* est modérée et peu lue.

De certains radicaux, amis du gouvernement quand ils seront au pouvoir, adversaires quand ils n'y sont pas, il n'y a qu'un pas pour arriver aux républicains. La transition est naturelle. *La Igualdad* de MM. Castelar et Garcia Lopez est une feuille plus littérairement que politiquement rédigée. L'inverse est vrai pour *La Discussion*, de M. Figueras. Voilà les organes importants des républicains fédéraux. La république unitaire n'est représentée que par M. Garcia Ruiz qui se débat en vain dans son *El Pueblo*. Les socialistes et les internationalistes ont pour évangile et pour apôtres : *La Revolucion social*, de M. Fernando Garrido; *El Jurado*, de MM. Franscisco Diaz Quintero et Eduardo Benot; *El Gil Blas*, sorte d'arlequin, matérialiste, ahtée; enfin, *El Combate*, qui a reparu avec M. Rispa Perpina. *El Combate* avait cessé sa publication quelques jours avant l'assassinat du général Prim, dans la

Calle del Turco. Les trous des balles qui ont traversé son corps marquent encore sur les murs; je les ai touchés de mes doigts. — Ce journal donnait pour motifs de sa détermination que le temps de discuter était passé, et qu'il fallait agir.

Je n'ai pas besoin de vous dire que tous ces journaux socialistes sont très-violents et que les derniers sont écrits en style du *Père Duchêne*, avec un cynisme, une mauvaise foi révoltante.

Il y a cinq organes carlistes. *La Esperanza* qui est, avec *La Epoca*, le doyen de la presse madrilène. Elle a dix mille abonnés. *La Esperanza* et *La Reconquista*, petite feuille jeune et pétulante, sont dirigées par M. Nocedal, le vice-roi. Elles sont, comme l'*Union* pour le comte de Chambord, le moniteur de Don Carlos. C'est le carlisme dans toute son orthodoxie. Les deux autres feuilles sérieuses sont : *El Pensamiento español* de M. Navarro Villoslada et *La Regeneracion* du comte de Canga Argüelles. Elles ont à peu près l'allure de la *Gazette de France*, avec beaucoup moins de libéralisme; c'est-à-dire que n'ayant pas les attaches officielles de *La Esperanza* et de *La Reconquista*, elles ont leurs coudées un peu plus franches. *Le Pensamiento* est bien fait, le meilleur des carlistes. Mais on prétend qu'il va changer de direction, ainsi que *La Regeneracion*, et que tous deux vont rentrer dans le giron du carlisme pur, bien que le premier porte déjà cette devise rassurante, *Diario catolico, apostolico, romano*. Le parti carliste a aussi le mot pour rire,

Car, pour être carliste, on n'en est pas moins homme.

Il suit les usages de la vieille cour; il a son bouffon, un bouffon qui porte un nom à la mode il y a quatre ans. Il n'est donc pas aussi arriéré qu'on le figure. *La Linterna* jette de pâles clartés. Elle est peu lue. Je vous dis qu'elle n'est là que par respect pour la tradition. Chaque parti a son bouffon comme Don Carlos a le sien. Le duc de Montpensier a *Le Cascabel;* M. Castelar, les républicains et les socialistes, leur *Gil Blas*. Amédée, roi démocrate, habite le même palais qu'habiterait Carlos VII, roi féodal ou Alfonso XII, roi parlementaire. M. Castelar n'a pas un palais comme le duc de Medina-Cœli, parce qu'il n'a pas les moyens de l'avoir; mais son salon est peuplé de camélias superbes, mais son valet de chambre est parfaitement stylé, je vous assure, mais il n'a ni les goûts, ni les idées, ni l'éducation de ses électeurs.

La Epoca, qui a atteint ses vingt-quatre ans et *El Tiempo* qui n'a que deux ans, sont deux grands journaux qui travaillent à la fusion alphonsine-montpensiériste et à la restauration de l'Infant Alphonse avec la régence de M. le duc de Montpensier. *La Epoca* appartient à M. Diego Coello, homme d'un incontestable mérite, qui a suivi la reine Isabelle à Paris. Elle est dirigée par M. Escobar, journaliste judicieux et expérimenté s'il en est. Ce journal jouit de beaucoup d'autorité. M. Lopez Martinez a quitté, il y a six semaines, la direction de *El Tiempo* qui est aujourd'hui à M. le comte de Toreno, ancien député et fils du célèbre historien. J'ai trouvé en M. de Toreno un esprit vif, clair et d'un sens très-fin. Le comte de Barzanallana, ancien député, conseiller d'État et directeur général de la dette publique; M. Jove y Hevia, ancien député et consul général; et M. José de Cardenas, neveu du sénateur de ce nom, aujourd'hui curateur de l'infante Isabelle, sont les principaux rédacteurs du *Tiempo*. Un troisième journal alphonsin, *El Eco de España*, de M. Esteban Collantes, n'a pas voulu jusqu'à présent entrer dans la fusion commencée par la reine Isabelle et le duc de Montpensier et suivie par leurs principaux partisans.

J'ai groupé tous ces journaux sous un certain nombre de drapeaux. Mais pour être exact, je dois dire que, dans un même parti, je ne pourrais pas citer deux feuilles en communauté sincère d'opinions. Vous ne pouvez pas vous faire une idée de la multiplicité des ambitions, du fractionnement de l'esprit public, de l'affaissement des caractères, des mesquines intrigues, de la fièvre de sottises qui agite la presse. On ne retrouve guère un pareil spectacle qu'à Paris, parce qu'en France seulement, je m'en convaincs chaque jour, on voit un pareil épuisement moral.

XII

DON EMILIO CASTELAR.

Madrid, 25 mars.

Je désirais connaître M. Emilio Castelar qui a la réputation de l'orateur le plus éloquent de l'Espagne. Ce matin donc, je me présentai chez lui, boulevard Serrano 28, et je lui fis remettre ma carte. Il achevait une correspondance électorale. Son valet de chambre m'introduisit dans un salon où j'attendis quelques instants, examinant un *Don Quichotte* en bronze qui orne la cheminée, une gravure du *Christ en croix* de Velasquez que j'avais vu la veille au Musée royal, et deux ou trois sujets religieux. M. Castelar entra bientôt. C'est un homme de trente-huit à quarante ans, de taille moyenne, un peu fort, chauve, le front élevé, les yeux châtains, ronds, larges et vifs, la moustache épaisse, la bouche attachée solidement, la voix claire et puissante.

Il me tendit la main.

— Monsieur, lui dis-je, je dois vous confesser que la curiosité seule m'amène auprès de vous; car nous n'appartenons pas au même parti.

— Je m'en suis bien douté à votre carte, me répondit-il en souriant; le *Journal de Paris* et *La Igualdad* n'ont pas, en effet, les mêmes opinions.

La glace étant rompue, M. Castelar aborda de lui-même, avec cette cordialité que l'on trouve en Espagne, toutes les questions qu'il pensait m'intéresser. Nous avons causé pendant une heure. Si je rapporte en substance notre conversation, c'est que vous y verrez la pensée du *debater* le plus applaudi du parti républicain et le programme de son parti.

— Je suis très-républicain et très-démocrate, — je n'ai pas besoin de vous avertir que la parole est à M. Castelar, — et je crois que l'heure est venue pour les peuples de race latine, la France, l'Espagne et l'Italie, de se mettre en république. Pour l'Espagne en particulier, je suis convaincu que la forme républicaine la régénérera, que l'organisation fédérative lui donnera un renouveau de vie. Chaque province a reçu, de la nature, un aspect différent, et du passé, des mœurs, des types et des idiômes divers. Si l'on rend à ces provinces leur indépendance, il se produira partout un grand mouvement local. Les assemblées provinciales imprimeront aux campagnes une activité aujourd'hui inconnue. Deux chambres fédérales siégeant à Madrid suffiront à la politique générale et relieront ces petits États. Dites-moi votre opinion.

— Français, je ne puis être républicain après tant d'épouvantables leçons. Au reste, j'ai toujours pensé qu'il n'était pas bon pour un peuple de bouleverser de fond en comble son mode d'existence, et de passer de la monarchie à la république ou de la république à la monarchie. Si l'Angleterre, en 1688, au lieu de remplacer les Stuarts par la maison de Hanovre, avait adopté la forme républicaine, je suis convaincu qu'elle serait entrée dans une période révolutionnaire qui ne lui aurait pas permis d'accomplir les grandes réformes dont elle jouit à présent. Comment d'ailleurs croirais-je à l'excellence de la République? Les républicains français qui parlent toujours d'émanciper et de réformer le monde, sont les pires despotes. Nous les avons vus à l'œuvre.

— J'estime, comme vous, que les républicains français ont le tort de trop aimer la dictature et la révolution. Pour moi, la liberté est ma passion, je la fais passer bien avant le pouvoir. Je ne suis pas non plus révolutionnaire, les hommes de désordre et les socialistes qui se glissent sous notre drapeau nous ayant rendu impossible jusqu'ici le gouvernement républicain.

— En ce qui concerne l'Espagne et l'exécution de votre programme, ne craignez-vous pas d'ajouter un nouvel élément de désagrégation à tous ceux qui existent déjà, en divisant votre pays en Etats confédérés?

— A mon avis, la république unitaire n'est pas praticable en Espagne, à cause de l'esprit particulier à chaque province.

— Supposons que votre république fédérative fonctionne : avec un gouvernement essentiellement instable, quelle politique extérieure pourrez-vous suivre, quels longs desseins pourrez-vous former, puisque vous voulez relever l'Espagne?

— Notre plan se rattache à un projet plus vaste, car je suis un peu cosmopolite, celui de l'alliance des trois peuples de race latine, alliance destinée à combattre le germanisme, c'est-à-dire le principe absolutiste. Donc, à l'intérieur, en Italie et en France, république unitaire ou fédérative, suivant qu'il plaira aux Italiens et aux Français; chez nous, fédération républicaine. A l'extérieur, alliance de la France, de l'Espagne et de l'Italie. C'est le seul moyen, selon moi, de rajeunir ces vieux peuples et de restaurer l'Occident.

— Je ne comprends pas bien la politique homœopathique. Il est incontestable que la France, par exemple, est agitée périodiquement depuis qu'elle a abandonné la tradition monarchique, qui met le pouvoir suprême à l'abri des compétitions du premier venu. Or, si vous la maintenez dans son état fiévreux en proclamant la République, n'est-ce pas la révolution légale que vous consacrez, l'instabilité systématique, une vie de bohème sans lendemain?

— Tel n'est pas mon sentiment. Un peuple ne doit jamais aliéner pour longtemps sa souveraineté.

— En ce qui touche l'alliance latine, je ne repousse aucune alliance, parce que je ne connais qu'une politique : l'intérêt de mon pays. Mais il est des Italiens qui, eux-mêmes, ne font pas de la politique de sentiment, mais de la politique d'intérêt. Pensez-vous qu'ils ignorent que le poste militaire de Rome, que l'indépendance de la papauté, que le comté de Nice et le duché de Savoie, que la domination de la Méditerranée, la route des Indes, Suez, l'Égypte, la Tunisie, l'Algérie même ne soient autant de questions que l'on soulèvera un jour, dont quatre ou cinq seraient déjà pendantes si M. de Cavour vivait encore pour diriger le cabinet de Rome? Il me semble que l'Italie, qui n'a rien à démêler avec la Prusse, préférera l'alliance de M. de Bismarck.

— Les conditions de la politique, tant intérieure qu'extérieure, changeraient si nous étions en République.

Pourquoi? Je l'ignore. Pourquoi l'opium fait-il dormir? parce qu'il a une vertu dormitive? Pourquoi la République régénère-t-elle? parce qu'elle a une vertu régénératrice.

Sortant de ces généralités, M. Castelar m'avoua que l'on jouissait en ce moment, en Espagne, d'une liberté complète de réunion, d'association et de la presse. Il suffit de déposer à la préfecture, chez le gouverneur civil, une simple déclaration du journal que l'on veut publier, pour avoir le droit de le faire paraître. Mais il ne croit pas à la durée d'un gouvernement qui, en réalité, n'a pas de parti. Je dois vous dire que je n'ai pas encore entendu un Espagnol qui y crût davantage. Et, lorsque M. Castelar me demanda si telle n'était pas mon impression, je lui répondis que j'avais déjà exprimé ce même doute dans le *Journal de Paris*, en me fondant sur ce qu'un gouvernement, qui n'a de raison d'être que l'extrême division des partis, tombera le jour où l'un d'eux aura la hardiesse de prendre les armes.

M. Castelar ne m'en voudra pas si je m'explique librement à son sujet, et si je vous dis qu'il m'a paru avoir à un degré remarquable le tempérament oratoire, mais à un degré moindre les qualités d'homme d'État. Intelligence un peu mystique, imagination très-ardente, idéaliste, voilà la figure que je me suis faite de ce chef des républicains fédéraux en Espagne.

J'ai retenu surtout trois points de sa conversation :

Il m'a paru qu'il espérait un rapprochement prochain entre les républicains fédéraux et les progressistes radicaux, rapprochement que j'ai toujours considéré comme possible et qui ne me surprendra pas. Cependant, il est peut-être plus difficile à cette heure que M. Figueras, un esprit politique, vient de rentrer, lui aussi, dans la vie privée et de reprendre sa serviette d'avocat. M. Figueras excellait à apaiser les orages maladroitement soulevés par la gauche aux Cortès. Il avait cette finesse et cette modération de parole que l'on n'acquiert pas d'ordinaire dans la fréquentation des clubs. A l'exemple de M. Barcia, il a assez de son parti. M. Castelar va régner bientôt sans partage.

Le second point, c'est l'idée de la fédération des quarante-neuf provinces de l'Espagne. J'ai retrouvé cette idée, je ne dirai pas chez les personnages politiques des autres partis, car je crois que c'est là un projet propre aux chefs républicains, mais chez des hommes du monde qui sont alphonsins, amédéistes ou indifférents.

Le troisième point, c'est l'alliance latine. Bien que

pendant la guerre franco-prussienne, les sympathies fussent assez divisées, beaucoup d'hommes importants dans le monde politique, et d'hommes de toutes nuances, en sont aujourd'hui partisans. Je puis même dire que c'est là la politique extérieure en faveur à Madrid et en Espagne. Vous savez là-dessus mon sentiment. Sans avoir une répulsion préconçue contre cette politique, je m'en défie un peu pour les motifs suivants : 1° L'Italie a trop de sujets de conflit avec la France et trouvera mieux son intérêt dans l'alliance allemande; 2° Cette alliance, faite en vue de combattre le germanisme, ne lui opposera qu'une barrière impuissante; 3° La politique latine est suivie par les démocrates français qui ne sont pas allés précisément à l'école de Richelieu, à ce titre elle m'inspire une médiocre confiance.

Il est à remarquer que cet engouement, qui pourtant n'est pas général, coïncide avec les bruits d'une intervention italienne, intervention que la Prusse appuyerait. Dans l'entourage du roi Amédée, on compte un peu, je crois, sur cet appui, dans le cas où les élections du 2 au 5 avril ne seraient pas favorables au gouvernement. Et comme l'opinion à peu près unanime est qu'elles lui seront contraires, on a parlé beaucoup de cette nouvelle *Armada* que Victor-Emmanuel enverrait dans les eaux de Barcelone.

Trois alternatives se présenteront, ai-je entendu dire dans les cercles les plus divers et par les hommes des partis les plus opposés :

Ou le gouvernement triomphera dans les élections, et il ne pourra triompher qu'en usant d'une extrême violence qui mettra les armes aux mains des carlistes ou des républicains, ou du parti militaire alphonsin. Je sais bien que le gouvernement fait une propagande très-active, que M. Sagasta envoie circulaire sur circulaire et met sur les dents tous ses agents. Je sais bien que l'on a dissous l'ayuntamiento de Grenade, sous le prétexte que les listes électorales ont été falsifiées, d'autres disent sous le prétexte que l'ayuntamiento se refusait à soutenir la candidature du général del Rey, ministre de la guerre; que quelques coups de fusils ont été tirés. Je sais encore que la rumeur publique craint qu'une mesure semblable n'atteigne l'ayuntamiento de Madrid. Mais je ne crois pas que le gouvernement, ni ses gouverneurs civils, ni ses fonctionnaires, se sentent assez forts pour en arriver à des voies de fait générales et trop oppressives.

Ou la coalition triomphera, et dans ce cas le gouvernement du roi Amédée se trouvant en minorité dans les Cortès, sera renversé légalement, parce qu'il est probable que les coalisés ne prendront pas des gants pour lui signifier qu'il ne représente plus l'opinion du Parlement, lui qui est l'œuvre unique du Parlement.

Ou les Cortès seront très-mélangées, c'est la supposition la plus raisonnable à mon sens, et le gouvernement ne pouvant y constituer une majorité, se croira toutefois assez fort pour pouvoir recourir à une nouvelle dissolution qui mettra le feu aux poudres. Il n'aura reculé que pour mieux sauter.

Il est bien possible que je me trompe; mais j'imagine que les élections se feront sans de trop grands troubles, même en Andalousie, en Catalogne, ou dans les pays basques, foyers de la révolution et du carlisme. On se tuera bien un peu, les violences ne manqueront pas de part et d'autre; mais l'élection aura lieu tant bien que mal, les élus seront très-chamarrés, il y en aura de toutes couleurs et la lutte s'engagera véritablement à la réunion des Cortès, le 22 avril, après la vérification des pouvoirs.

Il me paraît bien difficile que le roi Amédée échappe à l'une de ces trois menaces, principalement à la dernière. Dans tous les cas, si l'une ou l'autre se produit, c'est alors qu'il s'agira de l'intervention étrangère, si intervention il y a, pour le maintenir sur le trône.

Seule, l'Italie ne peut rien, bien qu'il n'y ait pas l'ombre d'un doute que Victor-Emmanuel désire voir son fils régner sur les Espagnes, ce qui, dans un avenir plus ou moins prochain, s'il se rencontre un second Cavour, serait, au point de vue italien, une très-habile pensée politique. Elle peut tout, au contraire, avec l'Allemagne. Sur cela, on est d'accord; où on ne l'est plus, c'est sur la pensée de M. le prince de Bismarck.

Le chancelier interviendra-t-il? S'il intervient, sera-ce en faveur d'Amédée ou pour placer la couronne sur la tête d'un Hohenzollern ou d'un autre prince allemand? A Madrid on n'en sait pas plus qu'à Paris sur ce sujet; mais on y pense peut-être un peu plus.

Si M. de Bismarck veut conserver l'alliance italienne, je crois qu'il appuyera une intervention en faveur d'Amédée. Mais s'il rêve, après Charles-Quint et

Philippe V, de dominer l'Europe du détroit de Gibraltar au détroit du Sund, il dira au prince Frédéric-Charles, comme Louis XIV à son petit-fils : « Mon fils, il n'y a plus de Pyrénées, » ou comme Napoléon à son frère Joseph : « Mon frère, vous allez être mieux logé au Palais-Royal que moi aux Tuileries. » Dans le premier cas, M. de Bismarck montrera simplement que l'ambition n'exclut pas la prudence ; dans le second, qu'il se grise ainsi que tous les hommes qui ont eu de grands succès et qu'un jour il ne sera pas à l'abri d'un Hochstœdt ou d'un Waterloo.

XIII

UNE COURSE DE TAUREAUX.

Madrid, 31 mars.

Aujourd'hui s'est rouverte la *Plaza de Toros*. Depuis plusieurs jours, les murs de Madrid étaient placardés d'immenses affiches annonçant cette solennité : CORRIDA DE TOROS EXTRAORDINARIA *para solemnizar la inauguracion de la temporada*. Ce spectacle ne me promettait pas des émotions bien agréables, mais je ne pouvais décemment venir en Espagne sans assister à une course de taureaux. Hier, je me procurais donc un billet d'entrée au bureau de la *Calle de Alcala*. Le sort me dévolut le *tabloncillo* 29 à la 10ª *grada*, côté des *asientos de sombra ;* car il y a les places au soleil et les places à l'ombre, celles-ci d'un prix plus élevé.

La *Plaza de Toros* est située au delà du Prado, près de la porte de Alcala. Les jours de course, rien n'est pittoresque comme la physionomie que présente ce quartier, de la *Puerta del Sol* à la *Plaza*. La longue rue qui relie ces deux points et se brise au Prado, comme au bas d'un ravin, est sillonnée par des piétons, des chevaux de selles, des équipages de luxe, des coquettes faubouriennes en calesine, des voitures tirées par des mules à l'attelage tapageur. On dirait que tous ces gens vont à la noce, tant ils ont un air de fête. La *Plaza* n'ouvre qu'à quatre heures et demie, mais le populaire y vient dès midi et s'accroupit à terre autour de l'édifice, fumant la cigarette, goûtant un air de mandoline, épluchant une orange ou buvant de l'eau adoucie par un *azucarillo*, sorte de biscuit de sucre poreux.

A l'ouverture des portes, ces impatients se ruent dans la *Plaza*. Si l'on est pris dans l'assaut, on n'a qu'à bien tenir son chapeau et sa canne, à bien boutonner son pardessus, parce qu'il est dans la foule nombre d'industriels qui ne négligeraient pas de vous dépouiller. On n'a pas d'ailleurs à se bien presser, chaque place portant un numéro et ne pouvant être occupée que sur présentation aux gardiens du billet qui y correspond. Aussi, je flânai un instant dans l'arène dont l'accès est permis avant le signal de la course; et, le moment venu, je montai tranquillement à mon *tabloncillo*, à peu près au-dessous de la loge royale.

La *Plaza de Toros* de Madrid est un bâtiment qui n'a rien de somptueux et que l'on a le projet de reconstruire un peu plus loin, dans la direction des Champs-Élysées. Extérieurement, elle a l'apparence d'une maison délabrée, à la façade circulaire percée de meurtrières et de fenêtres étroites. A l'intérieur, l'aspect est d'un cirque romain. Une vaste arène occupe le centre. Cette arène est fermée par une barrière en plateaux épais, haute de six pieds, peinte en rouge sang de bœuf, et garnie de chaque côté, à quelques centimètres du sol, d'un rebord ou marchepied qui sert aux *chulos* et aux *banderilleros* pour sauter de l'arène dans le couloir et du couloir dans l'arène soigneusement sablée. Autour de la barrière ou *las tablas* s'étend le couloir. L'un et l'autre sont coupés par quatre portes pour l'entrée des taureaux, l'enlèvement des cadavres et tout le service de la *Plaza*. Le couloir est le refuge des *toreros* et de leurs aides. Il est protégé du côté de l'amphithéâtre par une autre palissade en planches au-dessus de laquelle court une corde en guise de rampe. Cette deuxième défense arrête le taureau si, dans sa fureur, il a franchi la première enceinte. Derrière elle s'échelonnent les gradins en granit. Les plus rapprochés s'appellent places de *barrera*, ceux du milieu *tentido*, et *tabloncillos* ceux qui longent les *gradas cubiertas* ou galerie couverte. Les *gradas cubiertas* comprennent elles-mêmes les *delantera*, places de devant, le *centro*, places du milieu, et les *tabloncillos* adossés à la muraille de la *Plaza*. Elle supporte, au moyen de colonnettes, cent dix loges ou *palcos* dont les panneaux sont vivement peinturlurés. En face de la porte de l'*encierro* ou étable du cirque, sont situées les loges du roi et de l'Ayuntamiento, en forme de *miradores* ornés de rideaux en soie décolorés par le soleil. Il y a toujours quelqu'un dans la seconde, parce que c'est un membre de la municipalité qui préside la cérémonie. Le roi Amadeo, pour inaugurer la *temporada*, était venu accompagné de ses aides de camp et s'était assis dans le balcon royal. Le temps était doux; le ciel d'un bleu éclatant figurait le toit de la *Plaza*. Les onze mille places que contient environ l'amphithéâtre étaient occupées par onze mille spectateurs. Jamais un gradin n'est vide. On m'avait dit que les femmes étaient en majorité les jours de fête, *dias de toros*. Il y en avait très-peu aujourd'hui. Quelques señoras dans les loges; et, sur les gradins, deux ou trois cents grisettes, qu'on appelait autrefois *manolas*, je ne sais pas quel nom on leur donne à présent, imitant le lion de l'Écriture, *querens quem devoret*. Les hommes sont proprement vêtus. On ne voit nulle part des guenilles. Tous ont à la main un éventail en papier de couleur. Des marchands en plein vent vous les vendent *dos cuartos* dans les abords de la *Plaza*. A la fin de la course, onze mille *fosforos* font entendre leur petit frottement sec contre la boîte saupoudrée de poussière de verre et ces onze mille allumettes mettent le feu aux onze mille éventails qui flambent au moment où la brune tombe.

Un air de musique, la marche de Riego, se fit entendre tout à coup au milieu du bruit, des rires, des cris et des trépignements qui précèdent d'habitude un spectacle populaire. Ce sont, je crois, les enfants d'un hospice qui sont chargés de régaler, dans les entr'actes, les oreilles des curieux. Ils soufflent d'une manière assez peu harmonieuse dans leurs instruments de cuivre, et leur musique est un peu, comme on dit, de la musique à faire danser les ours. Les flâneurs de l'arène se précipitèrent aussitôt en quatre nuées vers les quatre portes du couloir pour regagner leurs banquettes. En cinq minutes, il ne resta plus, errant sur le sable, que vingt ou trente traînards et cinq ou six chiens égarés. Deux alguazils, à cheval, parurent alors. Leur justaucorps et leur manteau court est de velours noir brodé de jais. Des bottes à l'écuyère, un nœud de ruban au-dessous du genou, un chapeau à panache Henri IV complètent leur costume. Ils s'inclinent en se découvrant devant le roi et l'alcade, puis ils font le tour de l'arène, chassant les *aficionados* entêtés et les *perros* qui s'affolent, aboient, serrent la queue d'épouvante et finissent par trouver une issue. Cela fait, ils saluent de nouveau le prince et, traversant l'arène, ils vont chercher les *toreros* dissimulés derrière la porte qui se trouve en face de la *grada* où je suis.

Le programme annonçait que la course se ferait avec pompe : *Las cuadrillas de toreros se presentarán con sus mas lujosos vestidos ; ¡Las banderillas serán de guirnaldas, banderas, gallardetes, cintas y otros caprichos ; Los tiros de mulas estrenarán mantillas, banderolas y quitaipones, y todo el servicio del guadarnés será de gala.* La porte s'ouvrit, à la voix des alguazils et au son des trompettes. Le cortége se mit en marche en se dirigeant vers la loge royale. Il se composait des *picadores*, des *chulos*, des *banderilleros*, des *espadas* et des servants. Deux *picadores* étaient en tête, Francisco Calderon et Ramon Agujetas. Trois *picadores* de réserve suivaient les deux combattants. Ils sont vêtus d'une veste courte qui ne boutonne pas, de velours orange, incarnat, bleu ou vert, chargée de paillettes d'or et d'argent, de boutons brillants, de passequilles, d'arabesques en broderie, surtout aux épaules qui disparaissent ouss les filigranes dorés. Le gilet est ornementé dans le même style. La chemise est à jabot ; la cravate éclatante nouée négligemment, la ceinture de soie flottante ; les pantalons de peau de buffle jaune recouvrent une garniture de tôle destinée à amortir les coups de corne ; le *sombrero* est gris et large, il est enjolivé d'une touffe de faveurs; les cheveux sont serrés dans une résille de rubans noirs. Le *picadore* est assis sur une selle haute, relevée par devant et par derrière comme les selles du moyen âge; les étriers en bois forment sabots à la mode turque ; un éperon de fer arme son talon ; sa main tient une lance ferrée d'une pointe d'un pouce de longueur qui suffit à contenir le taureau sans le blesser grièvement. Après eux, marchaient les *chulos* en *alpargatas* brodés; en bas chair agrémentés de dessins dorés ; aux nœuds roses au-dessus du mollet; aux culottes courtes de satin, bleues, roses ou vertes; au pourpoint varié à ramages étincelants; la ceinture serrée; la *montera* sur l'oreille. Sur leur bras est une *capa* pourpre doublée de jaune, en soie. Ils la déroulent, l'agitent, la lancent, la retirent, la font papillonner devant le taureau pour l'exciter. Les *chulos* n'ont pas la forte taille, la stature athlétique des *picadores*. Ils sont bien découplés, sveltes et agiles. Les *banderilleros* ont à peu près leur costume. Ils serrent un petit faisceau de *banderillas* ou flèches à fer barbelé empennées de découpures de papier de couleur. Pour raviver la fureur du taureau, le *banderillero* doit lui planter dans le col deux flèches à la fois. Ils précèdent les *espadas* Cayetano Sanz, Salvador Sanchez dit Frascuelo, et José Machio habillés dans le même goût mais de vêtements plus riches. Une épée à la poignée en croix flamboie nue dans leur main droite, pendant que leur main gauche porte la *muleta*, sorte d'étoffe écarlate qui se déploie sur un bâton transversal. Les servants chargés de relever les morts, de ratisser le sable, de passer les armes aux *toreros*, de faire en un mot le service de la *Plaza*, ferment la marche. Leur costume est de laine rouge et bleue ou jaune et rouge. Quatre d'entre eux conduisent deux attelages de mules fringantes, couvertes de pompons, de housses barriolées, de colliers de fantaisie, de petits drapeaux aux armes de l'Espagne. Ces mules sont accouplées de front en deux quadriges et enlèvent les taureaux et les chevaux tués. Tout ce cortége s'avance solennellement et défile, chapeau bas, devant le roi et l'alcade. Un *torero* se détache de ses camarades, fait un pas en avant de la cavalcade et, levant la tête, le chef découvert, après un salut, demande à l'officier de l'ayuntamiento les clefs du *torril* où les taureaux sont enfermés. Le président jette les clefs dans l'arène. Le *torero* s'incline en remerciement. Un alguazil ramasse les clefs, enfourche sa bête et les porte en galopant au garçon de combat qui doit ouvrir le *torril*. Une immense clameur de hurrahs frénétiques accueille le galop du policier; la *Plaza* est en liesse ; toutes les têtes dardent leurs yeux sur l'arène ; l'impatience, la joie, l'émotion éclatent en tumulte.

Mais, en un clin d'œil, un morne silence a succédé à tout ce tapage. Les quadriges sont rentrés dans la cour des *toreros*. Les *picadores* de réserve sont à l'abri dans le couloir avec les *banderilleros*, les *espadas* et une partie des aides. Seuls quelques-uns de ces derniers sont restés dans l'arène avec deux *picadores* et les *chulos* qui déjà ont le pied posé sur le rebord de *las tablas*.

Une fanfare bruyante avertit de l'approche du combat, puis la sonnerie aiguë d'une trompette donne le signal. La porte du *torril* tourne sur ses gonds. Un valet de la *Plaza* la tire prudemment à lui et saute dans le couloir. Les *picadores* sont pâles, la lance en arrêt, les yeux fixes. Les chevaux redressent la tête, semblant vouloir percer le bandeau qui arrête leur vue. Les *chulos* sont en guet, deux ou trois au milieu de l'arène, les autres çà et là le long de la barrière. Six taureaux vont successivement entrer en lice. Leur robe est noire et blanche. Ils sortent de la *ganaderia* de don Antonio Hernandez *con divisa morada y blanca*. C'est un grand honneur en Espagne de faire courir les taureaux, comme les chevaux en France et en Angleterre. De riches propriétaires les élèvent pour le combat et lorsqu'ils sont assez forts, on les amène à la *Plaza* de la ville voisine ou plutôt au pré, *el arroyo*, où on les parque et d'où de vieux bœufs, dressés à cette fonction, les amènent à l'*encierro* du cirque. Ces taureaux portent les couleurs de leur maître. Ceux du señor Hernandez avaient au col, piqué dans le cuir par une aiguillette, un ruban mauve et blanc.

A peine les battants du *torril* s'étaient-ils élargis, que le premier taureau se précipita comme un furieux dans l'arène. J'avoue que la sortie du *torril* est un des plus beaux spectacles qu'on puisse voir. L'animal se rue de sa prison aussi rapide qu'un boulet. Il est vigoureux et alerte. L'arrière-train, plus étroit, met en relief la solidité de la croupe et la carrure des épaules; les jambes sont sèches et nerveuses; la queue raide fouette l'air; le mufle carré caresse un fanon énorme; la tête sauvage, les yeux fauves, les cornes légèrement courbées en demi-croissant lui donnent une physionomie farouche. Dans sa course échevelée, il pique droit jusqu'au tiers de l'arène et soudain s'arrête immobile. Les naseaux baissés flairent le sable, les jambes de devant son écartées. Un beuglement étranglé secoue ses flancs. Les chevaux des *picadores* tressaillent. Puis il allonge le col, hume le vent, semble égaré, ébloui, hébété devant ces vingt-deux mille yeux qui le tiennent en arrêt, sous ce soleil torride qui tire des étincelles du sable de la carrière, ainsi que d'un plateau d'argent. Un *picador*, en changeant de place, frappe son regard. Son corps se ramasse, décrit un replis tortueux, fond à sa rencontre et plante sa corne brutale dans le ventre du cheval qui chancelle en tremblant de tous ses membres. La lance de Francisco Calderon larde sa hanche et contient son élan. Alors, il lâche sa proie, se retourne ahuri et bêtement erre à l'aventure. Ce taureau tourne au bœuf. Des cris d'imprécation partent des gradins, des bordées de jurons se croisent tumultueusement dans la *Plaza*, les *toreros* sont assaillis d'injures. Un original frappe à coups redoublés sur une cloche énorme qui remplace le sifflet. Les spectateurs sont indignés de la nonchalance de la bête et de la prudence des combattants. Ce bruit stupéfie davantage encore le taureau et fait couler la honte et l'ardeur dans les veines des *toreros*. Les *chulos* quittent prestement la barrière, volent, se jouent, se dispersent en tous sens, leurs vêtements jetant mille feux aux clartés du jour. L'un s'élance d'un bond à deux pas du taureau et d'un coup de main déploie sa *capa* dont les bords effleurent le mufle ; le revers jaune fait cligner son œil, un autre clignement salue le revers rouge. Le taureau ne bouge pas. Un second *chulo* vient exercer son adresse à l'irriter. Ses jarrets tendus, ses bras souples, ses muscles rapides impriment à la *capa* cent mouvements capricieux. Elle va et vient, s'allonge en lacet, s'arrondit en voile, scintille à donner le vertige. Le taureau se décide à répondre. Il se tord, se cabre, poursuit l'habile *torero* qui, posant le pied sur le rebord des *tablas* et appuyant la main gauche sur leur faîte, disparaît dans le couloir. De son sabot, le taureau écorche le sol, scrute le rempart de bois qui soustrait l'ennemi à sa fureur, mugit sourdement, et, tournant sa colère contre le cheval dont le ventre labouré d'une raie rouge humide laisse s'échapper de larges gouttes de sang, il bondit d'un saut, par ruades, la tête basse, entre les quatre jambes du craintif, l'éventre, lui fait perdre terre, le soulève et le couche expirant sur le sable. Le *picador* se tire comme il peut, tout meurtri, de dessous sa monture. Il n'a pas été seulement égratigné, c'est l'homme-caoutchouc. Il reste là droit et fixe, sans pouvoir remuer dans sa buffleterie, abrité par le pauvre *caballo* à l'agonie. A ce moment, la sonnerie d'une trompette fait sortir du couloir les *banderilleros*. Un clin d'œil a suffi au premier pour se trouver à quelques pieds du taureau, presque entre ses cornes, son regard plongeant dans celui du fauve, observant sa rage, épiant ses desseins; et lorsque irrité celui-ci veut de son front terrible écarter l'importun, le *banderillero* brandit de chaque main une flèche acérée, se hausse sur la pointe de ses *alpargatas*, se penche en avant, ramène ses bras comme des tenailles et, dans le col, enfonce deux traits perfides. Le taureau, à la même seconde, se jette furieusement contre l'agresseur. L'un et l'autre vont se rencontrer. Cette vue est palpitante, le sang vous reflue au cœur. Se peut-il que pour vingt réaux le spectateur ait le droit d'exiger qu'un homme affronte la mort de si près! Le barbare spectacle! Mais, plus souple qu'un serpent, le *banderillero* s'est plié en arc, le taureau a passé sous son bras, comme un obus, effleurant de sa corne le pourpoint de soie. Bravo! Bravo! Les applaudissements éclatent en salves joyeuses, les chapeaux s'agitent, les connaisseurs assis vers la *barrera* discutent le mérite du coup. Tout ce bruit enivre, le taureau secoue en vain les flèches accrochées dans le garot. Le frissonnement de leurs ailes l'impatiente. Deux ruisseaux de sang coulent le long de son col en bouillonnant ou jaillissant, suivant les courbes capricieuses de sa course affolée par la terreur. Une écume abondante lui sort de la bouche. Ses oreilles claquent comme pour chasser une tarentule. Les yeux sont allumés d'un feu hagard. D'autres *banderilleros* le criblent de nouvelles flèches qui forment une collerette autour de son encolure et mouchettent son cuir de taches rouges. Le dernier arrache en courant le nœud de ruban mauve et blanc, couleur du señor Hernandez, qui orne son dos blessé, et va, triomphant, porter ce trophée à sa maîtresse émue et fière. A un second appel de trompette, plus prolongé et plus plaintif, les *banderilleros* rentrent dans le couloir et les *matadores* à la *capa* se dispersent encore dans l'arène. L'*espada* Cayetano Sanz, suivi du *sobresaliente de espada*, Angel Pastor, vient saluer de son épée nue le roi et l'alcade. Puis, d'une inflexion gracieuse, il exécute une voltige qui le fait trouver face à face avec le taureau. L'animal essoufflé est étourdi de cette centième attaque. Il est là frappé de stupeur, ensanglanté, écumant et bavant sur son large poitrail. L'*espada* lui présente la *muleta* écarlate. Le taureau recule et vient se placer près de la porte du *torril* comme pour fuir. L'odieuse *muleta* le suit. Ses membres se roidissent, sa robe noire est blanchie de sueur, sa tête fouille le sable, une sorte de hoquet secoue son fanon. L'*espada* est pâle, son glaive se lève, un éclair d'argent brille, l'épée se plonge à moitié dans le col du taureau. Des beuglements sinistres se font entendre, l'écume de la bouche devient plus épaisse et change de couleur, on dirait une éponge imbibée dans une blessure; les flancs battent avec précipitation, des convulsions horribles veulent arracher l'épée et précipitent les flots sanguinolents. On apporte à l'*espada* maladroit et hué une arme nouvelle. Les *chulos* excitent le taureau pour qu'il découvre son corps au bourreau. La *muleta* flotte devant lui. Il se baisse. Un second éclair traverse l'arène, l'épée s'enfonce jusqu'à la garde, le taureau chancelle et tombe, *procumbit ynmi bos!* Cependant, sa tête se relève, ses naseaux hument l'air une dernière fois, un suprême effort semble vouloir redresser sa masse accablée, l'œil devient terne. Alors un *cachetero*, petit homme vêtu de noir, presque un enfant, se glisse derrière l'athlète, épie le moment favorable et lui plante entre les cornes un poignard triangulaire. La tête s'affaisse, le souffle s'envole. *Muerto !* Une fanfare célèbre aussitôt sa défaite. Une porte élargit ses battants et livre passage aux quadriges de mules dont on boucle les traits au licol des chevaux morts. Ces bêtes fringantes traînent au trot les cadavres balayant la poussière et viennent ensuite enlever solennellement le taureau et le conduire à la *carneceria* où on l'écorche pour en vendre la chair aux gens du peuple. Les portes se referment. Des aides ràtissent le sable, effacent les traces du carnage, font disparaître les mares de sang sur lesquelles glisserait le pied des *toreros*, les disputes et les paris s'engagent jusqu'à ce que le signal du combat soit donné.

Six taureaux se succèdent et trouvent fatalement la mort sous seize coups d'épée ; sept chevaux valant bien trois douros chacun, sont éventrés sur place ; onze autres rosses sont blessées et vont être abattues ; dix-huit fois, les *picadores* sont désarçonnés. J'ai noté tous les autres incidents, au nombre de cent cinquante-deux : *puyazos*, *pares de banderillas*, *pases de muletas*, *pinchazos*. Mais ces détails ne vous offriraient pas beaucoup d'intérêt.

Quelquefois, ces taureaux sont de paisibles ruminants qui regrettent les gras pâturages et qui ont tout le caractère du bœuf, s'ils n'en ont pas la condition.

On a beau les exciter, ils ne se fâchent ni ne remuent. Alors, on lâche des dogues à leurs trousses, on les éreinte de coups de gourdins, on les aiguillonne de *banderillas* enflammées, on cherche enfin à tirer d'eux quelque colère. J'ai remarqué que tous sortaient du *torril* avec la même ardeur. Ce n'est qu'après plusieurs attaques, que l'on peut juger de leur enthousiasme. Mais il en est d'autres, le deuxième et le cinquième de cette course, par exemple, qu'il n'est pas besoin d'irriter et dont la méchanceté est insatiable. On ne peut suffire à leur opposer des obstacles. Ils se jettent sur les chevaux et s'acharnent après eux d'une façon qui fait pitié, secouant leurs cornes dans le corps de la victime, lui arrachant les entrailles. Le misérable *caballo* s'en va boitant des quatre fers, ranimé par l'éperon du *picador*, galopant dans ses tripes qui s'enroulent autour des pâturons. Cela est affreux. Le cœur me vient sur les lèvres. J'en ai vu un dont les intestins ballottaient suspendus par deux fragments de boyaux. Les *toreros* ne sont pas davantage épargnés ; et *picadores*, *matadores*, *chulos*, *banderilleros*, *espadas*, sont également exposés.

Mais tous ces combattants sont merveilleusement habiles. Il faut voir le sang-froid du *picador* campé sur son cheval, recevant le choc du taureau, l'agilité du *chulo*, la hardiesse du *banderillero*, la sûreté de main de l'*espada*. Rarement, ils sont surpris par le taureau, tant ils ont l'expérience de l'arène. Leurs coups, cependant, n'ont pas tous un bonheur égal. Il arrive souvent que le *picador* qui, plusieurs fois, change de cheval, qui étouffe sous son armure, finit par ne plus avoir sur la selle une solidité suffisante, et, mal assuré dans ses chutes, se contusionne contre les *tablas*. D'autres fois, la blessure est sérieuse ou mortelle. Si la *capa* du *chulo* s'embarrasse dans les cornes ou sous les fourches du taureau, le malheureux peut payer de la vie sa maladresse. Le bon *picador* ne doit pas blesser plus que de raison l'animal; le *chulo* doit l'exciter sans cesse en s'evposant à sa fureur; le *banderillero* l'attaquer de front en frisant les cornes; l'*espada* l'abattre d'un seul coup à ses pieds. Si le *torero* remplit son rôle selon les règles, il en est récompensé par les bravos. Les cigares pleuvent autour de lui, le roi laisse tomber de sa loge un étui à havanais, les spectateurs lui jettent leurs chapeaux qu'il renvoie comme une paume au jeu de raquette, et les mauvaises langues ajoutent qu'il est des señoras qui lui assignent des rendez-vous.

Il est, de temps en temps, d'autres courses de taureaux qui n'ont rien de sanguinaire. On met en liberté dans l'arène deux ou trois veaux un peu forts, aux cornes naissantes, enveloppées dans une boule de liége. Ils sont plus vifs que féroces, et leurs gambades amusent les badauds qui ont le droit de se mêler à eux, de les agacer, de les poursuivre, et qui se sauvent à toutes jambes, au grand divertissement des tribunes, lorsque le liége est trop près de leurs talons.

Mais ces veaux ne font pas le compte de l'amateur de courses. Le combat de taureaux, le vrai combat avec morts et blessés, est fort prisé des Espagnols. C'est leur spectacle préféré. Ils le mettent bien avant le théâtre, la musique et les fêtes. Les pauvres gens vendent jusqu'à leurs hardes pour pouvoir y assister. Il y a quelque temps, les journaux avaient entrepris une campagne contre les courses de taureaux et n'ont pas abouti, ils devaient s'y attendre, à abolir cette institution, l'une des plus vivaces de ce pays si profondément attaché à ses vieilles mœurs.

XIV

LES MUSÉES ET LES THÉATRES. — LA SEMAINE SAINTE A MADRID.

Madrid, 1er avril.

« Comment n'êtes-vous pas allé passer la semaine sainte à Séville ! Ou vous attendez le départ du roi Amédée, ou vous dormez dans les délices du Prado. » Le fait est que je n'ai pas fait ici le quart de ce que je me proposais de faire. J'ai suivi Pénélope qui employait le jour à broder de la tapisserie et la nuit à la défaire. Car, à Madrid, personne ne fait rien, rien du tout, pas même des châteaux en Espagne. On se lève à midi, on déjeune, on se promène, on dîne, on va en soirée, on se couche à deux heures, pour s'éveiller au moment où l'horloge de la Gobernacion marque le milieu du jour.

J'avais ici de nombreux sujets d'études. J'y voulais étudier les mœurs, la politique. J'y voulais voir enfin les musées et les théâtres que je ne connaissais pas.

Le Musée royal surtout me tentait. Ferdinand VII, Isabelle de Bragance, Charles-Quint, Philippe II, Philippe IV et Philippe V y ont réuni une collection des plus belles œuvres. Il faudrait une semaine pour visiter seulement le salon d'Isabelle qui est tapissé de tableaux de choix. Il n'y a pas beaucoup d'ordre, par exemple, dans leur réunion ; ainsi, l'école française n'est représentée que pour mémoire par trois Nicolas Poussin et deux Claude Lorrain. L'école de Venise, par le Titien, son admirable *Vierge des Douleurs*, peinte sur ardoise; par le Tintoret, Paul Véronèse. L'école de Rome, par Raphaël qui compte une dizaine de toiles, entre autres *Une sainte Famille* que Philippe IV appelait la *perla* de ses tableaux. L'école de Parme, par le Corrège. L'école de Florence, par André del Sarto, son *Portrait de Lucrezia Fede*, par la *Sainte Famille* de Léonard de Vinci, l'art poussé à la perfection ; Michel-Ange, Salviati, Carducci, L'école de Bologne, par le Guerchin, l'Albane, le Dominiquin, Annibal Carrache, Guido Réni. L'école de Naples, par Salvator Rosa et d'innombrables Luca Giordano. L'école flamande, par plus de soixante Rubens et parmi eux le *Jardin d'amour*, un jardin où l'on mourrait volontiers tant il est beau ; Jordaens, son imitateur ; *Vénus et Cupidon dans un jardin* de Breughel, un des talents les plus doux et les plus harmonieux qui existent ; le *Couronnement d'épines* de Van Dyck, une de ses productions les plus parfaites; une cinquantaine de Téniers. Savez-vous à quelle signature on reconnaît un tableau de Téniers ? Toutes les fois que dans le coin d'une toile, vous verrez un homme à la recherche d'une colonne Rambuteau, c'est un Téniers. Albert Durer, Raphaël Mengs, Martin Schœn représentent l'école allemande ; Rembrandt, Jérôme Bosch, Wouvermans l'école hollandaise.

Mais c'est principalement l'école espagnole qui est digne de remarque et que pour ma part j'ai contemplée de tous mes yeux au Musée royal. A Madrid, le maître préféré est Velasquez, l'ami de Philippe IV. Velasquez a essayé de tous les genres et s'est montré un aussi grand artiste dans le portrait et l'histoire que dans le paysage et la nature morte. Il excelle à peindre ses personnages tels qu'ils sont. Il n'éblouit pas, il est vrai. Lorsqu'on voit son *Philippe IV*, ses *Las Meninas*, son *Duc d'Olivarez*, son *Christ en croix*, sa *Reddition de Bréda*, sa *Forge de Vulcain* ou ses *Filandières*, on croit lire une page d'histoire, visiter un atelier ou se trouver en présence d'un prince bien vivant. C'est la nature prise sur le vif, ni embellie, ni enlaidie. Dussiez-vous me tenir pour un *welche*, malgré toute l'admiration que je professe pour le génie de Velasquez, ce théologien de la peinture comme on l'a appelé, j'ai plus de plaisir à voir une vierge de Murillo que les soixante-dix toiles du maître. Ce que je vous dis là, je l'ai dit à Don Eusebio Valldeperas, un peintre distingué qui me guidait dans ma pérégrination artistique. Il y a longtemps que j'ai une passion réelle pour Murillo. Son *Immaculée-Conception*, son *Apparition de la Vierge à Saint-Ildefonse*, l'*Adoration des bergers* et quarante autres toiles m'ont arrêté des heures au Musée. Ribera, Goya, Alonso Cano, Léonardo et Peredo sont les peintres les plus remarquables de l'école espagnole et ceux qui, après

Velasquez et Murillo, ont le plus de toiles à Madrid. Puisque j'en suis aux musées, allons à l'Armeria !

L'Armeria est un musée d'armes dans le genre du musée de Cluny. Il s'en faut que le bâtiment où il est renfermé, se puisse comparer au gracieux hôtel du cardinal d'Amboise ; mais il y a là une collection d'armures très-intéressante. L'Armeria a été pillée à plusieurs époques. Vous n'ignorez pas qu'en Espagne, aussi bien qu'en France, les révolutionnaires commencent par dévaliser l'Etat et les particuliers sous le prétexte de faire des économies dans le budget. Pendant la guerre de l'indépendance, notamment, on y vola des armes de prix. On m'affirme que de semblables soustractions ont eu lieu à une époque plus récente. Tout pillé, dévalisé, et appauvri, le musée de l'Armeria offre encore, en souvenirs historiques, de quoi occuper un curieux. Est-ce que vous n'éprouvez pas la même sensation que moi ? Chaque fois que j'entre dans une galerie où je vois en bataille les piques, les engins, les boucliers, les cuirasses, les armures, les épées qui ont servi à ces vaillants preux du moyen âge, vivant tout bardés de fer, le corps dur à la fatigue, le cœur haut et fier, l'âme faite de l'amour de la patrie, le courage indomptable, je suis tout saisi de respect.

Le jour où j'ai visité l'*Armeria*, la neige tombait et le froid vous pénétrait comme l'eau une éponge. C'était cependant vers la fin de mars ; mais la température ne voulait pas donner un démenti au proverbe : *El aire de Madrid es tan sutil que mata un hombre y no apaga un candil* (l'air de Madrid est si subtil qu'il tue un homme et n'éteint pas une chandelle). C'était, je crois, le 25. On donnait au théâtre royal de l'Opéra le dernier spectacle de la saison. Ma soirée était libre, le temps trop humide pour flâner, c'était un triple motif pour y assister. L'Opéra, comme tous les théâtres d'Espagne, n'a aucune apparence extérieure ; les décors sont réservés pour la salle. Ne vous effrayez pas, je ne veux pas vous parler de la question dramatique. Je n'ai passé qu'une heure dans mon fauteuil, tout juste le temps d'entendre l'*Ave Maria* de Gounod, un chœur excellent, un orchestre excellent aussi, bien que les instruments de cuivre y dominent peut-être un peu, et je suis parti. Je veux tout simplement vous signaler un usage que l'on devrait bien adopter à Paris. Lorsque vous achetez un billet, que ce soit une loge ou une banquette du paradis, le billet porte le numéro de votre place et vous n'êtes pas à la merci des ouvreuses. Tout se passe ici sans encombrement. On entre, on va à sa loge, à son fauteuil ou à sa banquette, et l'on n'a pas de contestation avec une dame qui s'écrie : « Pardon! monsieur, cette place m'appartient. — Mais, madame, on me l'a désignée. — Pardon! monsieur. » Et vous restez debout pendant toute la représentation.

Je quittai mon fauteuil pour aller prendre un bock avec le roi Angel Ier. Vous ne connaissez pas le roi Angel Ier ? Angel Ier est un pauvre toqué à qui l'on a fait croire qu'il est héritier légitime du trône des Espagnes. Au carnaval dernier, on l'avait habillé en ro et enfourché sur un âne. Une centaine de masques le suivaient, déguisés en personnages politiques. L'un représentait le S. Rivero enfermé dans une bouteille, vous savez que le S. Rivero ne lit pas l'ode d'Horace, *O nata mecum consule Manlio!* il la boit. L'autre figurait le S. Ruiz Zorrilla enveloppé dans une robe de chambre tachetée de points noirs. Un jour, aux Cortès, le S. Zorrilla annonça gravement, avec cette abondance de parole propre aux orateurs espagnols, que la politique de l'Espagne avait des points noirs. Un rire homérique accueillit cette découverte. La politique des Espagnes ayant des points noirs, au moment où elle est plongée dans la boîte à l'encre, cela, en effet, est assez réussi. Depuis, on appelle le S. Zorrilla, *Zorrilla aux points noirs*, comme on disait chez les Grecs: *Achille aux pieds légers*, ou *Minerve aux yeux verts*. Angel Ier était donc le roi du cortége. Aujourd'hui, le carnaval est passé et Angel réfléchit sur la grandeur et la décadence de la monarchie. Il m'a exposé ses idées politiques. Le jour où le peuple rendra à Angel Ier le trône usurpé par Amadeo et menacé par Alfonso et Montpensier, ledit roi fera fusiller tous les hommes politiques et tous les généraux de toutes les Espagnes, supprimant du même coup les discussions et les pronunciamentos. Il réduira les impôts et les emplois, frappera d'une taxe élevée les produits étrangers à leur entrée sur son territoire et protégera la sortie des marchandises indigènes. Mais Amadeo le gêne bien. Il m'a fait voir, en se tenant les côtés, une boîte d'allumettes sur laquelle est peint un chien avec la tête du roi, une casserole attachée à la queue, et fuyant à toutes jambes sur une route indiquée par un poteau, *Camino de Italia*. Pour le moment, Angel ne fait rien. Ses finances sont à sec, tout comme les finances du royaume, avec cette différence que lui du moins a résolu le problème de vivre sans travailler, en mendiant à droite et à gauche un bock, un café, un chocolat ou une orange. Il m'a demandé de le prendre à mon service. Je lui ai répondu que ma maison était au complet, mais que s'il m'arrivait de donner sa retraite à l'un de mes gens, je lui offrirais une charge jusqu'à ce qu'il eût conquis sa couronne. Aussi, quand il me rencontre dans les rues, me salue-t-il respectueusement, salut auquel je ne manque pas de répondre par la formule : *Adios*, *rey*.

Puisque je vous parle de café, je ne puis vous céler une trouvaille que j'ai faite à Madrid. En France, quatre corps de métiers sont républicains-nés : les limonadiers, les cordonniers, les tailleurs et les perruquiers. On n'abreuve, on ne chausse, on n'habille e l'on ne rase bien qu'à la condition d'être un bon patriote. Ici, il y a des exceptions ; tous les limonadiers ne sont pas bons patriotes. J'en ai trouvé un, Français d'origine, qui est bien le plus enragé orléaniste que je connaisse. Il ne jure que par monseigneur le duc de Montpensier, sous lequel il a servi en qualité de sergent au 3e chasseurs. Tous les matins, il dévore le *Journal des Débats*, le *Journal de Paris* et le *Courrier de la Gironde*. Il ne reçoit le *Siècle* que par condescendance pour son associé qui est radical. Mais il ne veut pas fusionner avec lui. Il va s'en séparer et ouvrir en plein Madrid le *Café d'Orléans*.

Me voici bien loin des musées, des théâtres et de la semaine sainte, pendant laquelle cessent les spectacles, sauf dans les salles populaires où l'on joue la *Pasion y muerte de Nuestro Señor Jesu Cristo*. L'Espagnol est tellement avide de spectacles, de théâtres et de fêtes, qu'il ne peut chômer huit jours. Les trois quarts de sa vie se passent en public, les trois quarts de sa fortune en toilette, et son appartement même est beaucoup mieux disposé pour recevoir que pour sa commodité personnelle. A Madrid, on conserve une vieille coutume, car l'Espagne est le pays de la tradition. Le jeudi et le vendredi saints, toute la société madrilène vient, à trois heures après midi, à la *Carrera de San-Geronimo*. La rue est interdite aux voitures. Les hommes stationnent en rangs devant les magasins. Les dames, le jeudi, sont en robes éclatantes ; le vendredi, en noir. L'un et l'autre jour elles portent la mantille. La mantille est de rigueur trois fois l'an ; ces deux jours et le 2 mai, anniversaire du soulèvement de Madrid contre les Français, lors de la guerre de l'Indépendance. Elles se promènent d'un trottoir à l'autre, en formant la chaîne sans fin ; et les usages permettent, lorsqu'elles passent, de leur jeter des fleurs, *echar una flor*. On appelle jeter une fleur, faire un compliment. On a même vu un homme du peuple déployer sa *capa* sur le passage d'une señorita, pour qu'elle foulât de son pied ce tapis chevaleresque.

Cette promenade à la *Carrera* est à peu près la seule distraction de la semaine sainte. Les exercices religieux la remplissent ; et bien que Madrid soit la moins religieuse des villes espagnoles, et que les cérémonies soient loin de pouvoir se comparer aux fêtes de Tolède ou de Séville, les habitants y observent cependant les pratiques de la religion. Il y a encore beaucoup de prêtres, bien qu'à la suite des événements de 1835, les Cortès aient fait fermer les couvents qui vraiment étaient trop nombreux, et dispersé les moines qui par trop pullulaient. Ce serait une erreur de croire que le catholicisme est mort en Espagne. Il y est très-vivace, dans toutes les classes, depuis les carlistes jusqu'aux républicains. Pendant la semaine sainte, presque tous les journaux paraissent encadrés de noir et contiennent de longues études théologiques ou d'histoire sacrée. Les hommes qui, avec le señor Capdeville, nient l'existence de Dieu, sont en infime minorité. Il n'est pas jusqu'à la garde nationale qui ne porte la crosse en l'air, en signe de deuil, à l'anniversaire de la mort du Christ. J'ai vu les enfants du peuple s'approcher des prêtres qui passaient et leur baiser la main, ce qui certainement n'est pas la religion, mais ce qui est un signe du respect pour les hommes et les choses de la religion. Je tenais à m'assurer par moi-même de l'état religieux de la ville, j'ai parcouru les églises, assisté aux cérémonies, et observé tout ce qui se passait autour de moi. Il m'a paru que la population est très-superstitieuse, mais qu'elle garde profondément encore le sens religieux.

Le jeudi saint, à huit ou neuf heures du soir, j'entrai dans une église. J'avais à peine pris place que j'entendis comme une grêle de pierres se détachant de la voûte : « Bon! me dis-je, pour une fois que j'entre à l'église après le coucher du soleil, je viens me faire écraser. » C'était la prière dite des *Ténèbres*.

Chacun agite une crécelle pour chasser les démons. Cela dure une demi-heure. Vieux et jeunes, hommes et femmes agitent leur crécelle le plus sérieusement du monde. Vous jugez si cela est harmonieux. Puis, tout en secouant l'instrument criard, ils défilent devant un Jésus en cire, de grandeur naturelle, et posent leurs lèvres à ses pieds. Les baisers y ont imprimé une sorte d'enduit noirâtre. Toujours est-il que, à part les crécelles et autres démonstrations qui indiquent un certain goût pour le merveilleux et l'imagination, tous les gens ici croient en Dieu et l'honorent publiquement.

XV

LES ÉLECTIONS DU 5 AVRIL.

Madrid, 6 avril.

Les élections se sont terminées hier soir, sans troubles, ainsi que je le prévoyais; car, ce n'est pas d'ordinaire dans les urnes que la lutte s'engage sérieusement. Mais on ne connaît pas encore le résultat complet du scrutin. On ne sera fixé définitivement sur ce point que dans trois ou quatre jours, à cause de la difficulté que l'on a à réunir les votes des districts éloignés. Cependant, un grand nombre de colléges ont achevé le dépouillement des bulletins. Dans beaucoup d'autres, il ne manque que quelques communes qui ne modifieront pas, probablement, le résultat actuel. De telle sorte que l'on peut déjà avoir un aperçu des élections et classer les élus, sauf à se tromper sur quelques-uns et à faire un écart peu important dans la distribution, entre les partis, des nouveaux députés.

Je n'ai pas besoin de vous répéter que le gouvernement a mis tout en œuvre pour contraindre les populations à élire ses candidats. Le señor Albareda, gouverneur civil de Madrid, est, je crois, le seul qui ait exhorté ses administrés à respecter la liberté électorale; et je n'en fais pas un mérite à ce fonctionnaire, parce qu'il ne pouvait ignorer que la capitale, sollicitée ou non par le roi Amadeo, ne lui donnerait pas ses suffrages. Partout ailleurs, l'administration, sans user toutefois de violences matérielles qui eussent été par trop dangereuses et maladroites, a employé les promesses, les calomnies et les menaces avec une prodigalité incomparable. Vous avez lu dans les journaux madrilènes la relation de ces manœuvres. Je ne vous apprendrais rien de nouveau en vous les rapportant. Elles sont les mêmes d'ailleurs en Espagne et en France. Et si vous vous souvenez du temps où la candidature officielle fleurissait sous l'Empire et du libéralisme de M. Gambetta aux élections de février 1871, vous avez une idée de la façon dont on pratique la liberté électorale de ce côté des Pyrénées, où d'autres libertés, que nous n'avons pas, existent pleinement. Pourtant, je dois dire que M. Forcade de la Roquette, si j'ai bonne mémoire, ne s'est jamais oublié jusqu'à tenir les propos que le président du conseil des ministres, le señor Sagasta, n'a pas craint de lancer publiquement, il y a quelques jours, dans un meeting électoral qui a eu lieu à Madrid, district de l'Hospice. Le señor Sagasta a formulé comme un arrêt de mort contre les Alphonsins, et, cette fois, il a bien brûlé ses vaisseaux. Il ne lui reste plus qu'à mettre sa main dans la main du señor Zorrilla *aux points noirs*.

Le ministre ne s'est pas borné à excommunier la coalition et l'Infant Alfonso; il a mis sur pied tous les hommes qui, de près ou de loin, dépendent de l'État. Les gendarmes battaient la campagne au lieu d'arrêter les brigands qui ont dévalisé, ces jours derniers, un train de voyageurs, en pleine Andalousie, comme si Manzanarès était dans les plaines de Marathon. Les sergents de ville, obligés de courir de porte en porte, ne voient point l'assassin qui porte un coup mortel à un promeneur du Prado. Bientôt, si cela continue, dans chaque quartier et dans chaque district, de petits Fra-Diavolo conduiront impunément leurs bandes à la barbe des miquelets. Pour vous citer un fait qui m'est personnel et qui vous montrera à quels abus de pouvoir le gouvernement a eu recours, je vous dirai qu'au commencement de la semaine, je me proposais d'aller passer quarante-huit heures dans une ville voisine et d'y voir un professeur de l'Université, lequel m'a fait prier de remettre ma visite après les élections, le gouverneur de sa province venant de lui intimer l'ordre de commencer une propagande ministérielle. C'est la première fois que je vois les membres des facultés travestis en agents électoraux.

Malgré ces moyens honorables, le gouvernement ne peut vraiment pas chanter victoire. *La Iberia* du señor Sagasta a beau annoncer à grand renfort de mots pompeux *la déroute de la coalition dans toute l'Espagne*, cette prétendue déroute est tout simplement une plaisanterie. Vous allez voir le beau triomphe du roi Amadeo !

En mettant les choses au mieux pour le gouvernement, on peut lui donner 200 à 215 députés sur les

391 élus. Remarquez que, sur ces 215 ministériels, il y a des hommes des opinions les plus opposées et des amis éloignés de ces amis. C'est ainsi que le señor Canova est un alphonsin ministériel. Cette dénomination vous étonne. Il ne faut s'étonner de rien en Espagne. Le señor Canova, alphonsin ministériel, parti récemment venu au monde, le señor Canova se dit : « Je suis alphonsin, l'Infant Alfonso est dans mon cœur, cela est bien certain, il est dans mon cœur ; mais je suis un homme paisible, n'aimant pas à taquiner le pouvoir, quel que soit ce pouvoir. Eh bien ! dans mon for intérieur, je brûlerai de l'encens en l'honneur d'Alfonso XII, tandis qu'extérieurement je ne contrarierai pas trop Amadeo Ier. » Il en est jusqu'à deux dans le nouveau congrès qui se font ce raisonnement impayable, le señor Canova deuxième du nom et le señor Bugallal. A côté de ces alphonsins polygames, je vous citerai par douzaines des unionistes à qui les progressistes et le maréchal Prim ont forcé la main lors du choix singulier d'Amédée de Savoie et qui sont amadéistes par la seule raison que la monarchie savoisienne se tient encore debout tant bien que mal. Le jour où l'orage la secouera trop violemment, ils seront les premiers à la pousser à terre. Ces 215 députés constituent donc un fond très-peu résistant et mal lié, sur lequel piétinera ou s'embourbera le gouvernement.

En face de cette petite majorité seulement nominale, le señor Sagasta va rencontrer 150 à 160 députés, car il y a des élections doubles et des colléges dont les députés ne sont pas encore élus, qui, dès le 22 avril, jour de la réunion des Cortès, sont décidés à battre vigoureusement en brèche le gouvernement. Vous savez que, dans le jeu parlementaire, l'attaque offre plus d'avantages que la défense, surtout lorsqu'elle se produit de la part d'opposants résolus contre une majorité péniblement recrutée et prête à tomber en décomposition au moindre choc. *El Norte*, journal du señor Romero Robledo, ministre des travaux publics, estime à 140 les membres de l'opposition : 52 fédéralistes, 38 carlistes, 38 radicaux, 12 modérés. Cette feuille a l'habitude d'exagérer les vertus et les succès de son gouvernement et de diminuer celles ou ceux de ses adversaires. Je crois donc, et j'exprime ici l'avis de deux ou trois des nouveaux députés avec qui je me suis entretenu de la situation, je crois qu'il convient d'ajouter une vingtaine de noms aux 140 donnés par le señor Robledo. Notamment, en ce qui concerne les carlistes, ils seraient plus de 38 ; on les dit plus nombreux que les républicains.

Quoi qu'il en soit, le gouvernement a été battu, ce qui s'appelle battu, à Madrid. Tous les candidats de l'opposition ont triomphé. On est allé avec acharnement au scrutin, et je connais des carlistes et des alphonsins purs qui ont voté, à bulletin ouvert, pour don Cristinos Martos, en haine du roi Amadeo. Vous savez cependant que Madrid est peuplé de fonctionnaires, d'employés, de serviteurs de l'État et de soldats qui n'ont point une position bien indépendante. Malgré cela, les urnes ont fait échec au roi. L'armée a voté en majeure partie contre les candidats ministériels. Le génie a refusé d'aller voter. Il y a dans ces faits suffisamment de quoi réfléchir, pour que le señor Sagasta n'embouche pas la trompette des jours de fête.

Ses demi-succès à Malaga, à Séville, à Xérès, à Cadix, à Barcelone, à Grenade et ailleurs se réduisent en définitive à ceci :

Aux précédentes Cortès, les radicaux avaient la majorité. Don Manuel Ruiz Zorrilla était maître de la situation. Le roi Amadeo ne consentit pas cependant à lui donner la présidence du conseil, sentant bien que c'était se livrer aux loups. Il préféra recourir à la dissolution des Cortès et faire un appel au pays. Le pays, tiraillé par tous les agents gouvernementaux, renvoie au congrès 215 députés dont 80 au moins sont aussi tièdes que de vieux maris, et 150 qui n'auront ni paix ni trêve avant que le roi ne soit renversé. Si c'est là ce qu'on appelle un triomphe et la déroute de la coalition dans toute l'Espagne, vraiment on n'est pas difficile. Eh bien, je dis qu'un gouvernement aussi mal assis que le gouvernement actuel se trouve en présence d'une situation terrible, qu'il ne pourra pas s'appuyer sur une majorité forte et unie, et qu'une chambre de 391 membres qui n'offre au pouvoir que 215 ou même 230 partisans, est une chambre ennemie.

Mais, au milieu de cela, que devient le parti des modérés, le parti alphonsin-montpensiériste ? Car enfin, un parti qui n'est représenté que par quelques hommes, le comte de Toreno, Don Pedro Salaverria, le marquis de Campo-Sagrado, Don Constantino Ardanáz, don Agustin Esteban Collantes, Don Cipriano Piñero y Salgnero, Don Salustiano Gonzalez Regueral.

Don Bernabè Morcillo de la Cuesta, le comte de Iranzo et quelques autres, quelle que soit la valeur de ces députés, est-il bien un parti?

Je vous ai dit, avant les élections, que le parti alphonsin et le parti montpensiériste ne voulaient pas se mêler à la lutte. Leur unique ambition était d'assurer à la coalition la meilleure réussite possible. Or, placés entre les radicaux et les républicains d'un côté et les carlistes de l'autre, il ne leur restait qu'un petit coin, la modération et le libéralisme n'ayant guère leur royaume dans ce monde. Ils n'ont pas voulu se disputer avec les coalisés sur la part ridicule qu'on leur faisait. Ils se sont contentés de quelques siéges, et n'ont pour ainsi dire pas bougé, attendant pour entrer en lice que la coalition ait entrepris sa campagne parlementaire. Je crois qu'alors les choses changeront de face et que les rôles pourraient bien être renversés.

Le signe le plus certain des craintes que l'Infant Alfonso et le duc de Montpensier inspirent à leurs adversaires, je le trouve dans les paroles du señor Sagasta et dans le fait suivant.

J'ai exposé, il y a quelques jours, la situation des partis en Espagne. Je l'ai fait aussi impartialement que j'ai pu, bien que j'aie une préférence que je ne cache pas. Les journaux de Madrid ont reproduit mes articles; et, depuis dix jours, je suis sur le tapis; on épilogue chacune de mes phrases, on commente le moindre mot, tout comme s'il s'agissait d'un papier d'État.

Les radicaux et les carlistes m'ont lancé leurs foudres et tous les matins m'envoient au diable, ce qui m'est parfaitement égal. J'ai même encouru la disgrâce de Don Joaquin de Ceballos Escalera, plus alphonsin que l'Infant, qui s'est fâché tout rouge parce que j'ai dit que la régence du duc de Montpensier apporterait un appui précieux à la restauration du fils de la reine Isabelle. Ce señor de Ceballos ne veut à aucun prix du régent. Ne pouvant me prendre à partie dans *La Epoca* ni dans *El Tiempo*, ni même dans *El Eco de España* dont il est pourtant, je crois, l'un des actionnaires, parce que les deux premiers sont fusionnistes et que le troisième ne s'oppose pas trop vivement à la fusion, par égard pour Isabelle II et la reine Cristina qui la désirent, Don Joaquin de Ceballos est allé porter sa protestation, lui alphonsin, à un journal carliste! *El Pensamiento Español !* Il a invoqué la Constitution de 1845 qui proclame la majorité de l'Infant héritier à quatorze ans pour repousser la régence du duc de Montpensier.

Si on a fait la Constitution de 1845, on peut la modifier, j'imagine. On a bien rédigé depuis la Constitution de 1869. Mais je ne veux pas répondre à mon alphonsin ex-ami du señor Nocedal, et qui fait de l'alphonsisme dans les feuilles carlistes ; je veux simplement vous dire que sa lettre et mon article défrayent la presse et suscitent des polémiques très-aigres, qui sont un indice certain de la crainte que ce parti fait concevoir à ses adversaires. On ne s'occupe pas aussi vivement d'un parti qui serait mort ou mourant.

Je ne veux pas anticiper sur les événements. Croyez

toutefois que le gouvernement sera aussi embarrassé avec ces Cortès qu'avec les précèdentes, et que l'on n'est pas bien loin du jour où l'on reconnaîtra la nécessité de prendre des gouvernants ailleurs que parmi les hommes de Prim; car, ainsi que le dit *El Tiempo* : *La continuacion indefinida de este gobierno es una revolucion indefinida tambien.*

XVI

LA NOBLESSE EN ESPAGNE.

Madrid, 7 avril.

J'ai soulevé à Madrid une très-vive polémique en disant que la majorité de la noblesse espagnole était restée fidèle à la reine Isabelle. Comme cette assertion, qui cependant est la vérité, ne fait pas le compte des carlistes ni des amédéistes, les journaux de ces deux partis ont commencé contre moi un feu convergent des mieux nourris. Les radicaux et les républicains sont venus à la rescousse, par plaisir de distribuer des horions à un monarchiste. Cela a duré dix jours. Chaque matin, j'étais vilipendé dans ces feuilles avec le même acharnement que si j'eusse été prétendant à la couronne, et je lisais à mon petit lever douze ou quinze philippiques dirigées contre mon humble personne.

Il n'y avait pas de quoi se fâcher, bons carlistes ! parce que ce n'est pas par ma faute que les nobles sont alphonsins. Ce n'est pas d'hier, au surplus, que vous n'avez plus la majorité dans l'aristocratie ibérique, puisque, en 1834, la Chambre des pairs excluait par soixante et onze voix Don Carlos révolté contre la la jeune Isabelle II. Mais le carlisme est une douairière si suscesptible, que je parie d'exciter une seconde fois sa colère en avançant que les titres nobiliaires les plus anciens en Espagne ne remontent guère au delà du treizième siècle. Dès demain, *La Esperanza* et *Le Pensamiento* insèreront d'emphatiques réclamations paraphées par les d'Hozier de céans, où quelque pauvre diable de noble basque s'étiolant à l'ombre d'un pan de manoir, me prouvera par A + B que je ne suis qu'un imbécile et qu'il descend en droite ligne sans interruption, de mâle en mâle, d'un compagnon de Pélage.

C'est du nord de l'Espagne, en effet, que vient une grande partie de la noblesse, parce que les provinces septentrionales telles que le pays basque, Santander, les Asturies, ont été les premières conquises sur les Maures. Aujourd'hui encore, dans ces contrées, la roture est presque une exception, comme en Hongrie. Il en est à peu près ainsi, du reste, d'un bout à l'autre de la Péninsule, de Saint-Sébastien à Carthagène et de Gérona à Cadix. Partout, la noblesse est très-répandue; vous avez pu le constater par la grande quantité de noms qui sont précédés de la particule, bien que celle-ci ne soit pas un signe obligé de noblesse; et l'on donne volontiers de la noblesse à tout homme que l'on suppose un galant homme. Ainsi, plusieurs journaux de Madrid, *La Correspondencia de España* entre autres, ne manquent jamais, lorsqu'ils parlent de moi, de m'appeler Don Luis de Teste, ce qui évidemment me flatte beaucoup.

Autrefois, la noblesse jouait un grand rôle en Espagne, dans l'armée, dans la politique, dans les hautes fonctions de l'État et dans les affaires publiques par sa richesse, son influence et ses priviléges. La grandesse surtout formait une véritable puissance avec laquelle la Couronne était obligée de compter. Elle fut instituée par Charles-Quint, si j'ai bonne mémoire, et jeta de l'éclat pendant plus de deux siècles. Elle se transmettait par droit d'aînesse, lequel droit a été réglementé par des lois à différentes époques, puis aboli par la loi de 1821, rétabli en 1823, aboli de nouveau par décret de la reine Christine en 1836, et définitivement par la loi Espartero en 1841. Cependant, la loi Espartero accordait encore à l'aîné la moitié des revenus pour la première succession. Avec le droit d'aînesse se transmettaient les titres et les honneurs. Avec l'abolition du droit d'aînesse s'est affaiblie la grandesse, avec la grandesse l'aristocratie tont entière et par suite la monarchie.

A l'avénement de la reine Isabelle II la Catholique, en 1833, la noblesse avait déjà perdu une partie de son influence, en se désintéressant des choses de l'État. Les statuts de 1834 ne la restaurèrent que faiblement. Ils établissaient une Chambre des pairs ou des seigneurs à laquelle appartenaient de plein droit tous les grands d'Espagne ayant 50 000 fr. de revenu. Les nobles qui n'étaient pas revêtus de la grandesse pouvaient y être nommés par la Couronne.

Mais, en 1836, on porta un nouveau coup à l'aristocratie en abolissant ses priviléges. On les lui rendit, il est vrai, en 1857, par acte additionnel à la Constitution. Elle ne jouit pas longtemps de cette restitution. On la lui retira en 1864, tout en réservant les droits des vivants. Enfin, la Constitution démocratique de 1869 lui a enlevé tout rôle prépondérant dans l'État.

Elle n'a plus à présent que certaines charges honorifiques à la cour, charges qu'elle remplit à peine ou qu'elle laisse remplir à la cour savoisienne par quelques gentilshommes peu fiers. Les grands s'appellent Excellence, comme les ministres, les conseillers d'État et les capitaines généraux. S'ils sont de première classe, ils ont le droit de se couvrir avant de parler en présence du roi. S'ils sont de deuxième classe, ils se couvrent pendant qu'ils parlent, et après avoir parlé, s'ils appartiennent à la troisième. Voilà tout ce qui leur reste de leur grandeur passée. De droits réels et de priviléges civils ou politiques, ils n'en ont aucun. Le roi accorde le titre de duc ou confère *pleno jure* la grandesse, qui n'est plus qu'une affaire d'étiquette. Voilà où en est la noblesse politique en Espagne.

La grandesse comprend encore deux cents titres environ. Mais il n'y a guère que cent cinquante grands actuellement, parce que plusieurs titres sont réunis sur la même tête. C'est ainsi que le duc de Médina-Cœli est dix ou douze fois grand, et que le duc d'Ossuna l'est plusieurs fois également. Par contre, on voit de simples seigneurs porter la grandesse, par exemple, le señor de Rubianes.

Le dernier acte politique, et comme le testament de la grandesse, a eu lieu à la nomination du roi Amédée de Savoie.

Le 13 novembre 1870, trois jours avant l'élection du fils de Victor-Emmanuel, a été signée la *Manifestation de Miraflores*, dans laquelle vingt-deux grands protestaient contre le choix de tout roi étranger.

Le lendemain, 14, le parti alphonsin du *Cercle conservateur*, parmi lequel seize grands, rédigea un manifeste semblable.

Prim et les progressistes ayant, malgré ces conseils patriotiques, offert la couronne au prince italien, cinquante et un grands d'Espagne se réunirent en décembre, chez le duc d'Albe, et déclarèrent par quarante-trois voix contre six et deux abstentions, que le comité de la grandesse devait se dissoudre pour n'avoir aucun rôle à la cour d'Amédée.

Depuis l'établissement de la monarchie italienne et l'entrée à Madrid du roi *Primus Primero* comme on appelle le jeune souverain, la grandesse et la noblesse sont rentrées dans la vie privée. Dernièrement, précisément à mon sujet, il s'est élevé entre le *Tiempo* et les journaux carlistes une discussion sur le point de savoir quelle était maintenant l'opinion de la noblesse. Il est resté acquis au débat que le roi Alphonse XII comptait pour partisans quatre-vingt seize grands d'Espagne : un prince, le seul qu'il y ait en Espagne, encore a-t-il un titre de Savoie, le prince Pio; trente-six ducs; trente et un marquis; vingt-huit comtes. Vous savez que le baronnage est peu répandu en Espagne; il n'y a des barons que dans les provinces de l'ancienne couronne d'Aragon. Don Carlos en a sept; Amédée en a onze, parmi eux le duc de Fernan-Nuñez et quelques généraux.

Je crois que le parti républicain en possède un, M. Orense, marquis d'Albaida. Ce marquis est un des doyens du parti fédéraliste. Son fils a fait la guerre de France sous les ordres de Garibaldi. Je sais qu'il est républicain, mais je ne suis pas absolument sûr qu'il soit grand d'Espagne.

Vous voyez que j'avais raison de dire que la noblesse tient en majorité pour la reine Isabelle. Cette petite statistique vous le prouve. Mais je ne veux pas exagérer son influence. Elle en a encore une considérable. Toutefois, l'abolition du droit d'aînesse, des majorats, de la chambre des pairs et des priviléges lui a été funeste. On dit que l'abolition du droit d'aînesse a répandu la richesse. Oui et non. Elle l'a répandue dans certains districts et a augmenté le bien-être des populations. Dans d'autres, en Andalousie, où la grande propriété est la seule possible, comme me le faisait remarquer un ancien ministre des finances, M. le marquis de Barzanallana, à cause de la nature du sol et du mode forcé de culture, elle a produit un résultat contraire à celui que l'on attendait.

Pour être juste, il faut dire que l'aristocratie espagnole se désintéresse depuis longtemps de la politique et qu'elle périra comme toutes les classes conservatrices de notre temps, par l'inaction.

XVII

DE MADRID A SÉVILLE.

Séville, 9 avril.

Au revoir, mon pauvre Madrid ! J'ai pleuré en te quittant toutes les larmes de mes yeux. Oh ! je n'ai pas pleuré tes rues, tes monuments ni tes palais, parce que tu n'es pas beau, mon ami. En passant une dernière fois au Prado, j'ai seulement jeté un regret à ces allées où j'ai fait de si douces rêveries. Mais, j'ai reçu chez toi un accueil si affectueux, on m'a ouvert tes salons avec tant de grâce, l'hospitalité madrilène est si cordiale et j'ai noué ici tant d'excellentes relations, que je n'ai pu m'éloigner sans tristesse. Non, je n'oublierai jamais les amis que je laisse à Madrid ; leur nom restera gravé dans mes meilleurs souvenirs. Je dois aussi un remerciement à nos confrères de la presse, à M. Escobar, directeur de la *Epoca ;* à la rédaction du *Tiempo ;* au comte de Toreno, au marquis de Barzanallana, à M. Garcia de Barzanallana, à M. Jove y Hevia, à M. Jose de Cardenas, qui ont eu pour moi toutes les obligeances. Vraiment, si j'ai blessé quelques journaux, c'est que je ne pouvais faire autrement.

M'était-il possible de dire que l'*Universal* croit en Dieu; que M. Castelar est un Ximénès; que si la *Tertulia* arrivait aux affaires, ses rédacteurs effaceraient les points noirs de M. Zorrilla; et que le carlisme de *la Esperanza* ou même du *Pensamiento* représente les idées modernes? Je ne le pouvais, n'est-ce pas? Allons, mon brave Madrid, au revoir!

Je faisais route avec le général Milans del Bosch, directeur de la cavalerie, son aide de camp, et un avocat madrilène plus causeur qu'une pie et qui pimentait sa conversation de trois mots en trois mots, d'un *caracco* originalement prononcé. *Caracco* est un juron espagnol que je vous demanderai la permission de ne pas traduire. A un autre moment, la conversation n'aurait pas chômé avec lui. Mais il avait beau me provoquer, je ne me sentais la force de lui répondre que par monosyllabes, et mon œil distrait apercevait à peine la campagne assez riante à travers laquelle nous courions : Gétafé et sa colline d'*El Punto* que l'on prétend être le point central de l'Espagne; Pinto avec le château féodal de Don Rodrigo de Mendoza, où Philippe II fit enfermer la princesse d'Eboli; Valdemoro, bourg délabré; Ciempozuelos, bien arrosé par le Jarama; le Tage jaune que nous franchissons; le palais, les jardins et les ombrages superbes du domaine royal d'Aranjuez; Castillejo qui mène à Tolède; Yepes aux vins blancs; la fiévreuse Huerta; Tembleque la charbonnière; Villacañas qui produit du bon blé et nourrit des moutons à la chair succulente; les rivières du Rianzarès et du Giguela; les lacs salés qui entourent le village de Quero.

A Alcazar de San-Juan, la voie bifurque : train du Portugal par Ciudad-Réal; train d'Andalousie. Avant de monter dans ce dernier, je vidais mélancoliquement une tasse de chocolat, qui est en Espagne le déjeuner et le dîner de bien des gens.

Il existe une liaison si intime entre l'âme et le corps que je ne sais au juste quel est le serviteur ni quel est le maître. M. de Bonald dit que l'homme est une intelligence servie par des organes. *Servie* est-il bien exact ? Le fait est que l'âme est comme endormie quand le corps souffre, et que le corps est rompu aux heures où l'âme n'est pas en liberté. Mon âme était enveloppée d'un crêpe et mes yeux voyaient tout en noir. Mais dès que nous entrâmes dans ces plaines désertes de la Manche, aussi nues que les marécages de la Sprée, mon humeur s'assombrit davantage. Tout au plus, les moulins à vent de Criptana qui élèvent leurs ailes sur la Sierra de Molinos, m'arrachèrent-ils un demi-sourire, en me faisant penser que c'étaient peut-être les mêmes moulins dont la vue allumait le courage du bon chevalier Don Quichotte de la Manche. Là, en effet, se déroule le roman de Cervantes. A Algamasilla de Alba est mort son héros. A la Venta de Quesada se fit la veillée des armes, et Sancho fut berné par les valets de l'hôtellerie. Ce sont les mêmes bouquets d'oliviers rares et maigres, le même Guadiana qui coule sans bruit au milieu d'une lande, les mêmes grosses pierres calcaires qui donnent à cette nappe de terre stérile la physionomie d'un immense jeu de boules. La ville de Manzanarès sur l'Azner repose assez agréablement la vue durant cinq minutes. Après elle, quelques cépages; puis, le désert.

Je m'étais assoupi. Le géneral, les yeux fermés, rêvait sans doute à un combat. L'aide de camp rêvait certainement à la large bande de drap d'or qui orne le pantalon du général. L'avocat n'ouvrait plus la bouche que de loin en loin. Seul, un *caracco* traînard rompait de temps à autre le silence de la nuit qui s'achevait. Ma pensée était toujours à Madrid.

Nous arrivions à Val de Peñas. La porte s'ouvrit et je sentis une main se poser sur mon épaule. Vous vous rappelez qu'il y a quelques jours des brigands arrêtèrent, à peu près à cet endroit, le convoi d'Andalousie. Réveillé subitement, je ne réfléchis pas que les voleurs n'attaquent pas deux fois de suite la même position, et je crus de bonne foi à une nouvelle surprise. Je me levai en sursaut. « Sapristi, le général n'a pas son sabre! » Il n'en était pas besoin heureusement. Un employé de la Compagnie nous priait tout simplement de faire place à trois nouveaux voyageurs : un Anglais et deux Anglaises.

En voyant les ladies, l'avocat qui, cette fois, dormait tout de bon, fit une affreuse grimace. L'une d'elles lui marcha sur le pied, ce qui lui arracha un *aï! señora!* des plus aigus et le réveilla tout à fait. Avec le réveil, la gaieté lui revint. *Caracco!* il acheta au buffet un flacon de vin de Val de Peñas, dont les plants, dit-on, furent autrefois apportés de la Bourgogne; il s'approvisionna de saucisson, de pâtés, d'oranges et de pommes, et nous contraignit, à quatre heures du matin, à déjeuner tous les sept. Les blondes touristes d'Albion n'avaient rien de la roideur britannique, et le père, le frère ou le mari de l'une des deux n'avait pas la figure gelée de ses compatriotes. Ce repas improvisé fut assaisonné des propos du maître, qui parla, but et mangea si bien, qu'une heure après, à Cardenas, où le curé avec Cardenio et Dorothée conduisirent Don Quichotte, il ronflait comme un capucin après la collation.

Nous avions dépassé déjà Santa-Cruz de Mudela, assez jolie petite ville, Almuradiel, bâti au milieu de gracieuses collines et de chênes nains, et nous nous élevions doucement vers la Sierra-Morena. Les montagnes se pressent, se dressent, se hérissent à l'approche du défilé de Despeñaperros. Les rochers semblent découpés à coups de hache. Des aiguilles de pierre, des colonnes et des stalactites pointus fendent les airs. Cette chaîne est extrêmement pittoresque et les gorges d'une grâce délicieuse. Les mamelons et les rochers sont tapissés de chênes verts ou de pelouses émaillées de pâquerettes, de campanules et d'une quantité de fleurs dont l'éclat égaye la vue, et dont je respire le parfum, mais que je ne distingue pas bien. La brise du matin nous apporte leur senteur, et nous marchons à travers cette sierra féerique, par Santa-Elena, Las Navas de Tolosa, où les rois de Castille, de Navarre et d'Aragon défirent Mahomed el Nassr, et Vilchès. Je commençais à m'intéresser au spectacle que le jour m'accordait, la nature ayant le don de dissiper les inquiétudes de l'esprit et de calmer, en les régularisant, les battements du cœur.

De la sierra de Segura, où prend sa source le Guadalquivir, que nous allons suivre jusqu'à Séville, nous entrons dans la vallée du rio Guarrizas, plantée d'oliviers et de chênes verts, dont les chatons jaune-gris nous envoient des bouffées odorantes. La plaine est, à partir de là, d'une fertilité admirable. Nous sommes en Andalousie. Les montagnes peu élevées, verdoyantes sur les flancs et couronnées de neige de la sierra Nevada, font l'arrière-plan de la contrée toute semée de blé d'une venue magnifique. Linarès, Baeza, Javalquinto, Menjibar, Espeluy, Villanueva de la Reina, sont autant de villages de cultivateurs construits, comme de riches métairies, dans ces champs de céréales.

A Andujar, où le duc d'Angoulême signa l'ordonnance du 8 août 1823, qui défendait les arrestations arbitraires à une époque où l'extrême division des partis agitait déjà la Péninsule, et où Ferdinand VII était prisonnier des Cortès à Séville, la culture change un peu. Il y a beaucoup plus d'oliviers que de blé à Arjonilla, à Marmolejo, à Villa del Rio, à Montoro, à Pedro Abad, à El Carpio, à Villafranca, à Las Ventas de Alcolea. Ces oliviers sont bien taillés, soigneusement bêchés et cultivés. On aperçoit également des vignobles en bon état, des mûriers et des arbres à fruit. A la dernière station dont je parle, se trouve le pont d'Alcolea, *El Puente de Alcolea*, qui a donné son nom à la bataille livrée en 1868, lors de la chute de la reine Isabelle, entre les généraux restés fidèles à la couronne et les capitaines révoltés qui ont eu le patriotisme de faire asseoir sur le trône un prince italien, ne sachant de la langue espagnole que *buenos dias* et *buenas noches*. Vous pensez bien que nous ne pouvions passer le Guadalquivir, à une portée de fusil de chasse de ce pont, sans que la conversation de mes voisins s'engageât sur le terrain politique. L'un prétendait que le duc de Montpensier avait laissé échapper une belle occasion, l'autre prétendait le contraire, un troisième émettait un tiers avis. J'écoutai sans prendre part à la discussion, ainsi que j'ai l'habitude de faire. Je reçois l'hospitalité en Espagne, je ne voudrais froisser qui que ce soit. Les personnes qui me connaissent n'ignorent pas mon opinion sur les affaires de ce pays. Je la dis aux lecteurs du *Journal de Paris*, et je la signe; mais avec les Espagnols, je m'abstiens de parler de ces questions, parce qu'il n'est pas convenable de discuter, en pays étranger, de semblables sujets. L'animation qui éclata soudain dans le compartiment ne m'empêcha donc pas d'admirer le frais vallon au bout duquel j'entrevoyais les faubourgs de Cordoue, où nous arrivâmes assez à temps pour que la discorde au camp d'Agramant ne changeât pas de caractère.

Je ne m'arrêtai que quelques instants à Cordoue, où sont amoncelées des ruines en quantité prodigieuse, des façades admirables, des croisées arabes, des monastères inhabités, des portails de la Renaissance, des édifices à ogives, des galeries d'arcanes aériennes, des tronçons de colonnes, des fragments de marbre et de jaspe et tous les vestiges que peut offrir une ville que les Romains enrichirent de monuments, où les Arabes construisirent sept cents mosquées, et l'art chrétien ses couvents et ses temples. La mosquée seule d'Abd-er-Rahmman et d'Hixem est debout et entière. L'intérieur en est des plus extraordinaires et des plus curieux à voir. C'est une forêt de huit cents colonnes d'ordre corinthien-arabe, de porphyre et de brèche verte et violette. De leurs chapiteaux s'élancent des arcs blancs et rouges, qui ressemblent à des arbres entrecroisant leurs branches. Il me serait bien difficile de vous décrire tous les détails de cette architecture arabe. Il est de ces merveilles qu'il faut voir, et dont la peinture ne donne même pas une image. Si donc vous voulez vous représenter la mosquée de Cordoue, je vous dirai : « Venez la voir, je ne me charge pas de vous la peindre. »

A Cordoue, je rencontrai un ingénieur de Grenoble qui connaît ma famille, et M. Lévy Alvarès, directeur de l'exploitation du chemin de fer de Cordoue à Séville. M. Alvarès m'offrit un fauteuil dans son wagon-salon jusqu'à Séville.

Il y a un charme tout particulier à se trouver ainsi dans la même rue avec un homme que l'on n'a jamais vu, que l'on entend parler pour la première fois, qui s'exprime en clair français, et à qui l'on dit timidement : « Je suis bien indiscret, monsieur, mais il me semble reconnaître à votre accent que vous êtes du Dauphiné. — Oui, monsieur, et je crois bien au vôtre que vous n'êtes pas du Limousin. » On échange sa carte. « Ah! vous êtes monsieur un tel, je connais votre famille. — Je connais la vôtre aussi. » Et une sorte d'étincelle électrique vous parcourt. Cet indifférent est né à deux pas de chez vous. Comme vous, il aime la France, il a causé avec les personnes que vous aimez, on a avec lui des relations communes. Quelquefois on est réuni dans les mêmes affections politiques, et cela se passe en moins de temps qu'il n'en faut pour le raconter à cinq cents lieues de son pays.

De cette ville, la voie ferrée suit à peu près sans interruption le fleuve du Guadalquivir et traverse de vastes prairies toutes fleuries où paissent, en prenant leurs ébats, des chevaux de remonte, des taureaux de combat à l'œil fauve et de paisibles bœufs, étendus sur l'herbe et secouant les oreilles au sifflet de la locomotive, comme pour dire : « La belle invention, qui trouble mon repos ! » Ces prés sont verts et épais. Les terres ensemencées qui les entrecoupent sont chargées de blé déjà jaunissant. Dans trois semaines, on fauchera les orges. A la fin de mai, toutes les récoltes seront serrées dans la grange. Et le soleil, prenant sa part, après l'homme, de cette terre promise, rôtira la campagne. Il ne restera pas un brin d'herbe, pas un pavot, pas un volubilis de cette végétation luxuriante qui est aujourd'hui dans sa splendeur.

Le sol y est si fécond qu'il n'est besoin, comme on l'a dit des Indes, que de le chatouiller avec un râteau pour qu'il sourie avec une moisson. Les rosiers y croissent comme chez nous les orties. Des forêts d'orangers montrent leurs fruits d'or; leurs petits boutons blancs embaument l'air. Des palmiers étalent leurs larges feuilles. Des aloës et des figuiers de Barbarie ferment la voie. Ils prospèrent dans ce terrain presque africain, mais quelques-uns végètent ou périssent, piqués dans le cœur du pivot par une espèce de courterolle. Des plantations d'oliviers, des vignes, des chênes verts en fleurs, des lentisques, des grenadiers croissent pêle-mêle. A côté des troupeaux de moutons et des chèvres pendues aux cytises, des cigognes couvent leurs œufs sur les meules de chaume amassées par le paysan; les oiseaux s'égosillent; le ciel est plein de lumière; la température est chaude; le laboureur, avec son béret de velours noir, ses culottes courtes et son pourpoint, sort sur le pas de sa porte et couche déjà à la belle étoile; les femmes à la jupe rouge poussent leurs vaches devant elles; les enfants sont accroupis auprès de la ferme.

Almodovar suit Cordoue. Il est dominé par le château de Don Pedro, dont quatre tours subsistent. Posadas, Hornachuelos que commande une forteresse en ruines; Constantina, la ville aux eaux-de-vie; Palma, la ville aux oranges, il y en a des monceaux à la gare; Peñaflor au clocher roman revêtu de faïence bleue; Lora del Rio et sa chapelle romane; les pans de l'Alcazar de Carmona, Tocina, Brenes, la place où fût Italica, *campos ubi Troja fuit*, la patrie de Trajan, d'Adrien et de Théodose; le couvent des Repenties de *Santi-Ponce*, le remède à côté du mal, la retraite à côté de Séville.

Séville! le général Milans del Bosch et moi descendîmes à la *fonda del Cisne*, en face du théâtre de San-Fernando. Cet hôtel est tenu par un Français. Dans la salle à manger, je reconnus un Anglais que j'avais vu plusieurs fois, il y a sept ou huit ans, chez un président de chambre à la cour de Grenoble. Il arrivait de Téneriffe. Nous dînâmes ensemble, et je ne tardai pas à aller, comme le Basile de *Il Barbiere*, me coucher dans un bon lit. La couche est abritée des moustiques par des rideaux en gaze rose. Mais, impossible de dormir ! Ma chambre est séparée par une porte, mince comme une feuille, du *buen retiro* de la première chanteuse de la troupe italienne du théâtre de San-Fernando, qui répète le quatuor du rouet de *Martha*. Une fois. Deux fois, passe. Trois fois! Trois fois ! ! En trois enjambées, je suis à la porte maudite. Je frappe. « Qui va là ? » me dit la tenorina dans la langue de Pétrarque. « Belle voisine, — je ne l'avais jamais vue, — lui répondis-je dans la même langue, belle voisine, vous chantez mieux qu'un rossignol, j'irai demain vous applaudir à San-Fernando, vous et M. de Flotow; je vous couvrirai de fleurs. — « Monsieur! monsieur! — Mais de grâce, par tous les saints de l'Italie, permettez-moi de dormir ; j'ai les yeux comme des poings, les membres broyés, un sommeil atroce. » L'Italienne éclata de rire, mais je n'entendis pas la quatrième répétition, et un instant après, j'étais plongé dans une insensibilité bienfaisante.

XVIII

SÉVILLE.

Séville, 11 avril.

Dès mon lever, je me suis rendu au palais de San-Telmo, chez M. le duc de Montpensier; et j'ai pu visiter dans le détail cette magnifique habitation et les jardins princiers qui s'étendent derrière elle. San-Telmo est décoré, avec un goût exquis, de meubles précieux, d'antiques, de statues, de bustes, d'œuvres d'art et de belles toiles de l'école de Séville, fondée par Juan Sanchez de Castro, école dont les tableaux signés de Murillo, de Diego de la Barreda, de Francisco et de Bartolomé de Herrera, d'Agustin del Castillo, de Luis Fernandez, de Francisco Zurbaran et de bien d'autres peintres andalous, enrichissent le musée de la ville. Dans l'une des chambres affectées au service particulier du prince, sont appendus un beau portrait de la reine Marie-Amélie, sainte et douce figure qui sourit au visiteur, et plusieurs charges au crayon représentant le prince occupé à cueillir des oranges ou, chasseur malheureux, nargué par les lapins de la sierra. Ce domaine a un luxe tout royal. Le duc a réuni, en outre, dans le parc, les plantes les plus rares, les arbres les plus touffus, de superbes orangers et des palmiers majestueux. En me promenant sous les ombrages, j'arrivai, au détour d'une allée, près de la serre, sur le seuil de laquelle était assise la plus jeune princesse, Maria-Luisa-Fernanda, charmante enfant de cinq ans qui babillait avec sa gouvernante.

Je n'ai pas eu le même bonheur dans mes autres visites. M. Juan de Cardenas, de Madrid, m'avait adressé au comte de Castilleja de Guzman, que l'on appelle ici le petit roi, à cause de sa grande fortune et de la magnificence de sa maison. Le comte n'est pas à Séville en ce moment. Mon ami, le comte Henry d'Ideville, m'avait aussi donné un mot pour le comte du Roscöat, consul de France, avec lequel il était attaché, il y a quelques années, à notre ambassade à Rome. M. du Roscöat est en Bretagne pour un mois ou deux. J'ai été reçu par son chancelier, M. du Clauzel, qui s'est mis obligeamment à ma disposition. J'avais à voir une troisième personne, M. Fernandez Espino, directeur de *La Legitimitad*, journal alphonsin. M. Espino est à Séville. Mais nous avons joué comme à cache-cache, lui venant à ma *fonda*, moi allant à sa *casa*, à son imprimerie où aux bureaux de la rédaction, sans qu'il nous ait été possible de nous rejoindre.

Si je n'ai pu voir MM. de Castilleja, du Roscöat et Espino, à qui je me suis présenté, le hasard m'a mis sur les pas de deux touristes de ma connaissance, en compagnie desquels j'ai couru Séville.

C'est une grande ville de cent vingt mille habitants.

Il y avait, récemment encore, une colonie de quatre mille cinq cents Français, qui a diminué, paraît-il. Les rues sont tortueuses, étroites, dallées et propres; les maisons basses, grillagées, pourvues de balcons et de *miradores* remplis de vases de fleurs; une cour intérieure pavée de marbre ou de mosaïque, agrémentée de plantes exotiques, d'un bassin et d'un jet d'eau, sert d'appartement pendant les grandes chaleurs de juin, de juillet et d'août. On descend des étages dans le *patio* et l'on respire là un peu d'air frais.

Extérieurement, ces *casas* sont revêtues d'une chemise bien blanche, bleu de ciel, rose tendre ou beurre frais, sur laquelle les balcons verts forment une sorte de passementerie, de grecque, et les géraniums ou les rosiers des *miradores* une guirlande embaumée. Lorsque le soleil est par trop brûlant, on tend d'un toit à l'autre, — beaucoup sont disposés en terrasse, — des tentures de lin qui font de la rue un passage couvert. Ces rues ont un aspect d'une coquetterie des plus jolies et d'une originalité tout orientale. Plusieurs sont bordées de colonnes de marbre blanc provenant des fouilles d'Italica. D'autres, remontant à la domination mauresque, sont divisées en boutiques exiguës, telles que l'on en voit à Constantinople et à Alger. Les places sont plantées d'orangers fleuris qui répandent dans la ville une odeur enivrante. Séville tout entière est gracieuse et conserve son caractère ancien. Si j'avais à choisir entre les villes de l'Espagne que je connais, j'offrirais à Séville la fleur d'oranger.

Cependant Séville est bien morte. Le matin, ses rues ne sont parcourues que par les ânesses, aux longues et sourdes clochettes, qui apportent leur lait aux habitants; par les mules dont le bât est chargé des balayures et les gitanos du faubourg de Triana qui viennent travailler à la manufacture des tabacs. Ces bohémiennes ont une réputation de beauté que vraiment elles ne méritent pas; ce sont de maigres squelettes jaune-citron. Dans le jour, personne. Ce n'est qu'à six heures du soir, lorsque la chaleur diminue, que l'on voit les équipages circuler, les promeneurs et les promeneuses se diriger vers la *Plaza del Duque*, la *Plaza de la Magdalena*, *Las Delicias de Cristina*, un nid de roses, ou les avenues qui, suivant le Guadalquivir, vont de la porte de Triana à la *Torre del oro*.

Les femmes de Séville sont plus jolies encore que les Castillanes; je ne dis pas qu'elles soient les plus jolies de l'Espagne, parce que je me suis promis de ne jamais dire : « Cette femme est la plus jolie du monde. » On trouve toujours des femmes plus jolies que celles que l'on connaît. Leur teint est moins blanc que les joues neigeuses des señoras de Madrid; et, en sculptant leurs épaules, Dieu a donné peut-être quelques coups de ciseau de trop. Mais leur démarche a plus de nonchalance provoquante. Et leurs yeux! quand on y plonge son regard, le haut du corps se penche en avant, il vous semble que vous allez vous jeter à la nage dans ces horizons noirs, profonds, veloutés et humides. Vivre d'oranges et passer sa vie dans la contemplation de ces yeux, cela doit suffire à un Andalou intelligent. Elles portent toutes de longues robes de soie claire à queue, quelquefois la mantille, le plus souvent une simple fleur dans les cheveux, mais une fleur naturelle, que leur mignonne main a coupée dans le parterre du *patio*. Les femmes du peuple ont le même costume. Une robe à traîne en étoffe à bon marché, un châle sur les épaules, des roses, des branches de géranium ou de jasmin piquées à leurs nattes. C'est là leur toilette depuis le lever jusqu'à l'heure avancée où elles se retirent dans le *dormitorio*, car à Séville on vit plus la nuit que le jour. Les magasins eux-mêmes ne voient les chalands que dans la soirée.

Des hommes, quelques-uns portent encore le vêtement andalou dont vous avez vu maintes fois la forme à Paris, à l'Opéra, à l'Opéra-Comique ou à l'Athénée; mais il disparaît peu à peu. Hélas! toutes les modes, toutes les coutumes qui donnent à ces provinces un caractère original finiront par disparaître; et, sous le vent démocratique, qui sait si Séville ne ressemblera pas un jour à Pontoise? Cependant une foule d'usages continuent à être observés. Ainsi, le *novio* ou prétendu d'une jeune fille est tenu à un stage assez long sous les fenêtres de la belle, avant d'adresser à la famille une demande en règle. La requête agréée, il est reçu à la *casa*, mais toujours obligé de soupirer devant la grille chaque fois qu'il entre ou qu'il sort. On m'avait indiqué l'un de ces amoureux et le *mirador* à l'abri duquel battait le cœur de la *novia*. D'un angle, dans la demi-obscurité, j'observai l'échange des signaux et cette espèce de fluide qui se répand dans l'air à l'approche de deux amants. Ce siége de la jeune fille par celui qui aspire à sa main est très-poétique. Mais j'ai eu beau me promener toute la nuit, je n'ai pas aperçu d'Almaviva rôdant sous les jalousies de Rosine ni de Figaro faisant le guet.

L'aristocratie est ici très-oisive, généralement peu au courant des lettres et de la politique. Elle vit peu en société. Je crois qu'il faut attribuer à cette somnolence le progrès des idées républicaines dans les classes populaires de Séville. Les esprits sont éminemment religieux et les fêtes se célèbrent avec une pompe incomparable. Il n'y a pas de doute que les sentiments catholiques et royalistes ne se fussent intégralement conservés si la classe élevée s'était occupée davantage des affaires publiques et avait su donner satisfaction au goût du pays pour les spectacles. Au lieu de cela, elle vit à l'écart. On ne la voit pas. Il est tout naturel que M. Castelar soit applaudi à la *Casa Lonja*. Lui, du moins, se montre au populaire, lui parle, le flatte et le distrait.

Aux dernières élections, la coalition s'est retirée devant les agissements du gouverneur, Don Camilo Benitez de Lugo. J'ai vu des dépêches adressées par ce fonctionnaire à ses subalternes, j'ai entendu raconter par des hommes dignes de foi la façon dont il a composé les bureaux électoraux et fait dépouiller les urnes; quel jeu de passe-passe que le suffrage universel ainsi pratiqué! Il a fait si bien que les coalisés n'ont pas voulu voter, une grande partie d'entre eux n'ayant pas même reçu leur carte d'électeur, et que les journaux d'opposition, *La Legitimitad*, *La Revolu-*

cion española, *El Oriente*, *La Andalucia*, *El Annunciador* ont baissé pavillon devant le progressiste *Porvenir*. La première de ces feuilles, je vous l'ai déjà dit, est alphonsine. Elle porte pour devise : *Unidad catolica— Alfonso XII*. La seconde est montpensiériste et la troisième carliste. Les deux dernières sont fédéralistes. Des deux, *La Andalucia* est la plus importante. Ce n'est pas une républicaine bien farouche, car son numéro d'aujourd'hui contient, en Premier-Séville, une *Revista de modas* où l'on parle de *tunica Luis XV*, de *sombrero Enrique III*, de *faille negro, con borde de plumas risadas*, de *foulard Pompadour o Tussor*, de *crespon de la India y* de *crespon de China*, qui ne sont pas à l'usage des pétroleuses.

L'abstention de la presse alphonsine, carliste et républicaine et des partisans de ces trois régimes a laissé le champ libre au candidat ministériel, Don Emmanuel Pastor y Landero. M. Pastor était républicain en 1868, montpensiériste en 1869; aujourd'hui amadéiste. Je ne sais pas ce qu'il sera demain ni après-demain. Depuis longtemps, il est ingénieur des ponts et chaussées et voudrait bien que le gouvernement l'aidât à achever son chemin de fer de Mérida à Séville qui, après avoir englouti 70 millions et amené la faillite Guilhou dont vous avez dû entendre parler, attend de nouveaux capitaux. Il n'est pas étonnant que le roi Amédée ne soit pas le roi de l'Andalousie, en se servant d'hommes si inconstants. Aussi, le gouvernement craint-il des troubles, soit à Séville, soit dans la contrée, et je sais de source certaine que hier il a pris ses dispositions pour le transport des troupes.

La cathédrale de Séville a été souvent décrite. Vous savez que cet édifice affecte la forme d'un vaisseau de haut bord pavoisé. Il a été construit au quinzième siècle sur l'emplacement d'un temple mauresque. Ses murailles, brunies ou noires, couvertes de lichen et de mousse, offrent, à la clarté de la lune, un aspect sauvage, le quartier où elle est située étant assez désert. Vu de près, il est masqué par les annexes qui sont restées inachevées; on ne peut juger de la grandeur de ses proportions ni de l'harmonie de ses clochers et de ses chapelles qui figurent les mâts, les voiles, les focs, les pavillons, les flammes et les bonnettes d'un navire. L'espace qui l'entoure est trop restreint pour qu'on puisse en saisir l'effet, même en se reculant jusqu'aux points extrêmes d'où on peut l'apercevoir. C'est de la galerie où sont suspendues les cloches de la Giralda que l'on peut seulement assembler ses membres et de la nef que l'on mesure la hauteur de ses voûtes.

En traversant le *Patio de los Naranzos*, au milieu duquel s'élève la fontaine où les Arabes pratiquaient leurs ablutions et où l'on voit les restes de leur architecture et la grue de fer qui se dresse contre la cathédrale pour indiquer que l'ouvrier n'y a pas mis la dernière main, on pénètre dans le monument partagé en cinq nefs. Les piliers ont trente-neuf mètres d'élévation et les coupoles se perdent dans l'ombre. C'est le sanctuaire le plus vaste et le plus grandiose de l'Espagne, bien que ce ne soit pas le plus parfait. On comprend bien en visitant la cathédrale de Burgos que les architecte sont eu la pensée de faire une œuvre d'art; et l'on se doute bien que les moines de Séville ont visé plutôt à faire une œuvre étonnante par sa majesté. Je ne l'ai pas vu, mais on m'a dit que sur une pierre est gravée une inscription dont voici à peu près le sens : « Élevons un monument qui nous fasse passer pour fous aux yeux de nos contemporains et qui excite l'admiration de la postérité. »

Entre les innombrables richesses que la cathédrale renferme, je vous mentionnerai la *Capilla mayor* avec son retable en mélèze, son tabernacle en vermeil, ses grilles en fer doré ; le *Coro;* la silleria de cent vingt-sept stalles gothiques; ses orgues aussi puissantes que celles de Saint-Nicolas de Fribourg; le tombeau de Fernando Colon, fils du navigateur; la chapelle gréco-romaine de *San-Pedro;* la *Capilla réal* et les mausolées d'Alfonso X, de doña Béatrix, de Maria de Padilla la favorite de Don Pedro le Cruel; la châsse d'or, de cristal et de fer en style plateresque du roi saint Ferdinand; et une foule de tableaux des peintres de l'école sévillane, Cano, Valdès, les frères Herreras, Vergas, Campana, Murillo. Le *Saint Antoine de Padoue* de ce dernier, et son chef-d'œuvre, est dans la chapelle du baptistère, l'une des trente-sept de l'église.

Il faut sortir dans le pourtour et se glisser dans un caveau étroit où les señoritas du portier lissent leurs cheveux et se couronnent de roses, pour monter à la Giralda, ainsi nommée parce que cette tour de trois cent cinquante pieds, bâtie par l'Arabe Huever et exhaussée au seizième siècle, est surmontée d'un beffroi qui porte une statue colossale de la *Foi* en bronze, laquelle est posée de manière à tourner sur elle-même au moindre vent, *girar*, tourner. Je dérange ces demoiselles, je dérange un mouton aux laines duquel sont accrochés des petits nœuds de ruban, car dans chaque maison populaire est emprisonné un jeune agneau qui sert à l'amusement des *niños* et des *niñas*, et que l'on mène par les rues au coucher du jour, et je gravis la Giralda. Il n'y a pas d'escalier à la Giralda, mais un terre-plein qui vous conduit jusqu'à dix mètres de la galerie où la sonnerie est installée. La pente est assez douce pour qu'un cheval la puisse grimper, à la condition de n'avoir pas une mauvaise tête ni la taille de la jument de Roland. De la galerie, on embrasse Séville et sa campagne, et l'on se rend compte de l'immensité de la cathédrale dans le fouillis des toits de laquelle des éperviers méchants donnent la chasse à des colombes.

Il y a cent pas à faire pour aller du bas de la tour à l'Alcazar, jadis forteresse et palais des rois maures. Il s'étendait jusqu'au Guadalquivir. Saint Ferdinand, Don Pedro Ier, Charles-Quint, Philippe II, Philippe III et Philippe V l'habitèrent successivement, le modifièrent et le restaurèrent. Le *Patio de las Doncellas*, autour duquel s'ouvrent des appartements ornementés dans le style arabe, est magnifique. C'est là où les rois maures recevaient les cent *Doncellas*, — vous traduirez ce mot par un titre de Voltaire, — dont Maurégat avait imposé le tribut aux Léonais.

Plusieurs salons, celui des ambassadeurs entre autres, figureraient bien dans les *Mille et une Nuits*. Les parois et la voûte disparaissent sous les soffites dorés et les vives couleurs qui éblouissent le regard. Sur les dalles de marbre du salon, on remarque une large tache rouge que l'on prétend être les traces du sang de l'infant Don Fabrique, tué ar les gardes de son frère, le roi Don Pedro. Je soupçonne que de temps à autre on restaure ces taches avec du sang animal. Le gardien me montre le *dormitorio* des rois maures, leur alcôve et celle de la favorite. *Muy felice*, me dit-il, en m'indiquant du doigt la place où dormaient, il y a des siècles, le sultan et la sultane.

Sous le palais est pratiqué un bassin en marbre resserré dans une galerie sombre et voûtée, qui porte le nom de *Bains des sultanes*. La belle Marià de Padilla, d'après la tradition, s'y baignait devant le roi Pierre le Cruel. Un petit sentier circulaire permettait aux courtisans de se ranger le long du bassin et d'applaudir à la merveilleuse beauté de la maîtresse royale. Le bon ton voulait même que, ployant la main en forme de coupe, ils puisassent de cette eau et la portassent à leurs lèvres. En sortant des *Bains des sultanes*, on entre dans l'un des parterres des fameux jardins de l'Alcazar. Les allées du jardin sont revêtues d'une mosaïque en briques percée de trous imperceptibles sous lesquels est adaptée une série de petits jets d'eau que l'on fait fonctionner en ouvrant la clef des conduits. Pierre s'asseyait sur une terrasse d'orangers et faisait promener Maria avec quelques dames de sa cour. Puis, au moment où elles ne pensaient plus au système d'irrigation qui se trouvait sous leurs pieds, on le mettait en mouvement et l'on produisait naturellement dans cette troupe aimable un grand désordre de pas indiscrets.

Les jardins sont très-beaux et passablement entretenus. Un labyrinthe de myrthes est surtout curieux à voir. Une jolie Sévillane s'y promenait avec sa mère. Machinalement, je suivis le même sentier, comme dans la *Ronde du Brésilien* de Brasseur, pendant que le jardinier qui venait de me régaler du jeu de Pierre le Cruel, coupait de la verdure pour entourer le bouquet d'héliotropes qu'il voulait m'offrir. La señorita aurait dû ne pas parler, si elle avait tenu tant soit peu à laisser son image dans l'esprit de l'étranger qui marchait derrière elle. Mais, elle ne m'avait pas aperçu et entama une conversation qui me désenchanta. Il n'est pas possible d'inventer une voix de gendarme mieux réussie. Je dois vous dire que l'organe vocal des Espagnoles est le revers de leur médaille. Elles n'ont pas l'accent harmonieux et musical des Italiennes, mais une intonation forte et cuivrée qui surprend chez d'aussi aimables personnes.

A l'extrémité du jardin, en face du labyrinthe, on entretient quatre chameaux, deux mâles et deux femelles. En m'éloignant de la señorita, comme j'allais de ce côté, j'arrivai tout juste au moment où l'une des chamelles mettait bas le premier chameau que je vois venir au monde.

Entre l'Alcazar et la cathédrale, est la *Casa Lonja*, qui n'a rien de remarquable, comme monument, mais où se trouvent les archives des Indes, collection fort précieuse. Je n'ai pas eu le temps de visiter la *Casa*, la distribution de mon voyage ne me permettant que de jeter un coup d'œil sur la *Casa de Pilatos*, palais du duc de Medina-Cœli, bâti, dit-on, au seizième siècle, par don Fabrique de Rivera, sur le modèle de l'habitation de Ponce-Pilate à Jérusalem. Que l'histoire soit vraie ou non, la *Casa de Pilatos* est admirablement ornée. J'allais voir la *Casa de los Taveras* où demeurait doña Estrella dont Sancho le Brave et Sancho Ortiz étaient tous les deux épris et où Don Bustos Tavera, frère d'Estrella, tua l'esclave qui était venu séduire sa sœur. Avec le musée qu'il serait trop long de décrire, je ne connais plus de Séville que la *Torre del Oro*, où Pierre le Cruel enfermait son trésor sous la garde d'un juif. La petite place qui s'étend devant la tour est encombrée de jeunes filles et de mendiants qui chantent des chansons andalouses d'une musique originale ou dansent avec des castagnettes des pas très-gracieux. En somme, j'ai vu Séville, non pas aussi bien que si je l'habitais depuis un mois, mais je l'ai parcourue tout entière, j'ai visité ses principaux monuments, je vous rapporte le plus de choses que je puis sans avoir l'espace nécessaire pour vous dire tout ce que j'ai vu, et j'emporte l'impression que Séville est la ville d'Espagne qui me plaît davantage.

XIX

DE SÉVILLE A CADIX.

XÉRÈS.

Xérès, 11 avril.

A la gare de Séville, en attendant le départ du train, je causais avec le *Chef du mouvement* de la ligne de Cadix, qui est Français; lorsqu'un monsieur que j'avais remarqué depuis un instant s'approcha de moi et me demanda si je n'étais pas M. Teste. « Oui, monsieur. » — « Don Julian Sanchez Ruano, rédacteur de *La Legitimitad.*» En même temps, il me remit un numéro du journal où l'on me souhaitait la bienvenue dans la capitale de l'Andalousie Dans presque toutes les villes où je m'arrête, la presse a l'amabilité d'annoncer mon arrivée, comme si j'étais un personnage. J'allai avec le señor Ruano qui, je crois, a fait partie des Cortès constituantes, jusqu'au village de Dos Hermanas, charmante oasis d'orangers, au milieu d'une plaine sablonneuse, où il me présenta au señor Lamarque, poëte sévillan.

Comme je suis forcé de voyager en courant, je n'eus pas le plaisir de causer longuement avec ces deux lettrés qui venaient chercher des inspirations à la campagne. Je repris mon bâton, ou plutôt je remontai en wagon et poursuivis ma fonction qui consiste à regarder un quart d'heure par la portière de droite, un autre quart d'heure par la portière de gauche, et à noter sur une main de papier avec un crayon rouge, ce que je vois, ce que je sens, puis à vous dire comme le rat de la fable :

Voilà les Apennins et voici le Caucase!

Utrera, qui suit Dos Hermanas, est une assez gentille ville de quinze mille âmes, située dans une vallée fertile. On y a fait dernièrement des plantations d'oliviers. L'olivier se plante par boutures. Il y a deux sortes de boutures. Ou l'on plante ensemble trois petites verges d'olivier ou isolément une grosse branche dépouillée du haut en bas de ses pousses. On n'emploie pas indifféremment l'un ou l'autre mode. Cela dépend du terrain. Si le sol exige la plantation par la branche, on enfonce celle-ci à un pied et demi de profondeur, puis on élève autour d'elle, jusqu'à cinq ou six pouces de la tête, un cône de terre battue, afin de la préserver des rayons solaires. Utrera est le point culminant de la contrée. De là à Cadix, on descend sans interruption.

Un romancier a écrit une histoire populaire, *Diego Corrientes*, sur la station suivante, Venta de las Alcantarillas, où l'on aperçoit les ruines d'un vieux pont romain fortifié par les Arabes. Las Cabezas de San-Juan est sur un coteau pointu; et Lebrija, avec ses forts, son église mauresque et son clocher imitant la Giralda, domine une vallée très-bien cultivée.

Mais la fertilité de ce pays se réduit à quelques cantons complantés de vignes et d'oliviers ou semés de beau blé et de fèves énormes. La plus grande partie du terrain consiste en de vastes plaines dévorées par les palmiers nains, ou en des marais interminables suintant l'eau salée. Le palmier nain ne s'élève pas à plus de vingt ou trente centimètres du sol, en formant une touffe comme la bruyère ou le genévrier, et ses racines, malgré sa petite taille, s'enterrent à un mètre, un mètre et demi et même deux mètres. Il est un des obstacles les plus sérieux que nos colons rencontrent en Afrique. Quant aux marais, il faudrait les dessécher pour que la culture pût seulement y être essayée. Les Arabes y avaient creusé des canaux d'assainissement et ouvert des chemins, ou plutôt ils avaient tracé les travaux à exécuter. Si on réalisait aujourd'hui leur projet, on devrait faire écouler les eaux soit vers le Guadalquivir, soit vers la mer. On assainirait le pays qui est très-malsain et que ravagent les fièvres tierces. Ensuite, on livrerait à la charrue des solitudes immenses dont le fond est riche.

On se trouve en présence d'une troisième difficulté : la population est insuffisante, ainsi que dans toute l'Espagne. Mais, dans cette partie de l'Andalousie, il y a si peu de sécurité que c'est une curiosité de voir une habitation isolée comme il en est des milliers en France. Les brigands l'infestent. Ils se réunissent cinq ou six, y épient un habitant à qui ils savent quelques douros, s'emparent de sa personne et le retiennent prisonnier jusqu'à ce qu'il ait promis une rançon que les voleurs vont toucher avant de relâcher leur proie. Il suffit de quatre ou cinq attentats de cette nature dans un district pour éloigner un laboureur du dessein de s'établir dans la plaine. La gendarmerie espagnole, qui est bien disciplinée et de beaucoup le meilleur corps de l'armée, tant parce qu'elle est recrutée parmi les bons soldats que parce qu'elle ne se mêle pas trop à la politique, la gendarmerie a beau galoper par monts et par vaux, elle ne peut rien ou presque rien pour réprimer les nombreuses attaques qui se commettent contre les individus ou les propriétés. Des bandes de terre plus étendues qu'un arrondissement ne comptent pas un toit, pas un être vivant. Il est facile de s'y cacher et d'échapper aux poursuites. Lancez contre un brigand une couple de gendarmes. Ces gendarmes vont trotter vainement dans le désert. A qui demander un renseignement? Quelle indication les mettra sur la piste du gibier de potence? « Allons-nous dans cette lande? » dira le brigadier. « Brigadier, vous avez raison. » — « Tournons-nous par ce val? » — « Brigadier, vous avez raison. » Pandore obéira, mais le brigand échappera tout à son aise.

Nous allons nous arrêter quelques instants à Xérès, d'où je vous écris à mon retour. Xérès a pris beaucoup d'importance depuis la création du chemin de fer, c'est-à-dire depuis 1858 ou 59. Il a cinquante mille habitants à peu près. La ville est élégante et propre comme toutes les villes du midi de l'Espagne. Si les maisons n'étaient soigneusement badigeonnées et vernies, les insectes les envahiraient et les rendraient inhabitables. Xérès est entouré de vignobles. Les ceps ont déjà des sarments plus longs que le bras, et la floraison ne tardera pas. Les propriétaires ont beaucoup amélioré le vigneronnage. Ils y ont fait des travaux considérables. A l'époque où l'on travaillait à la voie, dans l'espérance que leurs propriétés allaient augmenter de valeur et leur commerce prendre de l'extension, ils remuèrent les environs de fond en comble, et, pour hâter les nouvelles plantations, ils payaient les ouvriers vingt-cinq et trente réaux par jour.

Le terrain est de couleur rouge et or; on le dirait pétri avec du soleil; et il n'est pas surprenant que le vin soit délicieux. Mais, les vignerons de Xérès mélangent à présent leurs produits avec les vins de Séville ou des autres vignobles de la province. On a raison de dire que l'appétit vient en mangeant. Alors qu'ils récoltaient une faible quantité de vin, ils le vendaient naturel et à un prix modéré. Aujourd'hui qu'ils récoltent davantage et qu'ils vendent plus cher, tout le monde buvant du Xérès, ils le coupent avec des vins de qualité inférieure. Au reste, il faut convenir que, tout fabriqué qu'il est, le Xérès n'est pas le premier venu. J'en ai goûté à Madrid, chez un riche négociant, M. Pinilla; c'est de l'ambroisie et je ne suis plus bien sûr d'en avoir bu de véritable à Paris. Toute la récolte est pour l'exportation. Vous savez que les Espagnols boivent très-peu de vin et que l'ivresse est presque inconnue dans la Péninsule. Les gens du peuple, de même que les gens aisés, préfèrent l'eau pure; et si par hasard ils ont le vice alcoolique, ils se grisent avec de l'eau de vie ou l'eau ardente, *agua ardiente*. Pour emmagasiner les vins des *aranzadas* dans les caves ou entrepôts qui sont disposés en compartiments autour de la ville, on a construit un chemin de fer de ceinture qui dessert tous les points et simplifie le factage des pipes et des tonneaux.

La campagne de Xérès, dans la direction de la mer, est pittoresque ; à quelque distance de la ville, on entrevoit déjà les maisons blanches de Cadix à plus de quarante kilomètres de chemin de fer : Puerta de Santa-Maria, près de l'embouchure du Guadalete, fondée, dit la légende, par le Grec Ménesthée échappé du siége de Troie. Près d'elle se développe la plaine où le roi Rodrigue et Tarif le Maure se livrèrent bataille en 714. Et plus loin, le Trocadéro dont le nom se rattache à l'expédition française de 1823. Viennent des forêts de pins maritimes ; des marais salants ; des fossés d'eau croupissante ; des landes affreuses ; des pyramides de sel blanchi par le soleil ; le bras de mer de Santi-Petri que nous franchissons ; le grand arsenal de *la Caraca;* la forteresse de San-Fernando, à l'entrée de l'île de Léon : l'observatoire astronomique du même nom, un des meilleurs de l'Europe ; dans le lointain, Chiclana étagé sur une colline ; le cône de Medina-Sidonia ; le fort de Cortadura. Enfin, la voie s'engage dans la langue de terre qui relie la presqu'île de Cadix à la terre ferme, et, par moments, nous filons sur la chaussée à dix ou quinze mètres de l'Océan.

Le paysage est fort triste sur tout ce parcours et d'une nudité épouvantable. Mais en jetant les yeux devant soi, on jouit d'un spectacle magnifique. Le train semble se précipiter en avant pour se jeter à la mer. Pendant trente kilomètres, Cadix apparaît toujours à l'horizon comme un fantôme vêtu de blanc. L'œil suit les sinuosités et les découpures du continent qui forment autant de baies et de promontoires. Sur la surface de l'eau, on aperçoit le balancement des navires désireux d'atteindre le port. Et, de quelque côté que l'on dirige sa vue, la mer, la mer immense, et de quelque côté que l'on respire, la brise fraîche et âcre.

XX

CADIX.

Cadix, 14 avril.

Me voici au fond de l'Espagne, non loin des colonnes d'Hercule et du détroit de Gibraltar, à Cadix. Cadix est bâti sur une presqu'île en forme de soufflet, baignée de tous côtés par l'Océan et rattachée à la péninsule par l'isthme étranglé de San-Fernando. Sa forme bizarre a décrit cinq ports qui donnent asile à des centaines de bateaux à vapeur, de barques, de goëlettes et quelquefois à des vaisseaux de haut tonnage. Aux cinq ports correspondent cinq portes surmontées des armes de la ville, Hercule domptant deux lions : la Porte de terre, la Porte de mer, les Portes de la Caleta, de San-Carlos et de Séville. Car Cadix est à la fois un port de mer et une place forte. Il est ceint d'une épaisse muraille. Les forts de Santa-Catalina, de San-Sebastian, de la Cortadura et le château de Puntalès croisant leurs feux avec le Trocadéro, qui est situé sur le rivage, le défendent. Ses fortifications sont en assez mauvais état, bien que quelques canons, braqués dans les embrasures, semblent faire croire qu'il est prêt pour le combat.

La ville est bâtie dans ce corset de remparts. Les rues s'allongent dans la longueur ou dans la largeur de la presqu'île. Elles figurent un grillage. Elles sont droites comme des I, monotones et étroites. Les maisons sont hautes, blanches, à balcon et à miradores, élégantes. Il y a peu de monuments. La cathédrale est loin d'être belle; elle est de ce mauvais style qui fleurissait au commencement du dix-huitième siècle. La *Casa consistorial* a cependant un portique de bonnes proportions. Quelques places et promenades plantées de catalpas, de palmiers et d'acacias, la seule végétation de l'îlot : *l'Alameda de Apodaca*, *Plaza de Mina*, *Plaza de la Libertad*.

Je ne sais pas quelles distractions on peut se procurer à Cadix, bien que la cité soit riche et qu'elle compte des capitalistes importants. La beauté des femmes n'égale pas leur renommée. L'air de la mer hâle leur teint et gerce leurs lèvres, ce qui les oblige à faire une consommation exagérée de poudre de riz. Il y a un joli théâtre, d'un extérieur très-gracieux et confortablement distribué. Sur la place de San-Antonio, reste ouvert jour et nuit un casino bien tenu. Il n'est guère de villes en Espagne qui ne possèdent un ou plusieurs casinos où l'on joue la roulette et tous les jeux imaginables. Les Espagnols sont très-joueurs. J'ai vu, à Madrid, dans les tripots, des mendia ts venir jeter sur le tapis les réaux qu'ils avaient extorqués à la pitié des passants. Mais, en dehors de ces plaisirs bien vite épuisés du *rien ne va plus* ou du spectacle de province, la vie doit être fort triste.

Il est des villes qui vous plaisent ou vous déplaisent dès le premier abord, comme il est des hommes dont la vue vous inspire de la sympathie ou de l'antipathie. Eh bien, je ne nie pas que le séjour de Cadix ne se puisse supporter, mais je ne voudrais pas pour 50,000 livres de rente être un des soixante mille Gaditans emprisonnés sur ce ponton.

Si j'avais commis quelque méfait et que l'on m'y reléguât, sans m'autoriser à monter tous les jours sur la *Torre de Vigia*, je crois que j'y mourrais de chagrin. La *Torre de Vigia* s'élève au centre de la ville. De sa terrasse, on distingne, du côté de la terre, Medina-Sidonia sur la montagne, Chiclana, La Carracca, San-Fernando, Puerto Real, la chaîne de San-Cristobal, Santa-Maria, les monts de Ronda, Rota sur son promontoire. Dans toutes les autres directions, l'Océan à l'infini. Je crois bien encore que je dépérirais, malgré la beauté de ce spectacle.

Cadix est l'un des refuges de la démocratie en Espagne. Les basses classes sont révolutionnaires, les pêcheurs trouvant ennuyeux de jeter leurs filets pour approvisionner la table des riches, et les commissionnaires étant fatigués de transporter les ballots du vil propriétaire. Le commerce, la bourgeoisie, la finance sont alphonsins.

Il se publie ici sept journaux politiques : *La Legalidad*, directeur le señor Castro, unioniste ministériel ; *El Diario de Cadiz*, directeur don Garcia Pejo, ministériel ; *La Soberiana nacional*, directeur le señor

Pereiro, républicain; *La Monarquia nacional*, directeur le señor Arcos, carliste; *La Vos de Cadiz*, directeur le señor Regife, conservateur; *La Palma*, directeur don Eduardo Vassalo, et *El Commercio*, directeur don Fernando Garcia de Arboleya, sont alphonsins. *El Commercio* est un journal important. Il est l'un des trois doyens, avec *La Epoca* et *La Esperanza* de Madrid, de la presse espagnole. Don Fernando de Arboleya est le premier journaliste qui ait pris la plume pour défendre la reine Isabelle après sa chute. Je vous envoie un tableau des élections, qu'il a rédigé lui-même. C'est la statistique la plus complète et la mieux faite que j'aie lue jusqu'à présent. Je l'emprunte à l'édition d'outre-mer de cette feuille. Chaque fois qu'un vapeur part pour la Havane et les Antilles, *El Commercio* tire un numéro spécial du format de l'ancien *Courrier du Dimanche* ou plutôt du *Mémorial diplomatique*, dans lequel on insère les documents les plus intéressants et un résumé de la situation politique. Le numéro d'aujourd'hui comprend la traduction de ma lettre sur *Les partis en Espagne* et la liste des députés élus avec leur classification. Le S. de Arboleya constate que, sur trois cent quatre-vingt-deux députés élus dans les trois cent quatre-vingt-onze districts, il y a deux cent dix-neuf députés ralliés au gouvernement, cent quarante-trois membres de la coalition et vingt députés élus sans le concours du ministère ni de l'opposition.

Voici comment il classe les députés non ministériels :

Radicaux. — *Los señores :* Torres Mena, Romero

Giron, Villavicencio, Moncasi, Fuentes, Miranda, Fernandez de las Cuevas, Alvarez Taladriz, Arriola, Becerra par deux districts, Montero Rios, Beranger, Ruiz Zorrilla par deux districts, Martos, Llano y Persi, Rodriguez, Gomez Marin, Montero y Guijarro, Valera, Anglada, Abellan, Damato, Fiol, Quintana, Fábregas, Rivera, Moreno Portela, Higuera, Montesinos, Búrgos, Ulloa (D.-J), Garcia San Miguel, Ruiz Gomez, Olavarrieta, Alvarez, Martinez Bàrcia, Belmar, Rius, Izquierdo, Martos (D. Enrique), Soriano Plasent, Rosell, Ripoll, Molini, Zorrilla (D. Manuel), Gonzalez Zorrilla à Rozas.

Quarante-huit députés et deux élections doubles. Total cinquante.

RÉPUBLICAINS. — *Los señores :* Orense, Sanchez Yago, Castelar par trois districts, Blanc, Garcia, Lopez, Aguiló, Galiana, Estébanez, Salmeron par deux districts, Lapizburú, Somolinos, Pascual, Villalonga, Valera, Ladico, Figueras, Boet par deux districts, Pi y Margall, Soler (D. J. P.). Soler (D. S.), Marti y Torres, Puigjané, Pita, Garcia, Gutierrez Agüera, Moreno Rodriguez, Moreno, Alegre, Chao, Aniano Gomez, Cagigas, Villamil, Abarzuza, Sorni, Guerrero, Muro, Gil Verges, Lozano (D. Patricio).

Quarante-quatre députés et quatre élections doubles. Total quarante-huit.

CARLISTES. — *Los señores :* Rodriguez, Unceta, Rezustas, Solis, Pedrosa, Echevarria, Nocedal (Don Candido), Cruz Ochoa, Sanz y Lopez, Ortis de Zárate, Varona, Albarellos, La Hoz, Villalobos, Espejo,

Gonzalez, Pimentel, Miranda, Antuñano, Vildósola, Gomez.

Trente-sept députés.

Conservateurs. — *Los señores:* Mantilla, Ardanaz, Canovas, Canovas (D. Emilio), Estrada, Morcillo, Toro y Moya, Cadenas, Piñero, Salaverria, Carballo, Marquis de Villaméjor, Bugallal, Marquis de Campo-Sagrado, comte de Toreno, Estéban Collantes, Zabalburu, Iranzo, Vega de Armijo par deux districts, Elduayen, Oca y Gil, comte de Villanueva, Gonzalez.

Vingt-sept députés et une élection double. Total, vingt-huit.

Le señor de Arboleya remarque que cent soixante-trois députés n'appartiennent pas à la majorité ministérielle et que sur les deux cent dix-neuf qui la composent, quatre-vingt-quatre sont partisans du señor Sagasta et cent trente-cinq sont unionistes ou *fronterizos*. J'ai cru bon de noter ces noms et ces chiffres, parce qu'on pourra y retrouver plus tard des indications utiles.

Je crois aussi qu'il n'est pas sans intérêt de vous signaler une gravure de *La Carcajada*, journal de caricatures qui paraît à Barcelone et que j'ai acheté à Cadix. Pour être sous une forme bouffonne, la vérité n'en est pas moins affligeante. *La Carcajada*, dans son numéro du 12 avril, offre à ses lecteurs un quadruple dessin colorié. Le premier: *Sufragio universal*, représente le señor Sagasta faisant des tours de prestidigitation avec des urnes électorales et des bulletins de vote. Le second : *Derechos individuales*, des bandits et des pétroleurs armés de casse-tête et envahissant l'Ayuntamiento. Le troisième: *Prosperidad naçional*, l'Espagne secouant son coffre-fort dans lequel se promène une araignée, elle-même épuisée. Le quatrième: *Seguridad personal*, le train de l'Andalousie dévalisé à Val de Peñas. Cela résume assez bien la situation du royaume.

XXI

VALENCE.

Valence, 16 avril.

Un jour, en revenant d'une excursion botanique dans l'Oberland, je faisais alors de la botanique, qui est-ce qui n'a pas fait de la botanique? et rentrant par la Savoie, je m'arrêtai à Aix-les-Bains, où j'eus la fantaisie de me faire masser. Après les préliminaires habituels, la piscine, l'arrosoir, le jet chaud et le jet froid, deux masseurs me pétrirent le corps, de la cheville des pieds à la salière des épaules, si bien qu'ils me réduisirent à un état pitoyable.

Je ne me suis pas fait masser à Valence, mais je n'en vaux guère mieux. J'arrive de Cadix. Trente heures de chemin de fer par les chaleurs accablantes de l'Andalousie, les vapeurs glacées de la Sierra Morena, l'air vif de la Manche! Si vous pensez que je suis dispos après un pareil trajet, vous avez une foi robuste dans la souplesse de mes reins. Soixante-dix fois sept fois, j'ai transporté mon centre de gravité de la hanche droite à la hanche gauche; on a contrôlé dix-sept fois mon billet; et j'ai mangé une telle quantité d'oranges de Séville et de Palma, qu'il ne serait pas surprenant que demain je m'éveillasse sous la forme d'un oranger ombrageant de mon feuillage un essaim d'Andalouses.

A Alcazar de San-Juan, on quitte la ligne de Cadix à Madrid pour prendre la ligne d'Alicante. Alcazar a été le chef-lieu de l'ordre de chevalerie de Saint-Jean, et avant qu'il n'eût cet honneur insigne, il fut habité successivement par les Celtibères, les Romains et les Arabes. Singulière destinée que celle de l'Espagne ! toujours gouvernée par l'étranger.

N'étant pas Espagnol, ce souvenir ne m'affecta pas outre mesure, et je ris de bon cœur lorsque ma voisine, — une Anglaise qui porte sur son chapeau un petit cochon de mer empaillé, il n'y a que les Anglaises pour inventer les modes gracieuses, — lorsque ma voisine me rappela que tout près d'Alcazar, à Toboso, naquit la Dulcinée de Don Quichotte. Toboso est plus haut, en pleine Manche, dans un pays affreusement desséché où je m'étonne qu'il puisse naître des femmes.

La campagne d'Alcazar est cultivée en partie. Il y a des moulins à Campo de Criptana, des fièvres à Zancara, des chênes verts et des blés à Socuellamos, des bois de chênes et d'yeuses à Villarobledo, du blanc d'Espagne à Minaya, des chantiers de sapins de Cuenca à La Roda et de l'orge à la Gineta. Mais la contrée est loin d'être belle. Un vieux lieutenant d'infanterie qui a l'air d'un excellent homme, — il est en face de l'Anglaise empanachée du petit cochon, — me fait admirer chaque pierre, chaque lande. Sa figure est si bonne que je me garde de le contrarier, et m'eût-il montré un crapaud, je lui aurais imperturbablement répondu : *muy bonito.*

Arrivés à Albacete, une bande de marchands grimpent sur les marchepieds du wagon et nous offrent à bon marché, c'est toujours bon marché pour celui qui vend, des couteaux de toute dimension, qui ne sont pas précisément des lames de Tolède, et qui se fabriquent dans cette ville. Chinchilla ! à peine découvrons-nous la ville qui est bâtie sur une hauteur, et je suis obligé de croire sur parole le lieutenant qui m'affirme qu'une partie des habitations sont creusées dans le tuf. El Villar est le dernier village entouré d'un peu de culture et de chênes verts. A sa sortie, le sol est d'une aridité incomparable, et sur les mamelons rocheux la bruyère ne trouve même pas de quoi se nourrir. C'est la Manche dans toute sa tristesse. Alpera et Almansa sont bâties dans cette solitude.

Nous laissons nos compagnons de voyage à destination d'Alicante changer de train à la Encina où la végétation prend quelque activité, et nous poursuivons notre route vers Valence, en nous engageant dans les montagnes peu poétiques de Mariaga et de Santa-Barbara percées d'un long tunnel.

Le royaume de Valence s'étend à leurs pieds. Successivement on défile devant la ville arabe de Mogente, les ruines du château de Montesa, berceau de l'un des quatre grands ordres de chevalerie de l'Espagne ; la *Piedra encantada*, roche conique énorme que l'on met en mouvement d'une secousse ; les bancs calcaires de Alcudia de Crispins ; Jativa la mauresque et ses murailles étagées sur le roc; Manuel; Carcagente; la place forte d'Alcira entourée par le Jucar; Algemesi; Benifayo; Silla qui mène au lac d'Albuféra, majorat du duc plébiscitaire de ce nom; Catarroja et Alfafar.

Cette campagne s'appelle la Huerta de Valence, *hortus*, jardin. Elle est arrosée par les torrents de la Montesa, de Carraixet, de l'Albaïda et une multitude de ruisseaux qui descendent de la montagne. Le sol y est admirablement fertile, le climat très-chaud. Elle présente le plus curieux mélange de cultures qui se puisse rencontrer. Les chênes verts, les oliviers, les pêchers, les poiriers, les pommiers y croissent pêle-mêle avec les orangers, les citronniers, les grenadiers, les mûriers, les nopals, les palmiers, les aloès et les figuiers. La canne à sucre y pousse à côté du roseau, des pommes de terre, du blé, du maïs, des fèves, des rizières et des vignes.

Dans cette saison, tous les arbres sont en fruits ou en fleurs et les récoltes sont avancées. La voie passe au milieu de cette forêt toute jaune d'oranges et embaumée par les fleurs. Le terrain y est si précieux qu'on le cultive jusqu'aux rails. Il ne faut pas s'aviser de passer la tête à travers la portière, si l'on ne veut pas être giflé par les branches des mûriers qne l'on commence à dépouiller de leurs feuilles ou par les fusées rouges des grenadiers.

Le sol tirant sa fécondité de l'arrosage qui donne deux ou trois récoltes par an, on a adopté un système d'irrigation ingénieux qui fait de la Huerta un paradis terrestre où règne un printemps éternel. Chaque carré de terre est entouré d'un petit rebord en gazon et retient l'eau que l'on y amène au moyen de barrages qui réunissent les filets d'eau de la contrée et permettent de la distribuer à volonté sur tous les points. Lorsqu'on veut labourer l'un de ces carrés, on l'inonde d'abord, puis quand il est détrempé par l'eau, on y passe une araire traînée par un cheval, on égratigne la première couche, on jette la semence, et les graines poussent en perçant cette coquille aqueuse. On étanche les terres de la même façon qu'on les arrose, à l'aide de petits canaux qui ramènent dans les réservoirs ou les torrents l'excédant d'arrosage.

Vous pensez si les primeurs abondent sous ce climat. Il y a plusieurs semaines déjà que j'ai mangé à Madrid des fraises de Valence. Ici, il y en a en quantité et d'excellentes. Il en est de même des asperges, des petits pois, des pommes de terre, des artichauts et des légumes qui, en France, n'arriveront à maturité que dans un mois. Le gibier y est aussi en abondance. On le trouve, il est vrai, dans toute l'Espagne. De Burgos à Cadix, je ne crois pas avoir dîné une seule fois sans perdrix rouges ni cailles. Par malheur, l'art culinaire y est si arriéré que l'on fait cuire au four ces perdreaux et ces caillettes, au lieu de les faire rôtir à la broche, devant un feu bien clair, en les arrosant sans cesse d'un beurre de la veille. Le vin y est capiteux et les vignerons ont la mauvaise habitude de l'enfermer dans des peaux goudronnées où il prend un mauvais goût. Mais les deux récoltes principales sont le blé et la soie. Le blé est sur le point de la floraison, quoique moins avancé qu'à Séville, et l'on commence l'élevage des vers à soie.

La soie fabriquée à Valence n'a pas la renommée des étoffes de Lyon. Néanmoins, elle donne des tissus de belle qualité, et j'ai vu ici, dans des magasins, de belles pièces de soie.

Il est incontestable que la Huerta est la partie la mieux cultivée de l'Espagne. Cependant, de vastes étendues sont encore en jachère. Le fond est riche. Il ne manque que des bras pour le mettre en valeur. L'Espagne est essentiellement agricole. L'industrie n'y prendra jamais pied à raison du climat. Mais, pour fertiliser ce sol, il faudrait une population nombreuse, double au moins de la population actuelle. Si l'on parvenait à le peupler, outre le résultat que l'on obtiendrait au point de vue de sa richesse, je crois qu'on éteindrait en partie les guerres civiles qui le désolent. Les provinces sont à peine reliées entre elles et sont ennemies parce qu'elles sont séparées par de trop grandes distances. Rapprochez-les, vous mélangez ces populations d'origines si diverses et vous calmez ces vieilles rivalités. La découverte de l'Amérique a été, selon moi, plus fatale qu'utile à l'Espagne, en donnant une direction lointaine à l'émigration. Il y avait dans la péninsule de quoi tenter les plus avides, et si les colons étaient venus s'y implanter au lieu de passer l'Atlantique, l'Espagne serait une puissante et riche nation. Si j'étais appelé à dlriger ce pays, tous mes soins tendraient à le peupler. J'accorderais des concessions de terrain aux familles, à mesure qu'elles s'accroîtraient et, comme au Val d'Andorre, j'exclurais les célibataires des fonctions publiques, Je sais bien que l'on pourrait me dire, ainsi qu'au chancelier

Poyet, *Patere legem quam fecisti*, mais je tâcherais bien de sortir vite de l'application de la loi.

A la gare de Valence, je montais dans une *tartane*, espèce de tombereau couvert, suspendu sur deux roues, et qui sert ici d'équipage. Le cocher s'assied sur le timon, à côté du cheval, et il n'a qu'à se bien tenir si l'animal est vicieux. Les dames ne sortent guère qu'en *tartane*. Elles sont fort jolies, les dames. Elles ont la réputation de posséder les plus petits pieds d'Europe ; leur réputation n'est pas usurpée, et je ne m'étonne plus qu'elles fassent des chutes si fréquentes. Leurs yeux et leur teint sont moins beaux que ceux des Castillanes et des Andalouses ; mais leur figure est plus mobile. Les ailes de leur nez sont plus sensibles et leurs traits sont busqués et plus fins. Elles ont du sang maure dans les veines, quelques lignes de leur visage rappellent le type arabe.

Valence ressemble un peu à Madrid. Les maisons y sont peintes, mais avec moins de goût qu'à Séville et à Cadix. Je lui préfère la première et je la préfère à la seconde. Au moins, ses rues ne sont pas démesurément longues. Dans les villes comme dans la vie, j'aime l'imprévu. On finit, à la vérité, par arriver à la dernière porte. Mais on y arrive sans s'en douter. Il n'est pas bon pour l'homme de voir tout droit devant lui. Aux fenêtres, sont suspendues des nattes de palmiers ou des rideaux de lin qui abritent du soleil et donnent aux rues un caractère original et un peu mauresque. Sa population me paraît assez misérable. Les carrefours sont jonchés de mendiants nu-pieds, la couverture multicolore jetée sur l'épaule, des femmes chargées d'enfants et cependant peignées avec élégance, les cheveux noués en rosace sur les oreilles, et deux épingles en aluminium à tête de verre s'entrecroisant dans le chignon. Toute cette population mendiante est républicaine, bien entendu, de même que les paysans de la Huerta sont carlistes.

Il y a quelques jolies promenades, la *Glorieta*, le Jardin de la Reine, le Jardin botanique, l'*Alameda*, les quais du Guadalviar, sur lequel sont jetés cinq beaux ponts en pierre qui pour le moment ne servent pas beaucoup, la rivière étant à peu près à sec. Ce qu'il y a de plus intéressant, ce sont les monuments assez nombreux. La *Casa lonja*, aujourd'hui marché aux soies, est ornée de colonnes torses qui ressemblent à des bâtons d'aubépins dans lesquels une liane flexible et nerveuse de chèvrefeuille se serait imprimée. La cathédrale, bizarre monument, démoli et reconstruit par les Romains, les Goths, les Arabes, puis restauré par le Cid et par don Jaime, n'offre de remarquable que sa grande tour de *Micalet*, de la plate-forme de laquelle on a une vue admirable sur Valence, la Huerta et la Méditerranée qui est au Grao à cinq kilomètres. C'est un des plus beaux spectacles qui se puissent voir. L'intérieur de la cathédrale est orné dans le goût espagnol et ne me plaît pas du tout. Parmi les nombreuses églises de Valence, je vous citerai *Santa-Catalina*, à cause de sa tour, moins élevée que le *Micalet*, mais plus élégante; *San-Esteban* et *San-Bartholomé*. Je n'en ai pas visité d'autres. L'*Audiencia* est un monument assez imposant du seizième siècle, qui renferme quelques belles salles. La *Lonja de la Seda*, jadis habitée par Chimène, est transformée aujourd'hui en Bourse des marchands. La salle de la Bourse est la plus belle partie de ce palais fort maltraité par le temps et les révolutions. Elle offre un fouillis de sculptures d'ordre gothique. La galerie de créneaux couronnés qui règne au-dessus de la porte et sur la façade est également digne d'attention. La *douane* est ornée d'un bel escalier, et le grand salon de la *Casa de la Ciudad* mérite d'être vu à cause de son plafond resplendissant de dorures et de peintures. La *Puerta de San-Vicente*, la *Puerta de Serranos*, la *Puerta de Cuarte* et la *Puerta del Mar*, flanquées de hautes tours, ont un aspect très-pittoresque, et la *Plaza de los toros*, toute neuve, est une des plus belles d'Espagne.

Il y a dans Valence une foule d'hôtels et de vestiges d'anciens monuments que j'ai vus, mais l'espace me manque pour vous les décrire. Il y avait aussi un grand nombre de couvents intéressants à visiter, que l'on a détruits en partie à la révolution de 1868. Mes fenêtres ont vue précisément sur l'emplacement de l'un de ces édifices qui possédait une chapelle remarquable.

Le comte de Nieulant, chez qui je suis descendu, a eu l'obligeance de m'introduire dans deux établissements dont je veux vous parler: l'hôpital et une école d'enfants pauvres. L'hôpital n'a aucune apparence extérieure, mais c'est un des mieux tenus que je connaisse. Il est parfaitement aéré. Des jardins d'orangers apportent leurs parfums jusque dans ces salles où la misère et la souffrance sont venues chercher une défense contre la mort. Les dortoirs sont des salons de palais où le marbre et les chapiteaux dorés égayent le regard. Les lits sont d'une propreté et d'un confortable qui ne laissent rien à désirer. Les religieuses et les garde-malades sont presque aussi nombreuses que les lits. La cuisine est excellente et propre; je l'ai visitée en détail. Comme nous traversions une salle de femmes, une grande jeune fille poitrinaire se mourait. Ses traits avaient une régularité que l'agonie ne contractait pas. Elle s'éteignait, des roses à la main. Cinq ou six internes l'entouraient fort tristes. Je m'arrêtai un instant devant la morte qui partait pour le grand voyage sans parents pour lui serrer la main, et je pensais que peut-être un roman venait de finir sa dernière page.

L'école des pauvres est un établissement que je puis citer comme modèle. Il est dirigé par des religieuses. La supérieure, femme distinguée, me l'a fait visiter depuis son oratoire jusqu'au réfectoire. Point de luxe, mais des constructions commodes et même élégantes. On y recueille sept cents enfants pauvres. On leur apprend à lire, à écrire et à compter. On leur donne à déjeuner et à dîner. On les couche même s'ils n'ont pas d'asile. Ces bonnes sœurs en ont un soin infini et ces petits êtres, de trois à sept ans, paraissent les aimer beaucoup. J'ai goûté à la cuisine la nourriture qu'on leur sert. Je vous assure qu'elle est aussi bonne que celle de la table des maisons bourgeoises.

J'avais bien d'autres choses à voir à Valence, et j'avais bien des personnes à visiter. J'avais entre autres à faire une visite au marquis de San-José, visite que je serais impardonnable de n'avoir pas faite si je n'étais réellement bousculé par le temps qui se précipite et m'oblige à terminer promptement mon voyage. Je devais être présenté au cercle conservateur ou alphonsin où j'étais annoncé. Même motif. J'aurais été bien aise cependant de causer un peu politique avec la société valencienne qui, je vous prie de le croire, n'est pas amédéiste. Je puis même, à ce sujet, vous donner une primeur. Les dames de Valence vont inaugurer prochainement l'*éventail-Alphonse*. L'*éventail-Alphonse* est en soie; il représente le prince en costume royal, la main posée sur la Constitution de 1845. On m'en a montré quelques-uns qui ne sont pas encore montés. A Madrid, les dames ont déjà protesté par la *peiñeta*, coiffure nationale, et par la fleur de lis que n'ont pas les renards de Savoie.

Au moment où je fermais ma lettre, M. le marquis de Mirasol, que je n'ai pas l'honneur de connaître et qui a appris, je ne sais comment, mon arrivée à Valence, m'envoie deux brochures : *Liga de proprietarios de Valencia y su provincia* et *Reglamento de la liga*. Je n'ai pas le temps de les lire aujourd'hui, puisque je pars dans une heure : je ne puis non plus me présenter chez le marquis. Je lui enverrai mes excuses.

XXII

DE VALENCE A BARCELONE. BARCELONE.

Barcelone, 18 avril.

L'ensemble du paysage de Valence à Barcelone est formé par une vallée que limitent des montagnes basses et qui se baigne dans la Méditerranée. La vallée est très-belle, presque aussi fertile que la Huerta et aussi bien cultivée. Elle est semée de collines et de monticules qui varient les sites. Le Turia, le Palencia, le Bechi, l'Ebre, le Servol, la Cenia, le Francoli, le Noya, le Llobregat, le canal de la Infanta la sillonnent de leurs eaux. Le climat n'est plus aussi chaud qu'en Andalousie, mais les récoltes y sont précoces à raison de l'exposition du pays, et la culture en vigne et en blé a bonne apparence. La voie passe à travers le vallon, en suivant la Méditerranée dont elle se rapproche parfois jusqu'à cinq ou six pieds.

Quelques jolies villes et de nombreux villages donnent à ce littoral une physionomie vivante que n'ont pas en général les provinces espagnoles. Murviedro aux rues noires; Almenara dont les ruines sont éparses dans un fouillis de caroubiers; Nules, flanquée de tours; Villareal et son clocher octogone; Castellon qui, dit-on, possède de belles toiles de Ribeyra; Benicasim au fond d'une baie; le fortin de Benicarlo; Tortosa et sa citadelle de San-Juan; Cambrils à la tour carrée adossée à l'église; Salou sur une pointe de terre minée par les flots; Tarragone bâtie en amphithéâtre; Vendrell dominée par une tour à trois étages; Arbos à l'entrée du jardin du Panadès; San-Martin de Sarroca dont l'église, en roman-byzantin, date du onzième siècle; Villafranca près du Montserrat qui possède une chapelle creusée dans le roc et dissimulée par une cascade jaillissant au-dessus du portique; Martorell; Papiol; Molins del Rey dont les environs sont extrêmement fertiles; Cornella, à l'église du douzième siècle, sont les principaux centres de population que l'on rencontre sur la ligne.

J'ai vu trop superficiellement cette contrée pour me rendre compte de son état de prospérité, et je n'oserais me prononcer à ce sujet. Mais, à en juger par la propreté des habitations et par les soins que les habitants apportent à la culture, je les crois dans l'aisance. Du côté de Valence, les maisons sont blanches comme un linge et couvertes d'un toit en chaume à la Mansart, avec une croix en bois au faîte. Vers Tarragone et dans la direction de Barcelone, elles sont en pierres, abritées en tuiles. Ce qui, d'ailleurs, me fait croire à la richesse, relative du moins, de ce pays, c'est qu les Romains s'y étaient implantés de bonne heure et s'y étaient maintenus avec une persistance inouïe, Rome avait le génie de la colonisation à un degré aussi éminent que de nos jours l'Angleterre. Sur la côte ibérique, elle trouvait entre ces deux points 400 kilomètres de terre végétale sous un ciel favorable, avec cet avantage inappréciable à une époque où les communications étaient difficiles, qu'elle pouvait accéder par mer à toutes ses colonies sans perte notable de temps. Mais les Romains avaient un don que les Anglais n'ont pas reçu de la nature. Ils ne se bornaient pas à ouvrir des routes, à dessécher des marais, à canaliser les eaux, à fonder des villes. Partout où ils passaient, ils laissaient des traces de leur génie artistique. Et de Valence à Barcelone, c'est un interminable musée archéologique avec lequel on pourrait recomposer l'histoire de l'occupation romaine dans le royaume de Valence et la Catalogne. On voit encore à Sagonte, sur l'emplacement de laquelle s'élève Murviedro, trois arcs qui se trouvent aux portes de la ville; le *Castillo;* le théâtre d'ordre toscan, tout construit en petites pierres bleues; des tronçons du cirque; les défenses de Chilches; la tour toscane, *Torre de las Campanas* de Castellore; Peniscola, l'ancienne Acra-Leuke d'Almicar, sur les autels de laquelle Annibal jura une haine éternelle aux Romains; l'aqueduc de Tarragone qui présente deux lignes d'arcades superposées; la tour du palais d'Auguste; les salles souterraines du Forum et les mille débris que les fouilles mettent à découvert dans cette Tarragone dont les Scipion, Octave et Adrien avaient fait leur résidence; le *Portal de Bazza* ou arc de triomphe; le bourg romain de Noela; le château de Gélida; le *Pont du Diable*, avec un arc élevé à Amilcar, pont décrivant une ogive immense;

le pont du Lladoner, et cent autres constructions moins importantes exigeraient un voyage à pied qui permettrait d'examiner de près toutes ces splendeurs d'une civilisation disparue et de dessiner leur croquis.

Le moyen âge et les temps modernes y ont laissé également la marque de leur passage. Le duc de Calabre y a bâti le vaste monastère de San-Miguel de los Reyes. Les fondements de Villaréal ont été jetés par don Jaime d'Aragon. Les rois d'Aragon y avaient un palais aujourd'hui ruiné. Les Goths, les Celtes et les Maures ont posé leur sceau effacé par les siècles. On y retrouve même, entre autres à Tarragone, des constructions cyclopéennes. La route est marquée par des monuments en ruines, par des tas de pierres détachées de palais ou de forteresses, et l'on voit, encastrés dans les chaumières des paysans, des corniches sculptées ou des fragments de colonnes antiques.

Tout cela a un très-grand air au milieu de cette vallée verdoyante, de ces petites chaînes de montagnes et sur le bord de cette mer verte et limpide qui découpe dans le rivage ses golfes, ses baies et ses promontoires semblables à la dentelle que fabriquent les femmes de San Felice de Llobrégat.

Vers Vendrell, on s'éloigne un peu de la Méditerranée, pour aller rejoindre Martorell, qui est dans les terres, et l'on s'en rapproche en avant de Barcelone, assise dans une plaine qu'entoure un massif de montagnes et qu'échancre la baie disposée en port. Une jolie campagne peuplée de villas élégantes, d'arbres fruitiers, de jardins fleuris, de hauts fourneaux, de manufactures magnifiques, de faubourgs nombreux,

San Gervasio, la Bordeta, Esplugas, San-Just, Sans entourent Barcelone.

A Barcelone, on n'est plus en Espagne, on est à Marseille. Le port abrite des centaines de bateaux de toutes les nations, qui attendent patiemment que leur charge soit complète pour déployer leurs voiles et gagner l'horizon. Des milliers de matelots et de commissionnaires remuent les ballots sur le quai. Les Catalans aux bas blancs, à la culotte courte de velours noir, à la veste étroite, au grand bonnet violet qui ressemble à une mitre d'évêque sur laquelle on aurait donné un coup de poing, vont et viennent, conduisant leurs chevaux et leurs mules. La ville est vaste, bien percée, bâtie de hautes maisons. Les rues sont spacieuses, les boulevards plantés de beaux arbres, les places superbes. L'animation s'étend d'un quartier à l'autre. Les habitants sont actifs. La vie commerciale et industrielle anime en un mot les deux cent mille Barcelonais qui vivent du trafic maritime. Mais hélas! ce n'est plus là une cité espagnole calme, originale, aux maisons frustes, à l'air antique. C'est un petit Marseille. Je suis même logé sur la Cannebière, à la Rambla, et j'entends hâbler l'espagnol aussi correctement que les locataires de la rue du Paradis ou de la rue de Belzunce parlent le français. Les opinions politiques sont un nouveau trait de ressemblance. Dans les grandes villes espagnoles, Séville, Cadix, Valence, les masses sont républicaines et les classes moyennes ou aristocratiques sont de préférence alphonsines. A Barcelone, les commerçants et les industriels sont progressistes, tout comme les négociants marseillais sont partisans de cette joyeuse plaisanterie qu'on appelle l'essai loyal de la République. Enfin! on ne saurait empêcher les gens de mettre les doigts au feu, si cela leur fait plaisir.

Cependant, il n'y a pas à Barcelone que des rues magnifiquement modernes, des fontaines élégantes, des magasins parisiens, le *Jardin del General*, le *Paseo de San-Juan*, le *Paseo de Gracia* et autres promenades. Il y a quelques monuments très-dignes d'intérêt. La cathédrale qui a plus de mille ans d'existence, puisqu'elle a été restaurée, je crois, par Raymond Bérenger, vers le onzième siècle, est une église gothique dont la façade est inachevée et qui se fait remarquer extérieurement par ses deux tours et son perron plus élevé que la façade elle-même. L'intérieur est noirci comme par du noir de fumée. Les voûtes sont d'une élévation presque égale à celle de la cathédrale de Séville. Des piliers à facettes les supportent. L'ensemble du sanctuaire est majestueux. Le maître-autel, le *Coro*, les sculptures, l'abside, la crypte de Sainte-Eulalie, les vitraux sont d'une réelle beauté. Le cloître attenant à la cathédrale offre aussi des sculptures remarquables. *Santa Maria del Mar* se distingue par un portail gothique d'un beau style. Le *Real Palacio*, dont les murs sont barbouillés de fresques représentant des pilastres, est un palais gothique assez vulgaire. La *Casa de la Diputacion* dont la façade principale n'a rien de remarquable, renferme des salles et des plafonds richement décorés. La *Casa consistorial*, la *Casa longa*, la *Casa aduana* sont modernes et assez élégantes.

La vieille ville conserve encore un aspect particulier,

et il se trouve çà et là des débris de constructions romaines, de vieux hôtels seigneuriaux, des tours, des colonnes, des sculptures maçonnées dans des constructions récentes, sans parler des autres édifices que je n'ai pas même cités et que je n'ai vus qu'à la hâte ; mais il pleut et il fait froid. Mon ami, le señor Toda, voulait bien me faire visiter, dans sa voiture, toutes ces curiosités afin que j'emportasse de Barcelone, la ville moderne la plus belle, la plus active et la plus riche de l'Espagne, un bon souvenir et un aperçu complet. C'est bien assez de se fatiguer sans exposer au mauvais temps un ami, un cocher et un cheval.

XXIII

DE BARCELONE A SARAGOSSE.

Saragosse, 19 avril.

Je ne m'imaginais pas, je l'avoue, que dans aucun district de l'Espagne, à part la ville de Barcelone, on rencontrât une aussi grande abondance d'usines et une population aussi industrieuse que celles qui se succèdent sur la ligne de Saragosse. Non-seulement les environs de la capitale de la Catalogne sont d'une fertilité admirable, cultivés avec intelligence, en vignes, en céréales et en chanvre, d'un aspect varié à cause des accidents de terrain, et d'une nature pittoresque, mais l'industrie y est en pleine activité sur un territoire assez étendu. Sabadell et Tarrasa se peuvent comparer aux petites villes manufacturières les plus prospères de notre pays. Leurs draps et leurs étoffes de coton ont une certaine renommée, même au delà des Pyrénées. Des centaines de hautes cheminées de fabrique percent de toutes parts, au milieu des forêts de pins, dans les gorges sauvages et irrégulières qui suivent les sinuosités du Llorte, du Llobrégat et du Cardoner dont les eaux ressemblent à s'y méprendre à un potage bisque d'écrevisses. Mais tous les angles de terrain qui ne sont pas pris par les cours d'eau, les sapins ou les précipices, sont labourés et ensemencés avec soin. Les roches dentelées du Montserrat forment le fond de ce paysage intéressant.

Le Montserrat ne tarde pas à devenir le paysage lui-même. On s'en rapproche, en effet, à Olesa, à travers un nombre prodigieux de tranchées pratiquées dans la roche vive, de tunnels, de remblais de terre rouge, de ponts et de viaducs; et l'on aperçoit bientôt, au pied de la chaîne de Casa Llimona, dont les forêts ont une teinte sombre, les Baños de la Puda excellents pour les affections cutanées et pour les jeunes filles délicates. Comme aux eaux d'Uriage, elles viennent chercher dans ces sources nitrogénées sulfureuses à la vertu fortifiante, le viatique qui leur donne la force de supporter le sacrement du mariage. Vers San-Guim, on distingue parfaitement le monastère bâti sur ce roc gris, déchiqueté, ainsi qu'un squelette par les corbeaux, et on ne perd de vue le groupe dont il fait partie qu'après Monistrol et San-Vicente de Castallet qui animent, avec plusieurs autres villages, la suite du panorama.

A Manrésa, qui mérite une mention particulière, je fus témoin d'une petite scène de la vie électorale. Le député de Manrésa, Don Eduardo Reig, ministériel, partait pour Madrid où les Cortès doivent se réunir au commencement de la semaine prochaine. Une vingtaine d'électeurs influents lui faisaient la conduite. Il y avait le juge de paix, l'alcade et ses aides, l'huissier, quatre conseillers municipaux progressistes, le barbier de la *Plaza mayor*, le tailleur du señor, son cafetier et son cordonnier. Dans mes moments de loisir, je m'exerce à déchiffrer la profession des passants en étudiant les lignes de leur visage. Je suis d'une assez jolie force, par exemple, sur les bottiers. Je reconnais un bottier n'importe où. J'ai donc reconnu du premier coup le bottier du señor Reig, puis son barbier, puis les autres. Les adieux ont été touchants. Le juge avait un air paterne qui m'a ému. Le barbier, le barbier surtout, a été superbe. Sa tête en boule s'est illuminée de deux yeux petillants d'orgueil lorsque le député lui a donné une poignée de main. Il a passé le train en revue pour s'assurer que chacun avait bien vu le barbier, le député et la poignée de main.

Une fois le señor Reig en wagon et le barbier content, vous comprenez que nous étions tous satisfaits et que le train n'avait plus qu'à reprendre sa course. Mais une averse était survenue, la pluie battait en biais les voitures et inondait la voie. La locomotive se mit à patiner et pendant une demi-heure, pour gravir les rampes très-raides qui précèdent Rajadell et la sierra de Calaf, point culminant de la Catalogne, notre vitesse fut à peu près équivalente à celle d'un boulevardier flânant les mains dans ses poches. De gros nuages noirs nous enveloppaient. On se serait cru en pleine nuit. Puis, une éclaircie se fit. Nous commençâmes à pouvoir compter les innombrables crevasses qui écorchent le bassin du Sègre. Le château maure de Santa-Fé se détachait à droite, Cervera et l'Université de Philippe V apparaissaient distinctement; la tour de

Grañena et son rocher en dent de scie semblaient vouloir crever les nuées; le soleil resplendissait de nouveau. Seulement, l'air s'était sensiblement refroidi, les estomacs s'étaient creusés sous l'action de cet abaissement de la température et à la vue de ce pays pierreux et raviné. Pour ma part, je ne prêtai qu'une médiocre attention au célèbre couvent de Bellpuig; et Lérida dont les remparts se montraient au loin, était bien longue à atteindre.

Je dînai mal à Lérida où je m'arrêtai. Sûrement, lorsque le prince de Condé ouvrit la tranchée devant cette place au son des violons, la cuisine des assiégés témoignait d'une civilisation aussi avancée que celle qui y fleurit aujourd'hui. Comment se peut-il qu'un animal à deux pieds sans plumes ne sache pas tirer un meilleur parti du laitage, des légumes, de la viande et des autres ingrédients culinaires? Le vin était à l'avenant. Aussi, j'allai prendre dans ma valise une bouteille de vieux Xérès dont m'avait fait cadeau, à Xérès même, un Anglais établi dans cette ville,—une partie de sa population est anglaise, — et je me rabattis sur ce liquide. Après quoi, je contemplai la forteresse que trois fois nous avons assiégée sous les ordres de Condé, du duc d'Orléans et de Suchet. Elle s'élève sur un rocher qui, d'un côté, est à pic et domine les vastes plaines de l'Urgel limitées par la sierra de Pradès, et, à l'extrême horizon, par le Monsech, la neigeuse Maladetta et les Pyrénées. Les murailles sont très-délabrées. La vieille cathédrale qui est assise, sur le plateau, près du château, n'offre plus que les restes de son architecture byzantine-gothique mélangée d'arabe. Les rues étroites, malpropres et pauvres sont tracées au bas, sur les bords du Sègre.

Au delà d'Almacellas, qui, je crois, est à une quinzaine de kilomètres de Lérida, le rio Clamor sert de limite entre la Catalogne et l'Aragon. Il s'en faut, à partir de ce point, que le sol, qui cependant est riche en grande partie, soit aussi bien cultivé. Entre les ravins qui reparaissent çà et là, des plaines grises, plantées d'oliviers pâles, si pâles qu'ils semblent phthisiques, attendent encore la charrue. De pauvres diables de paysans, pliés dans leurs couvertures, errent pieds nus, le nez au vent. Ils n'ont pas les qualités laborieuses du Catalan ou du Valencien. Ils ne cherchent pas à améliorer leur sort; tout ce qu'ils désirent, c'est de pouvoir se mettre sous la dent un méchant morceau de pain. Avec cette sobriété, la terre reste inculte. Toutefois le plateau qui donne accès dans l'Aragon ne manque pas d'un certain caractère, malgré sa nudité. Les montagnes qui l'entourent ont des formes gracieuses et des reflets bleuâtres. On dirait une écharpe frangée passée autour de ce paysage. Elles changent de forme du côté de Monzon dont le château démantelé couronne la roche blanche qui le supporte. Elles figurent des remparts, des bastions, des tours, des ouvrages avancés qui, sous le soleil couchant et dans le demi jour du crépuscule, jouent une fantasmagorie guerrière. Une jeune dame, à côté de qui je me trouve, s'extasie devant ces fantômes de forteresse.

Le reste du parcours est fort triste. Selgua, Sariñena, Poleñino, Zuera, Villanueva de Gallego et les autres villages qui précèdent Saragosse sont d'une pauvreté qui fait regret et rappelle les hameaux de Saint-Jean-de-Maurienne. A Grañen dont la population en haillons, les pieds dans la boue, vient prélever un impôt de charité sur les voyageurs, impôt qu'on ne refuse certes pas en présence d'une telle misère, le train fut égayé par un vieil Aragonais dont le fémur passait à travers les trous du pantalon et qui chantait en s'accompagnant de la guitare. La chanson qu'il éraillait de sa voix souffreteuse était un de ces chants andalous dont le rhythme est si particulier que je ne pourrais guère vous donner une idée de celui-ci dans le cas où vous n'en auriez jamais entendu. C'est une chanson que l'on chante aux vendanges : elle vante les raisins dorés, les plaisirs de la récolte et rit des gourmands qui, croquant les graines, au lieu d'emplir le panier, s'exposent à certains désagréments, détails d'intestins dans lesquels vous me permettrez de ne pas descendre. Le compositeur a peint ces souffrances gastralgiques en adaptant aux couplets une harmonie imitative que tout l'art du chanteur consiste à bien rendre. Le vieux guitariste l'exécutait à merveille en contorsionnant les mandibules de sa bouche et en faisant crier les cordes de son instrument à vous faire rire aux larmes. Tout le convoi était aux portières et peu s'en est fallu qu'on ne priât le conducteur de laisser souffler sa machine pour permettre à l'Aragonais de bisser son refrain égrillard. Au moment où le train se remit en marche, une poignée de cuartos alla soulager le hère qui, j'en suis bien sûr, a béni Dieu de cette aubaine.

En quelques tours de roue, nous fûmes à Saragosse, située dans un pays assez joli. La vieille capitale de l'Aragon perd peu à peu son aspect antique. Elle conserve encore des rues étroites, tortueuses; mais on y perce des voies spacieuses, et la rue sur laquelle a vue ma chambre à coucher est une belle et large rue. On y a créé aussi quelques jardins et planté des promenades, le *Paseo de Santa-Engracia* et le *Paseo de las Damas*, qui font de Saragosse une autre ville que celle que l'armée française assiégea en 1809.

Les deux édifices les plus importants sont l'église *San-Salvador* dont la façade gréco-romaine n'est guère en harmonie avec le gothique et le style de la Renaissance qui décorent les autres parties ; et *Nuestra Señora del Pilar*, monument plus vaste que remarquable. La *Casa longa* possède une belle salle dont les voûtes sont supportées par vingt-quatre colonnes à chapiteaux d'ordre dorique. La *Torre Nueva*, tour octogone en briques dont chaque étage a un aspect différent. L'*Algaferia*, ancien palais des rois d'Aragon, où l'on remarque un bel escalier et quelques plafonds lambrissés superbes, Des églises, des couvents, des flèches et des clochers se marient à tous ces édifices. Vu d'une certaine distance, l'ensemble de la ville a un air plus monumental et plus grandiose que la réalité.

XXIV

DE SARAGOSSE A ALSASUA.

Pampelune, 21 avril.

« Allez à Pampelune ! » est une expression qui, en Dauphiné, signifie : « Allez au diable ! » Je suis donc au diable, c'est-à-dire à Pampelune. Il m'arrive ici un contre-temps désagréable. Une dame, de mes amies, m'avait remis une lettre de recommandation pour son frère, riche habitant de la capitale navarraise. J'aurais eu un double plaisir à le voir, et parce qu'il eût été pour moi un guide excellent et parce qu'il est personnellement un homme de distinction. Il a recueilli des documents intéressants sur l'histoire de la Navarre, et fourni au comte de Montalembert des notes précieuses pour ses *Moines d'Occident*. L'illustre académicien, peu de temps avant sa mort, lui envoya, comme souvenir, le manuscrit d'une étude sur la politique de l'Espagne. La connaissance d'un homme honoré d'une amitié aussi haute m'eût été très-sensible. Mais, j'ai égaré je ne sais où le billet, le nom et l'adresse. Il m'a donc été impossible de découvrir mon correspondant.

Pampelune est bâtie au fond d'une vallée verdoyante, entourée de belles montagnes aux crêtes neigeuses. Elle est ceinte de remparts un peu ruinés aujourd'hui qui lui donnent cependant un air fier. Ses rues sont propres et pittoresques. Sa *Plaza del Castillo* est une des plus belles de la Péninsule. *Nostra señora del Sagrario* est une cathédrale gothique fort remarquable, et le cloître qui en est proche, offre de merveilleuses sculptures. Mais, j'ai tant vu de superbes églises que je craindrais de vous fatiguer en vous décrivant les monuments pampelunois. Je me suis promis de vous signaler surtout ce que je verrais d'original et d'intéressant. Eh bien, j'ai vu à Pampelune une institution curieuse, je veux parler de l'*Inclusa* ou *Maternidad*. C'est un hospice où l'on recueille les enfants trouvés, car le *tour* existe encore en Espagne. On y élève ces malheureux abandonnés. Lorsque les garçons ont atteint un certain âge, on les met en apprentissage. On garde les filles jusqu'à ce qu'elles soient assez fortes pour être placées comme servantes. Cependant, si elles ont pour le mariage une vocation prononcée, on ne les contrarie pas, afin qu'elles n'imitent pas leurs mères. Voilà de quelle manière on leur trouve un mari. Il arrive que quelque gars navarrais ou aragonais se sent pris du désir de se marier. Mais, il n'a pour toute fortune que ses deux bons bras. Un fermier lui refuserait sa *niña*. Alors, comme il n'a besoin que d'une ménagère bien solide et bien sage, sachant faire la soupe, coudre et travailler; que tous les deux, Dieu aidant! gagneront le pain de chaque jour, il met ses habits du dimanche et va frapper à la *Maternidad*. Les orphelines sont en récréation. On lui permet de se promener un instant, les mains dans ses poches, de regarder, de jeter son dévolu. Rarement, l'élue refuse, elle va se créer une famille, la pauvrette ! ce mariage impromptu réussit tout comme un autre ; car le mariage est une loterie où Dieu sait si l'on puise en aveugle. Mais cette façon de se procurer un billet n'en est pas moins singulière dans un pays où le *novio* et la *novia* sont tenus de s'aimer pendant un stage si long, si long, que l'amour le plus ardent finit par se changer en une chaleur douce. La señora navarraise, dont j'ai perdu la recommandation, m'a conté que, neuf années consécutives ! elle a été la *novia* de son mari, qui habitait alors l'Amérique du Sud et que, dans le cours de ce dixième de siècle, elle n'a pas manqué un seul jour de porter une lettre à son adresse au *correo* de Pampelune. Trois mille deux cent quatre-vingt-un timbres-poste ! Je connais même un général qui, quinze ans, a été le *novio* d'une Castillane et qui, après ces trois lustres de constance, a eu la scélératesse d'épouser une blonde d'un district andalou, la Caroline. Si j'avais été ministre des armes, je l'aurais traduit devant un conseil de guerre. Je connais bien d'autres anecdotes sur ce chapitre. En quittant hier Saragosse, j'ai fait route avec deux jeunes mariées, qui étaient de cette belle humeur que l'on a quand on entame la lune de miel, et qui m'ont narré toutes les histoires de grand'mère d'Aragon et de Navarre.

Leur compagnie m'a raccourci le chemin qui, d'ailleurs, est agréable. Au sortir de Saragosse, le paysage est extrêmement joli. La forteresse maure de l'Aljaferia, le village de Juslibol, les tours octogones à chaperon d'ardoises de Monzalbarba et d'Utebo se dessinent, parmi les champs, bien cultivés, où des troupeaux d'ânes et de juments paissent en bonne intelligence dans cette patrie de mulets. Las Casetas, Sobradiel, Torrès, La Joyosa sont des bourgs situés presque sur les bords de l'Èbre, que l'on suit longtemps encore. Au delà du pont jeté près du confluent du Jalon avec le canal d'Aragon, la montagne qui borde la vallée, s'échancre, et, dans sa brèche, les ruines du château de Castellar projettent leur silhouette sur le fond bleu du ciel. Alagon, Pedrolo, Nemolino, Alcalo de Ebro, Luceni disparaissent à moitié dans la forêt d'oliviers, qu'encadre un chaînon de monts aux flancs blancs et rougeâtres. C'est à peu près à ce point de l'Èbre, si je ne me trompe, que se passe, dans le roman de Cervantes, la scène de la barque enchantée. Gallur s'allonge sur un coteau. Cortès et Rivaforada sont assis entre des mamelons en pains de sucre, formés de stratifications horizontales. On passe au-dessus du Prado de la triste Tudela, et, à quelque distance, on aperçoit les dix-sept arches du pont de l'Èbre tout percé de meurtrières. Aux tranchées des *laderas del Cristo*, succèdent de vastes pâturages, une plaine un peu grise ; puis on atteint le vieux Castejon et l'on franchi le fleuve qui semble jouer avec la voie. Un peu plus loin, Milagro semble veiller sur le canton plat qui se développe à ses pieds et au bout duquel s'ouvre le ravin, où coule l'Aragon. Des vignes mènent à Villafranca, à Peralta, à Marcilla. *Las Bardenas reales*, domaine royal, forment un désert où l'on ne voit même pas paquerer des moutons. Les sites redeviennent un peu gais à Caparroso, que surplombe le château féodal de San Martin. Les hameaux de Traibuenas, de Murillete, de Pitillas, de Beire se baignent sur la berge du Zidacos. Olite est entouré de terres fertiles. Tafalla commande un gracieux vallon tout vert d'oliviers et de cépages, la *flor de Navarra!* aux tours carrées, aux murs crénelés, aux palais en ruines. Le terrain s'acccidente et s'enlaidit à Garinoaïn. Des monticules décharnés sont semés çà et là jusqu'à Campanas; ce point est la porte du défilé de la sierra d'Alaiz. A partir de là, on s'engage dans un plis frais que coupe en biais l'acqueduc de Subiza, qui alimente les fontaines de Pampelune. C'est un monument grandiose qui se découpe étrangement sur un rideau de verdure. Noaïn, Esquiroz aux gitanos basanés, le torrent profond de l'Elorz, les deux Zizur à l'église gothique s'échelonnent à quelques pas de Pampelune.

Je laissai là mes jeunes mariés et j'allai mélancoliquement promener, dans Pampelune, mon humenr de célibataire. La journée était claire et riante. Je déjeunai avec appétit, sans que le doux regard de l'Aragonaise me fît trouver trop épais le potage ou trop charnel l'agneau rôti. Ah bah! Il n'est idylle qui ne tourne en prose, amour qui ne se flétrisse, jolie fille de Castille, de Navarre ou d'Aragon qui ne perde ses dents!

Comme je n'avais personne à voir à Pampelune, ayant eu la sottise d'oublier à Xérès ou à Séville le billet dont je vous ai parlé, j'eus bien vite assez de la ville. Je me remis en marche, me promettant d'achever ma lettre à Alsasua, où il faut s'arrêter assez longtemps pour attendre le train qui mène à Saint-Sébastien.

Le parcours de Pampelune à Alsasua est des plus pittoresques. On s'aventure presque tout de suite dans le défilé d'Irursun, au bord duquel Loza et Zuasti sont accrochés. La voie court sur l'Araquil, sous le contre-fort de Osquia, dans la gorge de Irursun, de Villanuova, suit les sinuosités du val de Huarte-Araquil, passe devant Arruazu, Lacunza, Arbizu, qui comptent à peine quelques feux. Cette sierra de Andia est tortueuse comme un serpent, hérissée comme une forêt, les pics sont couverts de neige, les pentes boisées. A Echarri-Aranaz, où s'élève la sierra abrupte de Urbasa, la combe s'élargit et se cultive. Bacaicoa, Iturmendi et Urdiain sont de gentils villages de pasteurs.

Au milieu de ces montagnes, un orage était survenu. C'est la deuxième fois que je suis gratifié de ce temps à Alsasua. La pluie tombe à flots, le tonnerre gronde, le froid vous pénètre et la grêle coupe les pousses vert de laitue qui se sont trop tôt hasardées sur les branches des chênes de cette forêt du Guipuzcoa au bout de laquelle est la France.

XXV

RETOUR A SAINT-SÉBASTIEN.

Saint-Sébastien, 22 avril.

Mon court voyage est fini. Me voici de retour à mon point de départ, à Saint-Sébastien, dans la *fonda* où j'arrivai il y a quelques semaines, en vue de la *concha.* L'air est plus chaud. La baie se drape dans une ceinture plus verte; ses eaux sont plus limpides et plus calmes. La marée moins houleuse blanchit toujours de son écume les roches de l'Orgullo. Ses mugissements sourds empêchent le sommeil de descendre des rideaux de ma couchette sur mes yeux. Si la fatigue m'assoupit un instant, il me semble que je fais des pirouettes à travers les cordages d'un navire ou que l'équipage affamé tire à la courte paille. Cette voix de la mer me trouble jusqu'au fond de l'âme. Oh Dieu! j'étouffe dans cette chambre. Les souvenirs de mon voyage, ce que j'ai vu, entendu, senti, ce que.... non, tout cela bout dans mon imagination à égarer mon esprit. Je voudrais n'être pas venu en Espagne et je ne voudrais pas la quitter.

L'impression que j'emporte de ce pays a les côtés

bizarres que le pays offre lui-même. Son ciel a des sérénités et des mollesses qui vous enchantent. Ses montagnes ont un air sauvage et doux à la fois. Ses vastes plaines andalouses et valenciennes sont des coins du paradis terrestre. Sa Manche stérile, baignée de lumière, a cependant de la poésie. Les provinces du Nord ont le pittoresque des cantons suisses. Il y a dans l'Ibérie vingt pays différents, comme il y a vingt peuples divers. Les mœurs, les costumes, les types, les dialectes changent d'une province à l'autre. Partout, des monuments merveilles de l'art. A chaque pas, des souvenirs historiques. Les arts se sont épanouis sous cette incomparable nature. L'inspiration religieuse a fait battre le cœur des artistes, des poëtes, de la nation; et il reste du sentiment religieux une sorte de teinte qui marque encore l'esprit espagnol. Il y a quelque temps un prélat de la Nouvelle-Castille me racontait cette légende :

« Lorsque Dieu créa l'Espagne, les premiers hommes qu'il envoya sur ce point de l'univers lui adressèrent une députation. « Père éternel, lui dirent les ambassadeurs, nous voudrions une belle patrie. » — Eh bien! mes enfants, je vous la donne. Le soleil aura des clartés ineffables, la température une enivrante chaleur. Tous les climats et tous les sites s'abriteront sous votre ciel. Vous aurez des neiges sur les Pyrénées, la Sierra Nevada, le Guadarrama, la Sierra Morena, cinquante degrés réaumur à Séville, le froid, le tropique, la zone tempérée. — Grand merci, Père, nous voudrions aussi une végétation qui accompagnât ce climat enviable. — C'est juste. Chaque année, presque sans rien faire, vous aurez du bon blé, des reinettes succulentes, des oranges, des grenades, de la canne à sucre, les fruits les plus délicieux de la terre. Le palmier se mariera à l'oranger, l'olivier à la vigne. Vos vins seront du nectar. — Merci, Père, merci! Il faut bien maintenant que, par nos qualités, nous ne déparions pas le jardin que nous crée votre munificence. — Soit, mes enfants! vous voulez parler une langue éclatante, *muy hermosa*, *muy manifica*, *muy illustrada*, vous vous appellerez tous *caballeros*, *señores*, vous parlerez espagnol. Votre esprit sera fin, spirituel et paresseux. Votre caractère, loyal, ouvert, sympathique. Vous ferez les honneurs de l'hospitalité à l'étranger qui visitera vos champs; mais vous mourrez, pour les défendre, s'il vient en ennemi. Votre imagination poétique ne sera pas rebelle aux choses de l'honneur. Vous serez braves, aimant la guerre, généreux aux faibles, craintif devant Dieu. — Et nos compagnes? doux Créateur. — Aimez-les comme je vous aime, fils prodigues! elles seront tendres et fidèles, un peu jalouses afin que vous ne soyez pas trop volages. Leurs yeux seront des escarboucles charmeurs, leurs dents des perles blanches, leurs joues des fleurs de lis, leurs cheveux des flots noirs et sombres. Elles ressembleront, sous l'ombrage des orangers, à la couleuvre tendant le fruit défendu. Mortels, rendez-les heureuses! — O Père, mille fois magnifique, mille fois miséricordieux! comment pourrions-nous, avec toutes ces richesses, nous payer d'un bon gouvernement! — Ah! mes enfants, vous êtes trop exigeants. Si, comblés de telles faveurs, vous alliez faire de la bonne politique, vous seriez aussi heureux que moi. Je ne puis. J'ai dit. »

Et voilà comment, au dire du malin évêque, la politique des Espagnes est toujours embrouillée depuis !

Il y a bien des villes, des monuments, des paysages, des hommes et des choses intéressantes que je n'ai pas visités. Le temps m'a fait défaut. Je n'ose y songer, tant j'ai peur des remords. Encore, ce que j'ai vu, l'ai-je vu un peu comme dans une lanterne magique. J'ai dû juger mal bien des choses, ressentir des impressions trop rapides et incomplètes, apprécier légèrement des personnages, envisager superficiellement les situations, me tromper sur bien des points.. Vous aurez l'indulgence de m'excuser. Ce n'est pas en écrivant à la hâte, dans un voyage long et de peu de durée, à l'arrivée précipitée d'un voyageur que l'heure presse de repartir, sur le guéridon incommode des chambres d'hôtellerie, que l'on peut composer une œuvre irréprochable. Je n'ai pas eu d'autre prétention que de tracer chaque jour mes impressions, impressions de bonne foi, je vous le jure.

Et toi, ma chère Espagne, je t'aime et, si Dieu me prête vie, je reviendrai te voir.

XXVI

PRÉPARATIFS MILITAIRES DES CARLISTES.

Saint-Sébastien, 1er mai.

A peine étais-je de retour à Paris que le mouvement carliste éclatait dans le pays basque et la Navarre. Lorsque je quittai l'Espagne, il y a cinq jours, quelques *Cabecillas* seulement parcouraient ces provinces avec une poignée de partisans; mais, on ne pensait pas que leur tentative fût sérieuse. Il paraît qu'elle prend des proportions inattendues, du moins au dire des télégrammes qui arrivent à Paris. Vous pensez s'il était vexant pour moi d'être revenu précisément au moment où les circonstances allaient m'offrir d'étudier *de visu* un des traits les plus saillants du caractère espagnol : la passion de la guerre civile. Je me sentais intérieurement tout disposé à retourner au pays des oranges. Aussi, lorsque j'exprimais à Édouard Hervé le dépit que me causait mon retour inopportun, j'avais résolu déjà mon nouveau voyage. En le quittant, M. Edmond About, que je rencontrai, me dit avec son entrain ordinaire : « Je parie que vous repartiriez volontiers pour l'Espagne. — Certainement, lui répliquai-je, et dès ce soir. » Deux heures après leur avoir serré la main, j'ai pris le chemin de fer d'Orléans-Bordeaux et me voici !

Saint-Sébastien est aussi tranquille que Saint-Germain-en-Laye, plus tranquille même, puisqu'on n'y fait pas des soupers bruyants comme au Pavillon Henri IV. Je ne me douterais pas, si on ne me l'affirmait, que la contrée est sous les armes. Les Sébastianais ont un air fort placide et rient aux larmes au récit des nouvelles qui courent le monde. « Comment ! ma chère, vous n'avez pas été dévorée par les loups carlistes ! » — « Dites moi, mon amie, est-il bien vrai que Saint-Sébastien ne soit pas brûlé et que j'y pourrai aller prendre les bains de mer? » La première phrase est détachée d'une lettre adressée de Paris à une dame de mes amies et je coupe la seconde dans un billet envoyé de Madrid à la même adresse. Les autres nouvelles qui s'égarent jusqu'à Paris et les bulletins de M. Sagasta que nous transmet l'Agence Havas, ont à peu près la même exactitude. Ne croyez pas toutefois que l'Espagne soit un royaume de Salente et que l'on y jouisse de sa béatitude. Le mouvement carliste paraît sérieux et le gouvernement du roi Amédée est très-inquiet. Mais je vous engage à accueillir avec réserve les bruits qui circulent. La plupart sont faux, même d'une fausseté grossière. J'en relèverai çà et là quelques-uns.

A Saint-Sébastien, on n'a des indications que sur les trois provinces basques du Guipuscoa, de l'Alava, de la Biscaye et sur la Navarre. Encore, ces indications sont-elles bien incomplètes et bien vagues. Les gouverneurs et l'administration ne disent pas un mot. Depuis deux jours, les lettres de Pampelune ne parviennent plus jusqu'ici. Hier soir, la Compagnie du chemin de fer du Nord a donné avis de la cessation des transports de marchandises à destination de la capitale navarraise et de Bilbao, les voies étant coupées. Ce que l'on apprend, on le recueille de la bouche des maraîchers et des charbonniers qui descendent de la montagne et qui ont vu les bandes carlistes ou les troupes amédéistes. Il n'y pas ici d'autre source de renseignements. Vous comprenez donc qu'il ne faut pas attacher à ce qui se dit une foi absolue. Du reste de l'Espagne, on ne sait rien à Saint-Sébastien.

Diverses personnes qui connaissent bien le pays et qui sont hommes réfléchis, estiment à une douzaine de mille les carlistes soulevés dans les provinces basques et la Navarre. Celle-ci en aurait fourni la moitié, la Biscaye 3500, le Guipuzcoa 2000 et l'Alava 500. L'Alava n'a donné qu'un petit contingent, parce que le terrain y est plat, que les insurgés n'y pourraient tenir devant l'artillerie et sont obligés de se diriger vers les Pyrénées. La nécessité de s'éloigner du foyer a arrêté un peu les enrôlements. Pourtant, la concentration de toutes ces forces continue à se faire dans la Navarre où l'enthousiasme serait tel, m'assure une dame navarraise, que les femmes obligeraient leurs maris et leurs enfants à prendre les armes. Cela aurait lieu notamment dans le district de la Ribera.

Il ne faut pas croire que l'opinion carliste soit répandue dans ces contrées seulement parmi les paysans, et qu'ils participent seuls au mouvement actuel. Dans le Guipuzcoa il y a beaucoup de carriers, de maçons, de charpentiers, de tailleurs de pierres; tous sont carlistes. Ils ont abandonné leur travail et se sont enrôlés sous le drapeau de Don Carlos. De même, en Biscaye, les trois cents ouvriers qui extraient les minerais de fer des puits de Somorrostro ont pris le fusil, et les bateaux à vapeur qui attendaient leur chargement ont quitté les eaux de Bilbao. A Saint-Sébastien, à deux pas de ma *fonda*, une maison en construction occupait douze ouvriers : il en manque huit. Pourtant je dois dire qu'il en reste ici un bon nombre et que j'ai vu aux environs de la ville des carrières en pleine activité d'exploitation.

On pense généralement que les carlistes ont de l'argent et sont passablement armés. On raconte dans le populaire certains actes de générosité que je ne peux pas contrôler, vous le pensez bien, et l'on est d'accord pour dire qu'ils payent exactement les vivres et les fournitures requis dans les villages. Quant aux armes, on dit bien qu'ils en ont, mais on ne sait pas s'ils sont maîtres de la fonderie de canons qui se trouve en Navarre, les communications étant interceptées. On doute qu'ils aient de l'artillerie. Il est peu probable que leurs munitions soient abondantes. Ce qui me le fait supposer, c'est qu'ils se tiennent dans la montagne, qu'ils évitent de prendre l'offensive, cherchant à attirer dans les défilés les troupes royales. Là, en effet, ces excellents marcheurs, rompus aux courses à travers les pics et les ravins, auraient bien plus facilement raison des soldats qui ne connaissent pas les lieux et ne sont pas habitués à une marche aussi pénible. Il est également douteux que leur réserve de fusils soit bien riche. Dès les premiers jours du soulèvement, ils ont voulu s'emparer de la fabrique d'armes d'Eibar, très-ancienne fabrique de la Biscaye, qui contenait à ce moment dix mille fusils en état. Ils n'ont pas réussi à les saisir. Les ouvriers armuriers d'Eibar, étant républicains, ont averti le gouvernement qui a fait transporter par mer tout le dépôt. On prétend même que cet échec a retardé quelque peu le mouvement.

Quoi qu'il en soit, ils se concentrent dans la Navarre, vers le Nord, aux Amescoas, où ils auraient établi leur quartier général. Tout le monde ici est convaincu de la présence de Don Carlos aux Amescoas. A ce sujet, un journal de Paris, un grand journal, que je trouve à Saint-Sébastien, et qui porte la date du 30 avril, donne la jolie nouvelle que voici : « Le prince Alphonse de Bourbon est arrivé ce matin, c'est un fait certain. Son quartier général est à une petite ville que la dépêche appelle Ginebra, et que je n'ai pu retrouver sur la carte. » C'est un chef-d'œuvre. L'espagnol *Ginebra* veut dire tout simplement *Genève*, où le prince Alphonse de Bourbon d'Este, frère de Don Carlos, a été reconduit après avoir débarqué à Marseille. Il n'est pas étonnant que le correspondant de cette feuille n'ait « pu retrouver » Genève sur la carte de Navarre.

Don Carlos aurait sous ses ordres trois officiers généraux : le vieux général Ellio, l'un des organisateurs des soulèvements qui eurent lieu en faveur du premier Don Carlos, Carlos V d'Espagne ; le général Diaz de

Rada, ancien colonel d'artillerie sous la reine Isabelle et même nommé peut-être brigadier par cette souveraine; le général Martinez qui, s'il m'en souvient bien, a servi la France. Charles VII aurait élevé M. de Rada au généralat et lui aurait confié le commandement général des provinces basques. Le général Ellio serait comme le conseiller, le chef d'état-major du prince. Sous les ordres de ces généraux, quelques chefs de bandes battraient la campagne et auraient eu déjà des engagements avec les avant-postes de l'armée de Serrano qui n'a, dit-on, que cinq mille hommes. Un nouveau partisan, le carliste Peralta, se ferait remarquer par son intrépidité. On compte en outre quelques colonnes disséminées de côté et d'autre, celle de Recondo dans la direction d'Ataun, celle d'Amilivia, entre Vergara et Oñate, vieille ville universitaire, carliste jusqu'à la moelle, jadis le centre des opérations de Carlos V, le premier prétendant. Le commandant de Pampelune, général Moriones, les a poursuivies en vain dans le nord; elles tiennent toujours la frontière française et la ligne qui va des chemins de fer du nord à Zumarraga aux Amescoas.

Ni Saint-Sébastien, ni Pampelune, ni Bilbao ne sont au pouvoir des carlistes. Le gouvernement y tient garnison, et la population n'est pas carliste en majorité, sauf à Pampelune. La vieille citadelle de Saint-Sébastien est difficile à surprendre. Bilbao n'est pas fortifié, bien qu'il ait autrefois résisté à Zumalacarregui, et sa position est assez mauvaise, dans un bas-fonds entouré de rochers. Des carlistes le surveillent des hauteurs de Bergoña, et descendent la nuit jusqu'aux premières maisons des faubourgs. Dès le commencement de l'insurrection, vingt soldats de la garnison de Bilbao et deux sergents-major passèrent aux carlistes. L'un des sergents est aujourd'hui capitaine, il n'a pas perdu son temps. Les carlistes désireraient surtout s'emparer de Pampelune, ce qui leur donnerait la Navarre tout entière. Les forts de Pampelune ne sont plus bien solides, mais on n'est plus en hiver pour rouler des boules de neige, et le général d'Armagnac ni le chef de bataillon Robert ne sont plus de ce monde. On ne pourrait guère faire capituler la ville sans artillerie.

Jusqu'à présent, il n'y a pas eu d'engagements sérieux entre les troupes et les carlistes, puisqu'il n'y a que trois blessés carlistes à l'hôpital de Saint-Sébastien et que l'on ne parle pas de champ de bataille où il soit resté des morts. Les carlistes se conduisent avec modération, pour s'attirer les sympathies de l'armée. Il y a quelques jours, vingt gendarmes tombèrent entre leurs mains. Ils se contentèrent de les désarmer. L'un des Pandores est resté avec eux. Les autres sont retournés au logis. Quant au gouvernement, il paraît que tout d'abord, il avait envoyé des ordres impitoyables contre les insurgés, mais qu'il se relâcherait de ces rigueurs par crainte des représailles et des charges à la baïonnette dont les Navarrais et les Guipuzcoans ont fait un si terrible usage dans la guerre qui s'est terminée par la convention de Vergara.

On assure que les carlistes, se conformant à la proclamation de Don Carlos, ne se borneraient pas à traiter avec douceur les soldats réguliers qu'ils font prisonniers, mais qu'ils se montreraient polis et pleins d'égards pour les voyageurs qu'ils rencontrent. Lorsqu'ils arrêtent un train, ils le visitent, constatent s'il transporte des militaires et n'exercent aucune violence. Je vais dans un instant traverser leurs lignes ; je saurai bien si le fait est exact et s'ils sont aussi chevaleresques qu'on le dit. Ils sont dans le cas de m'offrir à dîner.

Le fait, qu'on signale, de la présence des curés dans les bandes carlistes est vrai. Il explique en partie l'espèce de discipline et de modération qui régnerait dans leurs rangs. Vous savez qu'en Navarre le bas clergé vit avec le peuple dans la plus étroite intimité et passe ses loisirs à jouer avec lui à la paume. Le clergé n'a pas lieu d'être satisfait du roi Amédée. Le gouvernement, en effet, doit lui payer les deux tiers d'un très-modeste traitement dont le surplus est servi par le budget de la province. Il paraît que depuis 1868 la part afférente à l'État est encore dans les caisses du Trésor, à moins qu'elle ne soit dans la poche des fidèles de la couronne. D'autre part, jamais le curé n'abandonne ses paroissiens. Or, les Espagnols du nord ont été fort durement traités par le gouvernement actuel. On me citait l'exemple d'un journaliste carliste d'Oñate condamné à huit ans d'emprisonnement, alors qu'un journaliste républicain de la même ville, pour un article beaucoup plus violent, avait vu la sentence, prononcée contre lui en première instance, infirmée par la cour de Pampelune. Dans d'autres circonstances, on a montré la même sévérité contre les carlistes. Il est arrivé que lorsqu'ils ont pris les armes, le clergé qui, d'ailleurs, est fanatique et assimile la cause de Don Carlos à la cause de Dieu, a suivi ses ouailles soulevées. Mais il ne s'est pas encore révélé un nouveau curé Mérino faisant le coup de feu et conduisant les troupes, comme cela s'est vu en 1832. Il y a beaucoup d'exagération dans les journaux républicains de Paris à ce sujet.

Beaucoup de gens sont surpris de ne pas voir le général Cabrera dans le mouvement. Vous savez que le général, qui est d'un âge avancé, est marié depuis longtemps à une Anglaise qui s'était éprise, sans le connaître, de ses exploits. D'un autre côté, il est séparé des idées de Don Carlos sur plusieurs points, notamment sur la question de la liberté des cultes qu'il réclame. Serait-ce le motif de son abstention? Cependant, on prétend qu'il est parti de Londres et qu'il ne tardera pas à montrer cette fameuse *capa* rouge et blanche qui jetait l'effroi dans les régiments assez téméraires pour s'aventurer dans les montagnes de la Navarre, sanctuaire du carlisme. Ce moment serait-il venu? Ce matin, on recevait en haut lieu, à Saint-Sébastien, une dépêche annonçant que le général Rada, avec trois mille hommes, serait à Véra, sur la frontière française. Les uns prétendent qu'il est acculé par le maréchal Serrano, les autres qu'il est venu protéger l'arrivée de quelque puissant personnage. Le fait est qu'on ne sait rien de positif.

XXVII

LA FÊTE DU 2 MAI A MADRID.

Madrid, 2 mai.

J'avais un vif désir de rencontrer sur ma route une bande de carlistes, ne fût-ce que pour voir comment les carlistes sont faits. On dit qu'ils ont tout à fait bonne mine sous leur vareuse à collet blanc, leur ceinture et leur *boina* couleur de neige. Lorsqu'ils apparaissent dans un fourré de chênes ou sur la crête d'un rocher, ils doivent avoir l'air d'oursons polaires à la chasse. Mais, comme ils n'en ont que l'air et pas du tout la férocité, ma curiosité n'avait rien de bien héroïque. Je pensai qu'à Zumarraga ou à Alsasua, où ils ont déjà, à plusieurs reprises, coupé les fils télégraphiques et la voie ferrée, ils nous feraient l'amitié d'arrêter le train, de visiter les voitures, de bien effrayer les dames et de crier : *Viva don Carlos !* Mais il paraît qu'ils ont renoncé à enlever les rails de M. Pereire et qu'ils veulent s'attirer les sympathies des voyageurs en ne retardant pas leur arrivée. D'ailleurs, ainsi que me l'expliquait le général Calvé, leur tactique consiste à se réunir dans la Navarre, à s'y retrancher, à fatiguer, dans ce pays montagneux, les troupes du maréchal Serrano, jusqu'à ce que d'autres soulèvements se produisent en Espagne. Mon espoir a donc été déçu. Je n'ai aperçu qu'un convoi de six wagons transportant un bataillon d'infanterie et quelques gendarmes en faction devant les gares. Toutefois, j'ai été frappé de ce fait que, malgré le beau temps et les travaux d'agriculture qui se font d'ordinaire dans cette saison, il y avait peu de paysans dans les terres du Gulpuzcoa et de l'Alava. Peu de paysans dans les terres, cela fait, si je sais bien compter, beaucoup de paysans sous les armes. Les habitants restés au village paraissent tristes et ne semblent pas faire un accueil bien empressé aux régiments du duc de la Torre, qui les exhorte au respect du gouvernement, exhortation assez singulière dans la bouche d'un professeur de pronunciamentos.

Tout l'effort des pays basques se concentre ainsi dans la Navarre, et l'on ne sait absolument rien de précis sur ce qui se passe dans cette province. Ni à Saint-Sébastien, ni à Madrid, on ne connaît la vérité, personne ne la connaît, et vous pouvez tenir pour plus ou moins inventés les récits des journaux et les bruits qui se répandent dans le public. Le gouvernement est peut être mieux renseigné. Mais les communications avec Pampelune et les autres points de la Navarre étant entre ses mains, il tient secrètes les opérations qu'exécutent ses troupes et les bandes carlistes, ou il arrange à sa manière les nouvelles qui pourraient s'en échapper. Les journaux de l'opposition sont même saisis assez fréquemment au courrier et l'on assure que les lettres suspectes sont décachetées et retenues au cabinet noir. Cette rigueur met les gens sur leurs gardes, et les renseignements qui arrivent de la Navarre sont par suite très-confus.

Il faudrait, pour vous mettre au courant de la position des deux armées, des rencontres qui ont eu lieu entre elles, et des avantages alternatifs qui probablement se produisent, s'engager dans les chaînes navarraises à pied, le sac au dos, le bâton à la main, et courir d'une montagne à l'autre pour être soi-même témoin de cette espèce de chasse au chamois. J'avoue qu'un tel voyage serait plein d'émotions; mais je ne connais pas assez le pays pour l'entreprendre, et fussé-je instruit des moindres sentiers, je ne suis pas assez Anglais pour vouloir m'exposer au risque de me faire casser la tête pour Don Carlos ou Don Amadeo.

Si je n'ai pas vu des carlistes, je suis arrivé à Madrid en pleine fête nationale. Le 2 mai est l'anniversaire du soulèvement des Madrilènes contre les Français et l'occasion d'une cérémonie autour du monument de Daoïs et Vélarde, au Prado. Depuis plusieurs années, on commençait à négliger cette procession commémorative. Dans les classes éclairées, la haine du nom français est aujourd'hui éteinte; et, sauf quelques districts reculés, elle s'est apaisée également dans le populaire. Le 2 mai n'est plus le prétexte de violences contre les Français établis en Espagne et je me suis promené au *Salon*, parlant ma langue, sans être inquiété le moins du monde. Seulement, on conserve à Madrid l'usage de célébrer la délivrance de la ville et je comprends très-bien ce culte. Un office religieux, une revue militaire, les journaux encadrés de noir et contenant tous uniformément un article historique, *El dos de mayo*, rappellent notre expulsion.

Ce qui se comprend moins, c'est que l'on cherche à raviver ces vieilles colères et surtout que le roi Amédée ait tenu à restaurer dans sa splendeur cet anniversaire. Le prince italien ne doit pas avoir cependant une tristesse patriotique bien profonde au souvenir de l'occupation française en Espagne et la maison de Savoie une inimitié bien ardente contre la France. Il y a trois ans, il ne songeait certes pas à la couronne d'Isabelle, et n'avait été la politique démocratique unie à la politique impériale, il mangerait encore du pain bis dans la capitale de ses pères, Turin. Mais, il paraît que la fortune produit sur les princes le même effet que sur les autres hommes : elle leur fait perdre la mémoire.

Dès neuf heures du matin, chose rare, les Madrilènes étaient levés et flânaient déjà dans les rues. Les voitures de gala de la cour, pourpre et or, aux chevaux caparaçonnés et pomponnés à l'espagnole, empanachés des couleurs nationales, jaune et rouge, remontaient la rue d'Alcala, contrastant par leur magnificence avec la nudité des balcons, où l'on ne voyait ni drapeau ni tenture.

Toute la garnison était sous les armes, la garde nationale, en veston de perroquet vert, les généraux progressistes en vitrines de marchands de décorations, les chambellans, la clef dans le dos, les fonctionnaires roides comme des tringles dans leurs habits brodés. Le roi, parti à pied du Palais-Royal, s'est rendu au Prado au milieu d'une double haie de soldats. Il était en bottes de conquérant à l'écuyère, culottes courtes de casimir blanc, habit bleu-barbeau de capitaine-général, à parements dorés, à larges revers rouges, suivant la mode de la première république, le grand cordon de Charles III, blanc et bleu, en sautoir, la Toison d'or au cou, le chapeau à plumes blanches. Arrivé près du monument expiatoire, il a pris place, entouré de sa cour, et a présidé debout au défilé des troupes.

Je ne crois pas qu'elles s'élevassent à plus de cinq ou six mille hommes, tant soldats de la ligne, du génie ou chasseurs à pied, qu'artilleurs, chasseurs à cheval, cuirassiers et gendarmes. Ces différentes armes sont bien équipées et ont un air très-militaire. Elles paraissent parfaitement disciplinées et leur tenue est irréprochable. Les officiers, je puis bien me tromper, m'ont fait une moins bonne impression. Beaucoup, passez-moi le mot, ont la figure passablement abrutie, et tous sont tellement surchargés d'ornements , de pompons, d'aiguillettes, de broderies, de croix et de rubans, qu'on a peine à les prendre au sérieux. Je connaissais un lieutenant-colonel avec lequel j'ai causé un instant en attendant que vînt son tour de défiler. Comme son cheval se cabrait, je n'ai pas pu examiner de bien près ses brochettes supportant trente ou quarante plaques ou décorations, mais il me semble bien avoir remarqué parmi elles les insignes d'un ordre quelconque affectant la forme d'un hanneton.

Cette prodigalité n'a rien qui surprenne en Espagne, car je parie que la Péninsule compte à elle seule plus de trente ordres de chevalerie. Le roi suait sang et eau en passant la revue. Chaque fois qu'un drapeau se présentait, il le saluait d'un coup de chapeau solennel qui, vu le jeune âge du souverain, avait dû être répété devant la glace. Puis, la série des bataillons épuisée, le roi s'est remis en marche, suivi de ses gardes en habits rouges, montés sur de magnifiques chevaux noirs, et le cortége s'est déployé devant la reine Victoire, le long des jardins du ministère de la guerre. Ni les troupes ni la foule n'ont fait entendre un seul cri de Vive le roi ! Cet anniversaire ressemblait à un enterrement.

On dit ici que tout cet appareil n'avait pas seulement pour but de faire montre des sentiments espagnols du roi, mais en réalité d'intimider les ennemis du gouvernement. Je n'ajoute foi qu'à demi à cet enfantillage. Ce n'est pas en faisant parader de la cavalerie au Prado que Don Amédée effrayera les partis qui refusent de reconnaître un roi étranger. Le moyen serait aussi efficace que celui qu'emploient les paysans pensant éloigner les moineaux en plantant un mannequin dans les blés mûrs. Au reste, son gouvernement ne s'en tient pas aux menaces. Il ne recule pas du tout devant les mesures énergiques ni même devant les procédés arbitraires.

Qu'il réprime le mouvement carliste, c'est son droit ; mais qu'à propos des carlistes, il répande des nouvelles inexactes et inquiète des hommes qui, pour être ses adversaires, n'en sont pas moins décidés à rester dans la légalité, c'est là une conduite que l'on ne saurait approuver. Ses victoires sur les partisans basques se réduisent jusqu'à présent à l'envoi de nouveaux renforts au maréchal Serrano et son respect pour la liberté se traduit par l'arrestation incroyable du duc de Sesto qui, hier, a ému tout Madrid. M. Sagasta et M. Albaréda supposaient que le duc arrivant de Paris, était porteur d'un manifeste de M. le duc de Montpensier relatif à la restauration du prince Alphonse de Bourbon. Plusieurs heures durant, on l'a tenu au secret. Heureusement, le manifeste était arrivé deux jours avant et le président du conseil n'a recueilli qu'un scandale. Outre la personnalité importante de M. de Sesto, pour laquelle on a montré si peu d'égards, le ministère a blessé tout un parti dont la conduite est cependant pleine de modération dans les circonstances présentes.

En effet, les *Moderados alphonsinos-montpensieristes* restent en dehors de l'agitation qui, partie de la Navarre, pourrait s'étendre, s'ils y prenaient part de concert avec les républicains, dans l'Espagne entière. Au contraire, ils ont protesté et protestent chaque jour par leurs organes, le *Tiempo* et la *Epoca*, contre les agissements des conseillers de Don Carlos. Leur situation de monarchistes constitutionnels leur rend plus difficile qu'à tout autre d'appuyer une insurrection armée contre un gouvernement bon ou mauvais, mais légalement existant, et de s'allier avec un parti aussi éloigné de leurs idées que le carlisme.

Aussi, dès hier même, à la séance du Congrès, M. le comte de Toreno, apprenant l'arrestation du duc de Sesto, est-il monté à la tribune pour interpeller le ministère. A peine le président, don Antonio de los Rios y Rosas lui a-t-il permis d'expliquer sa pensée, M. Sagasta étant de mauvaise humeur et probablement peu disposé à répondre. Le ministre d'Etat venait effectivement d'exécuter une assez jolie passe d'armes avec M. Castelar dont il a comparé l'éloquence à un manuscrit chinois arrivant aux Cortès où personne ne le pourrait déchiffrer, et d'échanger des phrases presque grossières avec un député de Madrid, M. Galiana, assez triste avocat sans causes, mais que sa qualité de député aurait dû protéger toutefois dans l'enceinte parlementaire.

Ce n'est pas la seule vexation que le parti Alphonsin-Montpensiériste ait reçu ces jours-ci de M. Sagasta dont on dit la position menacée par le maréchal Serrano, dans le cas surtout où ce dernier pacifierait les pays basques. Le journal *El Tiempo*, feuille très-honorable, a reçu une assignation pour avoir publié les proclamations de Don Carlos au peuple Espagnol et à l'armée, proclamations que vous avez lues sans doute. Cependant on ne pouvait suspecter le *Tiemvo* de tendresse pour le carlisme; mais on a voulu froisser un parti honnête, alors qu'on devait peut-être sévir contre certaines feuilles populaires, *La Revolucion social*, entre autres, dont le langage dépasse toutes les bornes de la licence la plus éhontée.

S'il arrivait que, poussés à bout, le parti alphonsin et le parti républicain modéré se décidassent à prendre part à la lutte en armes, il faudrait deux jours pour renvoyer en Italie le roi Amédée. Le premier, je crois, n'a pas l'intention, malgré la conduite du gouvernement, de changer de tactique. Le second suit une ligne moins sûre. Les fédéralistes de second ordre poussent à l'action. Pour le moment les chefs résistent. Le tout est de savoir s'ils pourront résister longtemps et s'ils ne seront pas débordés. L'un de ces derniers jours, ils ont tenu une réunion dans laquelle M. Castelar, avec une prudence que je ne lui supposais pas, s'est prononcé pour l'abstention, et dans laquelle a été élu une sorte de dictateur extra-parlementaire, M. Pi y Margall, investi des pleins pouvoirs de ses coreligionnaires et portant dans les plis de sa robe la paix et la guerre. Tout dépend, dans les hautes régions du moins de ce parti, de M. Pi y Margall. S'il se décide pour l'intervention entre les carlistes et le gouvernement, toutes les grandes villes se soulèveront à son appel. S'il insiste pour la neutralité, peut-être le carlisme continuera-t-il à lutter seul. C'est en présence de ces éventualités si graves et qui ne tiennent qu'à un fil, que M. Ruiz Zorrilla a fait une profession de foi monarchique, bail nouveau avec clause résolutoire, croyez-le bien.

XXVIII

UNE SÉANCE DU CONGRÈS.

Madrid, 8 mai.

Avant de chercher à aborder la Navarre, puisqu'on ne sait rien d'exact à Madrid sur le soulèvement carliste et que je passerais un mois ici sans pouvoir vous envoyer une nouvelle intéressante, j'ai voulu assister à une séance des Cortès. On avait eu la courtoisie de me donner un siége dans la tribune diplomatique.

La salle du Congrès est décorée avec goût. Elle est plus gracieuse que celle du Palais-Bourbon. La disposition en est la même ou peu s'en faut. Elle n'offre d'autre particularité que la petite scène moyen âge qui se passe d'heure en heure derrière le fauteuil du président. Celui-ci est placé sous un dais supportant les armes du royaume et rehaussé de tentures en velours rouge. Au premier plan, le bureau présidentiel en bois d'ébène. Au second, un banc recouvert d'étoffe qui sert de piédestal à deux magots vivants vêtus d'une robe de velours cramoisi brodée d'or et semée d'armoiries. Une toque à plumes blanches orne leur chef. Ils tiennent à la main une masse en cuivre argenté. En France, nous appelons cela des massiers ; je ne sais pas quelle jolie appellation on leur donne en Espagne. Ils restent en faction pendant une heure, au bout de laquelle ils sont remplacés par deux confrères qui, à leur tour, après pareil laps de temps, cèdent l'insigne de leurs fonctions aux deux premiers, et ainsi de suite. La première paire a des moustaches blondes, la seconde des moustaches noires ; et ces quatre *moustachus*, étouffant sous leurs draperies, paraissent aussi heureux que *los señores diputados* quand la séance est close.

Don Antonio de los Rios y Rosas (Antoine des Ruisseaux et des Roses) est au fauteuil ; ses cheveux sont rares et grisonnants. Sa barbe noire est émaillée de pâquerettes. Il donne la parole et la retire rarement. L'orateur peut discourir trois heures sans qu'il lève seulement la tête inclinée sur sa poitrine. Il a la figure placide et résignée d'un moine mis en pénitence par le père prieur. Sa sonnette dort silencieuse sur son coussinet bleu, comme les cloches le Jeudi-Saint. M. Grévy envierait ce paisible canonicat. Le président du Congrès appartient au parti unioniste.

Une loge continue à être bruyante après l'ouverture de la séance. Au milieu de la pénombre, dissimulée dans le creux d'une main, brille une cigarette. C'est la loge des journalistes. Elle est située presque au-dessus d'un cartouche où sont écrits en lettres d'or les noms des illustrations parlementaires de l'Espagne, entre autres celui de Prim. Singulier parlementaire ! Le public est peu nombreux. Les bancs des carlistes sont déserts : la guerre civile est en Navarre. D'ailleurs les députés présents sont en petit nombre. La plupart fument dans les couloirs ou causent dans les salons. Ceux qui affrontent la chaleur de l'enceinte sont mis avec élégance, presque tous gantés, une badine à la main, et n'ont sous le bras ni dossiers ni serviettes. Pas un couteau à papier sur les pupitres. On laisse parler les orateurs sans trop les interrompre. Je ne sais si ce respect de la liberté de la parole est accidentel, mais il m'a frappé. Je n'ai pas surpris un mouvement d'impatience lorsqu'un député se levait et de sa place s'adressait à l'assemblée, bien que parfois la discussion fût très-vive. Tous écoutaient ou s'entretenaient par groupes de trois ou quatre à voix basse. Quelques-uns sommeillaient. Un député des colonies venait de donner le signal et sitôt que sa tête crépue se fut balancée sur son épaule, un vieillard dont le nez aspire à la tombe décrivit la même oscillation ; puis un crâne luisant comme un parchemin fut frappé d'engourdissement. Cependant l'assemblée n'est pas cacochyme. La moyenne des chauves n'est que de dix ou douze pour cent, et les vieux sont en minorité. Trente ou quarante, soit à droite, soit à gauche, soit au centre, se font remarquer par leur extrême jeunesse.

Mon seul collègue en diplomatie était une toute jeune dame parlant phœbus. Elle m'a nommé chaque député et m'a donné sur l'un et sur l'autre une foule de détails curieux. J'ignore quelle était ma charmante voisine, mais je suis bien sûr que pour la finesse elle rendrait des points à un diplomate et qu'elle saurait bien renseigner son gouvernement.

Sur les bancs de la gauche républicaine, une tête d'apôtre encadrée dans une barbe en éventail se penche à l'oreille du chef dénudé de M. Castelar. C'est M. Pi y Margall, le dictateur fédéraliste. On le dit versé dans les questions financières. M. Alsina, si je me rappelle bien son nom, les écoute appuyé contre la rampe de l'amphithéâtre. Il est, je crois, député de Barcelone. En dehors de son mandat, il est ouvrier. Sa barbe longue, ses cheveux flottants, sa vareuse noire, son air triste lui prêtent la physionomie d'un peintre qui a mis sa palette au Mont-de-Piété.

Dans la série voisine occupée par les radicaux, M. Zorrilla dont les cheveux ont des reflets de jais, est entouré des points noirs progressistes qui boivent ses paroles. Derrière lui, M. Martos, laid et imberbe, mais au visage expressif et mobile, promène son lorgnon sur la galerie.

Le comte de Toreno repose son menton blond sur sa canne, prêt à répondre si l'on attaque le prince Alphonse.

A droite, le colonel de cavalerie Sanchez de Milla agite ses longues jambes et ses bras télégraphiques, toujours gai et riant, le plus joyeux cavalier des Espagnes.

Trois ministres prennent place au banc du Conseil, MM. Sagasta, Colmenares et Romero Robledo. M. Sagasta a une réputation de laideur qu'il n'a pas volée. Son teint est bistré, ses traits heurtés, sa bouche démesurément large. Il essaye de sourire pour corriger le peu d'agrément de sa personne et aussi pour faire croire à l'assistance, en sa qualité de premier ministre, que tout va pour le mieux dans le meilleur des ministères du meilleur des gouvernements. Ses mains gantées de violet, comme celles de M. Louis Blanc, distribuent des saluts et des poignées. Un signe amical s'égare même dans la direction de M. Castelar. M. Colmenares est un grand jeune homme de trente-cinq ans, mis avec recherche, portant l'impériale d'un officier de dragons. Ce doit être un beau danseur. On le dit ministre de grâce et justice, malgré sa tournure militaire. M. Romero Robledo, ministre de *Fomento*, est plus jeune encore et plus soigné. Il est plus blond que la blonde Hélène. Une raie fine et droite comme un trait partage sa chevelure en deux parterres cultivés avec un art exquis. L'artiste capillaire y a formé de capricieuses petites boucles auxquelles la nature n'avait pas songé, et des touffes de frisures figurent des ailes de pigeon ébouriffées. Tous les yeux des Castillanes le brûlent de leurs regards. Ses lèvres s'épanouissent, son cœur est léger. Il sourit à l'amiral Topete qui erre dans l'hémicycle sur le tapis où sont brodées les armes de la Péninsule. Le marin, dont les favoris blancs cachent les coins d'une bouche échancrée comme une baie, le gratifie d'un signe mélancolique et s'enfonce derrière la tapisserie d'une porte.

M. Sanromá, progressiste radical, demande la parole. Il combat l'élection de M. Bañon, à Cadix. Ce député ministériel a, paraît-il, quelque peu festoyé ses électeurs avec le secours de l'État. Il a distribué des cigares et de l'*aguardiente*. M. Sanromá demande l'annulation des opérations électorales. L'orateur est professeur à l'École du commerce à Madrid.

Il professe en politique et en économie politique des opinions avancées. Sa parole est claire, distinguée, vive. C'est un des meilleurs orateurs du radicalisme. Le rapporteur de l'élection Bañon, un jeune ministériel, M. Rico, lui répond avec emportement. Son accent est vulgaire et je crois aussi ses arguments. M. Bañon vient lui-même à la rescousse et patauge dans l'*aguardiente* à qui mieux mieux.

J'entends encore un radical, M. Gomez Marin qui ressemble à un écolier convalescent récitant sa leçon; et un vieux député, lequel annonce qu'il fait ses débuts oratoires. « On connaît bien qu'il n'a plus de dents, » me dit ma voisine en me montrant ses trente-deux perles ; aucune de ses phrases n'arrivait jusqu'à nous. Je patientais un instant; mais voyant que ses débuts menaçaient d'être le treizième travail d'Hercule, je présentai mes hommages à la señora et allai rejoindre le comte de Toreno au fumoir.

Tout le monde s'y entretenait de la démission du ministère et de l'attitude du maréchal Serrano, question plus intéressante que la vérification des pouvoirs de M. Bañon ou que les *algunas observaciones* de M. Marin *sobre el acta de Carrion de los Condes.*

Aujourd'hui même, en effet, le président du conseil des ministres, M. Sagasta, et ses collègues ont offert leur démission au roi Amédée. Ils la motivaient sur la présence du général Gándara au palais royal en qualité de gouverneur. Il n'y a pas en Espagne de ministre de la maison du roi, mais le gouverneur du palais en remplit la charge et exerce naturellement une influence considérable sur le souverain auquel il est intimement attaché. Or, les ministres prétendaient que M. Gándara prenait beaucoup trop d'empire sur le prince et qu'il s'efforçait de desservir auprès de lui M. Sagasta, au profit de M. Zorrilla. Le chef des radicaux est très-désireux d'un portefeuille, malgré les injures qu'il a adressées et qu'il adresse chaque jour à la personne royale. Il est certain qu'il travaille activement à arriver aux affaires. Mais les hommes qui connaissent les roueries politiques des progressistes assurent que M. Sagasta ne redoute pas d'être supplanté par M. Zorrilla, que son vrai concurrent est le maréchal Serrano, qu'il n'a pas osé attaquer le maréchal dans les circonstances actuelles et qu'il a prononcé le nom de M. Zorrilla simplement pour avoir un prétexte. D'autre part, les attaches de M. Gándara ne sont pas chez les radicaux, mais bien chez les *fronterizos*. Son passé le classe dans ce parti. Particulièrement, son amitié pour M. Serrano indique clairement ses tendances. On croit généralement qu'il insinuait au roi de donner la présidence au duc de la Torre et que M. Sagasta ne lui a pas pardonné ce conseil. Il a mis le prince en demeure de choisir entre lui et le général. Le prince a sacrifié M. Gándara, et M. Sagasta reste au ministère.

On ne sait pas comment le maréchal Serrano accueillera l'échec de son agent. Un bruit singulier courait Madrid hier et aujourd'hui. On disait que les troupes amédéistes se battaient contre les carlistes de Navarre au cri de : *Viva Alfonso XII!* Je crois le fait peu probable, bien que l'armée compte un grand nombre d'alphonsins ; car si les régiments osaient manifester leur opinion aussi hautement, il est à supposer qu'ils ne mettraient pas tant de formes pour faire défection. En tous cas, il est impossible de vérifier le fait, les nouvelles Navarraises étant rares et confuses. Mais on assure que ce qui a donné lieu à cette rumeur, c'est que le maréchal Serrano aurait fait afficher dans son camp plusieurs proclamations aux soldats, se terminant par ces mots : *Viva la liberdad! Viva el rey!* sans prononcer le nom de Don Amédée. Aussi, plusieurs personnes se sont dit : « Il est bien étonnant que le maréchal ne dise pas quel roi il veut voir vivre. S'il ne parle pas du roi Amédée, c'est peut-être parce qu'il est prêt à une de ces évolutions subites dont il a le secret et qu'il reviendrait au roi Alphonse. » Voilà, ce me semble, l'explication de cette nouvelle, bien qu'il n'y ait rien d'impossible à ce que M. Serrano change d'opinion. Il est coutumier du fait.

XXIX

ENTRÉE DE DON CARLOS EN ESPAGNE.

Salvatierra, 9 mai.

Si je ne vous donne pas plus de nouvelles du mouvement carliste, c'est d'abord qu'elles sont très-rares et qu'ensuite il est extrêmement difficile de se les procurer. On ne se renseigne pas en Espagne aussi aisément qu'en France. Ici la population est clair-semée, les villes éloignées les unes des autres par une distance considérable, les communications pénibles, longues à parcourir. En outre, la guerre de Navarre ne se fait pas dans les conditions ordinaires. Précisément à raison de son caractère particulier, les faits militaires sont peu nombreux. Les oreilles vous tintent encore des coups de canon qui, nuit et jour, grondaient autour de Paris pendant le siége ; vous pensez que les montagnes cantabriques se renvoient, de minute en minute, d'écho en écho, les détonations de l'artillerie du duc de la Torre et les feux de peloton des carabines carlistes. Je crois bien que la gueule des canons est aussi nette que la boîte de votre montre et que plus d'un fusil n'a pas brûlé sa première cartouche.

En partant de Madrid pour me rendre à Salvatierra, à deux pas de la Navarre, je me suis procuré cinq ou six journaux de Paris contenant des correspondances d'Espagne : « Voyons donc, me suis-je dit, si je suis plus niais que mes confrères et s'ils ont trouvé des renseignements que moi, qui jouis à Madrid des relations les plus variées, je n'ai pu découvrir. » Vraiment, il n'est pas besoin de venir dans la Péninsule pour instruire le public de cette façon. Il suffit d'une imagination fertile dans laquelle on puise au coin de son feu ou sur le boulevard. Ces correspondances fourmillent de monstruosités, le mot n'est pas trop fort. Elles ne se contentent pas de prendre le Pirée pour un homme et Genève pour une ville de Navarre; elles confondent des noms de généraux amédéistes avec des noms de défilés; des colonels deviennent des villages; un combat homérique s'est livré dans tel endroit où un caporal ne pourrait pas faire déployer ses quatre hommes; M. Serrano est fusillé; Don Carlos mis en croix; et des récits insensés sont brodés avec un naturel qui, dans les cafés parisiens, doit les faire accepter comme paroles d'Évangile. Un de ces correspondants va même jusqu'à dire qu'il a visité les camps de Don Carlos et jusqu'à raconter des scènes de bivouac. Il faut n'avoir jamais vu les frontières navarraises, en chemin de fer, en train express, pour croire que sa description n'est pas inventée.

Il n'est pas facile de pénétrer en Navarre par les

chemins d'Alsasua, de Logroño ou même de Saragosse, parce qu'ils sont coupés la plupart du temps. Les voitures sont introuvables. La route à pied est dangereuse et fort pénible. Et quand même vous parviendriez à Pampelune, capitale de la Navarre, vous n'apprendriez rien. J'ai sous les yeux une lettre adressée de Pampelune à une personne de cette ville. Elle est arrivée hier à une heure de relevée. Sa date est antérieure de trois jours, son voyage est toute une odyssée. Confiée avec d'autres à un paysan, elle a franchi la chaîne du côté de Tolosa. Le porteur a été poursuivi par les troupes et successivement par les carlistes. Un moment, il a failli périr. Surpris dans un ravin par deux reconnaissances ennemies qui se sont mises à échanger des coups de fusil, il a été obligé de se blottir dans la rivière et il a atteint une bourgade du Guipuzcoa, au bout de trois journées de marche, mouillé comme un canard, grelottant la fièvre. Voilà comment il est facile d'aller se promener en Navarre, les mains dans ses poches, et d'inspecter les bandes carlistes. La lettre dont je vous parle affirme qu'on ne sait rien à Pampelune de ce qui se passe en Navarre, que les bruits les plus contradictoires viennent d'heure en heure troubler sa population ordinairement si paisible, et cela n'a rien d'étonnant. Pampelune est occupée par les troupes du maréchal Serrano, premier motif pour qu'aucun événement ne s'y produise. En second lieu, sa position topographique la place à peu près dans les conditions d'une ville située hors de la Navarre. Elle est bâtie au bout d'une longue vallée en forme de corne; le pays qui s'étend devant elle est découvert et n'offre pas aux carlistes un terrain d'opération favorable.

Je vous répète que les partisans de Don Carlos se tiennent dans les montagnes les plus inaccessibles, qu'ils évivent le combat, à part quelques bandes des leurs qui descendent dans les vals ou sur les plateaux et harcellent les régiments réguliers. Ils gardent le silence le plus complet et, dans aucun soulèvement, ils n'avaient montré autant de discipline. Les Navarrais et les Guipuzcoans restés dans les habitations observent la même discrétion et fournissent aux combattants tous les renseignements, tous les objets qu'ils demandent, la contrée entière étant carliste. De la part du gouvernement, la réserve est la même. Ses bulletins de guerre sont très-vagues. L'insurrection touche à sa fin et les départs de troupes continuent sur tous les points. On assure qu'à présent M. Serrano aurait une douzaine de mille hommes sous ses ordres. Mais on dit aussi que M. Serrano n'est pas lui-même exactement au courant de la situation. Les officiers qui opèrent sous son commandement ne lui avouent pas toujours la vérité. Ainsi, l'on a surpris plusieurs fois le général Moriones en flagrant délit d'exagération, pour ne pas dire davantage. Je connais à Madrid divers officiers qui ont été les compagnons d'armes de M. Moriones et qui m'ont dit que ce général avait un esprit peu précis et naturellement fanfaron. Mais, des deux côtés, carlistes et amédéistes, on exerce la plus active surveillance. Du télégraphe, des chemins de fer et des diligences il ne vient rien. Les piétons sont visités, espionnés et suivis. Les quelques maraîchers ou charbonniers qui se glissent jusque dans le Guipuzcoa et l'Avala savent seuls quelque chose, soit qu'ils aient vu une bande, soit qu'ils aient appris *una noticia* des montagnards. Encore ne faudrait-il pas s'aviser de les questionner, car alors ils deviennent absolument muets. Si vous avez un domestique intelligent ou une servante un peu entreprenante, c'est par eux que vous leur arracherez quelques mots, les gens du peuple étant aussi communicatifs entre eux que discrets avec les bourgeois. Ce moyen même est insuffisant. Le gouvernement menaçant de peines sévères les colporteurs de nouvelles, de lettres ou de journaux, ils répondent souvent qu'ils ont peur d'être « conduits devant le juge, » et ils se taisent.

A Salvatierra où dernièrement une bande de carlistes, surprise par un bataillon, lui a laissé manger le déjeuner qu'elle àpprêtait, les nouvelles ne foisonnent pas. On soutient que Don Carlos, non-seulement n'est pas tué ni prisonnier, comme la rumeur s'en est répandue il y a quelques jours, à Paris et à Madrid, mais qu'il est bel et bien à la tête de ses troupes. Je n'ai pas de peine à le croire. Bien que le gouvernement espagnol persiste à déclarer que Don Carlos est rentré en France et que cette croyance soit partagée par quelques-uns de nos agents consulaires en Espagne, sur la foi d'un individu qui, voyant trois hommes distingués dans une calèche, s'est dit qu'assurément l'un des trois était le prince, cela ne me paraît pas admissible. Ce jeune homme est brave comme le sont tous les membres de la maison de Bourbon et de la maison de Savoie où la bravoure est dans le sang; il a sous la main plusieurs milliers de partisans qui, en quinze jours d'exercice, peuvent tenir tête aux meilleurs soldats de l'Europe, qui sont fanatiques de son nom. D'ailleurs, il n'a pas subi d'échec assez grave pour précipiter son départ. Cette fameuse défaite d'Oroquieta qui devait mettre fin à la guerre et mériter au maréchal Serrano quelque titre nouveau de Prince de la Paix, a été fort mal rapportée au dire des gens de ce pays. Voici la version qui m'a été faite et qui me paraît la plus vraisemblable :

Vous savez que le 2, le général Diaz de Rada est allé recevoir Don Carlos à la frontière française, à Véra. Dans cette petite ville, on reçut le prétendant au son des cloches, en véritable souverain, et tout le long de la route qui mène aux Amescoas, massif de montagnes impénétrables, la bande, composée de quatre ou cinq mille hommes, s'attarda un peu. Les Amescoas sont situées à droite de la voie ferrée d'Alsasua à Pampelune. Les Alpes, beaucoup plus bouleversées que les Pyrénées, n'offrent pas de groupe plus fourré, plus escarpé ni d'un accès plus difficile. D'assez beaux pâturages attirent les troupeaux de moutons sur le flanc des montagnes ou dans le fond des vallées, le blé ne s'y peut cultiver. Toutes les fois qu'une insurrection a éclaté en Navarre, les partisans ont choisi les Amescoas pour leur quartier général. Là, un homme peut défendre à lui seul un défilé. C'est une forteresse inexpugnable. Il n'est même pas besoin de s'y munir de vivres. Les innombrables mérinos qui y paissent suffiraient à plusieurs milliers d'hommes pendant plusieurs mois. Le Basque et le Navarrais, ainsi du reste que tous les Espagnols, sont très-sobres. Un morceau de mouton rôti, sans pain ni vin, est un morceau succulent. Il importait donc à Don Carlos et au gros de son armée d'arriver aux Amescoas et de s'y cantonner par petits détachements sur chaque crête et dans chaque ravin, afin de garder l'entrée de ce labyrinthe inaccessible à des soldats étrangers. Mais, comme je vous l'ai dit, on s'attarda un peu en route, les villages et les hameaux que l'on traversait voulant fêter l'arrivée de leur souverain. La petite armée s'était probablement divisée en plusieurs colonnes, soit pour marcher plus facilement, soit aussi pour se ravitailler. Les paysans mettent tout ce qu'ils ont à la disposition des carlistes, étant carlistes eux-mêmes. Encore dévalisât-on une bourgade, on ne pourrait donner un morceau de pain à quatre ou cinq mille hommes, d'un seul coup, à la même heure. Les colonnes se succédaient de distance en distance et les premières étaient déjà en lieu sûr que, le 4, la dernière atteignait à peine le village d'Oroquieta, c'est-à-dire avant Irursun, et par conséquent la sierra de Andia où commencent les Amescoas. Cette colonne se composait d'un millier d'hommes, y compris les traînards, les hommes sans armes, la queue enfin de la troupe.

Trois bataillons du général Moriones, c'est-à-dire 2000 hommes, venaient, après une marche forcée, d'arriver à Oroquieta, précisément au moment où y entrait l'arrière-garde carliste. Un combat s'engagea. Les forces étaient inégales. Les carlistes se retranchèrent dans les maisons que leur ouvrirent les habitants. Il fallut les prendre d'assaut. Une lutte corps à corps, un siége à la baïonnette laissèrent naturellement, de part et d'autre, un certain nombre de morts et de blessés, une quarantaine, dit-on, de chaque côté. 250 ou 300 carlistes mal armés qui se trouvaient dans la bagarre furent faits prisonniers. Les autres se sauvèrent dans la direction de la sierra. On a prétendu que l'effectif des carlistes qui ont pris part à cet engagement était de 5, de 6 et même de 7000 hommes. Je vous répète, d'après des informations prudemment recueillies, qu'il ne se montait qu'à un mille. S'il avait été de cinq mille, comment aurait-il été mis en déroute par trois bataillons? Les Navarrais ne sont pas des fédérés avinés. Un Navarrais portant un fusil depuis huit jours est un excellent militaire qui ne se laisse pas battre sans riposter.

M. Moriones, pour se donner des gants et passer pour un Cid Campéador, — je crois que le roi Amédée vient de l'élever au grade de lieutenant-général, — a prétendu dans son rapport que Don Carlos commandait en personne à l'affaire d'Oroquieta. Il est bien surprenant d'abord qu'on n'ait pas vu le prince à la bataille et que M. Moriones, après avoir interrogé ses officiers et ses soldats, croit seulement qu'il était présent. Ensuite, il est non moins étonnant que Don Carlos ne se trouvât pas au milieu du gros de son armée et flânât ainsi en arrière, en cueillant des muguets.

Il n'y a pas eu d'autres engagements importants. Quelques bandes plus ou moins nombreuses apparaissent tous les jours çà et là, échangeant une bordée de balles avec les éclaireurs du maréchal et les faisant courir par monts et par vaux. S'il n'y a pas de combats en règle et si les carlistes persistent dans leur tactique, il n'y a pas de raison pour que la guerre de Navarre ne dure plusieurs mois encore, sans fournir un épisode intéressant.

Le plus habile de ces chefs de guérillas, et il ne s'est pas produit jusqu'à présent de partisan doué du coup d'œil de Cabrera, le plus habile est un ancien commandant du nom de Recondo. Il a une soixantaine d'années. Il a été mêlé à la guerre de sept ans contre les Christinos, et à la conspiration d'il y a deux ans qui avorta par la trahison d'un capitaine de carabiniers de Pampelune. Réfugié en France à la suite de cet événement, il est rentré en Espagne à la suite de la dernière amnistie. La veille du jour où la Navarre s'est soulevée, l'État lui a versé l'arriéré de sa pension de commandant qu'il n'avait pas émargée en exil. Recondo s'est trouvé trois fois en présence des troupes avec ses huit cents hommes. On pense que sa faction s'est un peu diminuée, quelques-uns de ses partisans étant allés grossir le camp des Amescoas. La première fois, c'était, je crois, dans le village dont il est alcade. Une cinquantaine de soldats s'étaient fourvoyés dans les rues, et auraient été hachés au premier signe. Recondo ne voulut pas abuser de la supériorité numérique des siens. Il donna la vie sauve aux fantassins et les renvoya désarmés. Il n'aborde jamais de front les bataillons qu'il rencontre. Il leur fait exécuter des marches et des contre-marches désespérées, leur tire quelques coups de carabine et les met sur les dents.

On croit que le mouvement s'accentue en Biscaye. On compte dans cette province une dizaine de mille hommes carlistes en état de porter les armes. Mais le Biscayen n'a pas l'énergie du Guipuzcoan ni du Navarrais. Lorsque Zumaccalaregui commandait les carlistes basques et navarrais dans la première guerre, il plaçait toujours un Biscayen entre un Navarrais et un Guipuzcoan. Il y en a aujourd'hui plusieurs milliers sous les armes, dit-on. Avant-hier 7, on assure qu'ils cernaient la ville de Bilbao, leur capitale, et qu'ils se disposaient à s'en emparer. Le commandant de la garnison aurait envoyé contre eux une colonne de fantassins. Depuis, aucune nouvelle de la colonne ni des carlistes n'est venue jusqu'ici.

Je n'ai pas pu apprendre autre chose à Salvatierra. Je pars en longeant la lisière de la Navarre et en descendant le Guipuzcoa, tâchant de glaner quelque nouvelle.

XXX

LES CABECILLAS CARLISTES.

Tolosa, 11 mai.

Les contes bleus que font les journaux parisiens ou madrilènes et les mensonges que le gouvernement du roi Amédée envoie au sujet des carlistes divertiraient les habitants de Tolosa s'ils n'avaient presque tous un des leurs dans l'armée de Don Carlos. Leurs intelligences avec les Amescoas et les bandes qui courent la Navarre leur permettent mieux qu'à personne de savoir à quoi s'en tenir. Tout le monde s'accorde sur ce point qu'il n'y a eu d'engagement important que celui du 4 mai à Oroquieta dont je vous ai raconté hier les principales circonstances d'après la version qui m'en a été faite à Salvatierra, où l'on est également en position d'être bien informé. Encore cet engagement n'a-t-il pas été aussi désastreux pour les carlistes que le général Moriones le prétend dans son rapport, ni par conséquent aussi décisif pour les troupes du duc de la Torre. Les forces du prétendant ne sont pas sensiblement diminuées ni la lutte plus proche de la fin. Les carlistes restent inabordables sur leurs rochers et les régiments du maréchal Serrano continuent à camper dans la plaine.

Maître corbeau, sur un arbre perché,
. . . .
Maître renard . . . .
. . . .

Voilà le jeu que jouent depuis quinze jours les carlistes et les amédéistes. Seulement les carlistes, malgré les menaces de mort ou les promesses d'amnistie, n'ont pas lâché le fromage et serrent vigoureusement le bec. Comme ils font une guerre de religion et que la guerre en elle-même est pour eux une passion, il est peu probable que les proclamations de M. Serrano les intimident ni que les promesses italiennes de magnanimité les séduisent. C'est du moins ce que l'on dit à Tolosa, ancienne capitale du pays Guipuzcoan, où une partie de la population est carliste et conséquemment partage les sentiments de ceux des siens qui sont sous les armes. Lorsqu'on demande à un Tolosan s'il est vrai que les Navarrais déposent leur carabine et viennent faire leur soumission aux autorités amédéistes, il vous répond, s'il est sûr de vous, que le gouvernement répand ce bruit afin de décider les Navarrais à rentrer chez eux. Il y en a bien sans doute quelques-uns qui se soumettent ou qui passent la frontière française, mais c'est le petit nombre, et il arrive souvent que cette soumission n'est qu'une ruse employée par les paysans désireux de revoir leur cabane. Un jour ou deux après, ils regagnent la montagne. Enfin, le gouvernement a tellement abusé des dépêches mensongères, des bulletins de victoires, des nouvelles de soumission des carlistes ou de dissolution de leurs bandes, qu'aujourd'hui, ni dans le peuple ni parmi les gens éclairés, on ne croit plus à rien de ce qu'il dit. Au commencement du soulèvement, beaucoup de personnes s'en rapportaient aux nouvelles données par la *Correspondencia de España*, petit journal très-répandu dans la Péninsule et qui renseignait le public d'une manière assez impartiale sur les premiers faits de la guerre. Mais le 27 avril, la *Correspondencia*, par un de ces miracles auxquels saint Jacques de Compostelle est certainement étranger, la *Correspondencia* ayant tourné subitement ses voiles et se faisant la trompette des triomphes du roi Amédée, on la lit à présent avec indifférence, sans y ajouter plus de foi qu'aux dithyrambes de la *Iberia*. Notamment, en ce qui concerne les dissolutions de bandes carlistes, M. Sagasta a annoncé, depuis le 1er mai, la dissolution de plus de cent bandes. De cette façon, il y aurait cinquante mille carlistes sous les armes, tandis qu'il y en a une quinzaine de mille tout au plus. Pour citer un exemple : aujourd'hui même, il y a un quart d'heure, une dépêche signalait la dispersion de la bande de Recondo. C'est la troisième fois qu'on l'annonce; ce qui n'empêche pas que tous les jours le même quartier-général informe le ministère que l'on a vu Recondo et ses partisans à Véra; puis, le lendemain, qu'on l'a vu à Ségura; puis, le surlendemain, à Ituren. La Catalogne et l'Aragon seraient complétement tranquilles, au dire du président du conseil, et le même ministre communique aux feuilles à sa dévotion qu'une bande dans la province de Tarragone est dissoute, que la bande de Gamunda en Aragon est dispersée, que Caraza est en fuite et s'amuse, en se sauvant, à enlever le chemin de fer entre Pampelune et Tafalla, et que le colonel Escoday Ganeta, très-irrité contre les carlistes, aurait demandé au gouvernement de ne l'envoyer ni en Navarre ni dans aucune des trois provinces sœurs, mais bien à Gerona. Il y a donc des bandes carlistes dans tout le nord de l'Espagne, puisque le gouvernement en disperse partout. Mais il faut bien comprendre ce qu'on entend ici par « dissolution d'une bande. » Ces bandes sont pour la plupart mal armées, mal commandées, sans ressources suffisantes. Lorsque les troupes les poursuivent de trop près, les hommes qui les composent se réfugient de côté et d'autre, quitte à se réunir quarante-huit heures plus tard ou trois lieues plus loin.

Toutes ces dépêches et la demande du colonel Ganeta semblent indiquer que la situation où se trouvent les provinces catalanes serait presque aussi alarmante que celle des provinces vasco-navarraises. Elles s'accorderaient avec la croyance répandue ici que Tristany organise les carlistes de la Catalogne et du Maestrazgo. Cependant, la demande du colonel Ganeta a une autre cause. Si je suis bien informé, le colonel est ce même officier de *caribeneros* qui, il y a deux ans, à Pampelune, fit avorter une conspiration carliste dans laquelle il était entré et même de laquelle, dit-on, il aurait reçu des arrhes, en la dénonçant à Madrid. Vous pensez quelle haine cet acte a excitée contre lui parmi les carlistes de la Navarre. Aussi l'on prétend que M. Ganeta ne montre tant d'acharnement contre ceux de la Catalogne que parce qu'il a peur que les Navarrais, dans le cas où il tomberait dans leurs mains, ne le traitassent comme un ami du chanoine Tristany, l'oncle du partisan actuel, voulait traiter la reine Christine. Dans la guerre de sept ans entre les carlistes et les christinos, vous vous rappelez que le chanoine Tristany s'était rendu célèbre par l'exaltation avec laquelle il conduisait les partisans carlistes contre les troupes de la reine. Le chanoine avait un ami, carliste comme lui, mais plus vieux et plus podagre. Cet ami était curé d'un village d'Aragon et préférait à la bataille quelque petit dîner intime avec deux ou trois confrères, où l'on fêtait une once gagnée au prône. Quelqu'un qui connaissait son faible lui dit un jour :

« Eh bien, monsieur l'abbé, quand allez-vous rejoindre M. le chanoine Tristany ?

— Euh ! euh ! nous verrons.

— Mais enfin, que feriez-vous de la reine Christine si elle était votre prisonnière ?

— Je lui couperais la tête, répondit le vieux carliste.

— Sans même lui donner le temps de se confesser?

— Non, certes, si elle allait au paradis, je n'y voudrais pas aller. »

Il y avait encore, ces jours derniers, dans le Guipuzcoa, quelques petites bandes à peine organisées et qui, dit-on, viennent de passer en Navarre. Un vieillard, fermier sur la frontière guipuzcoa-navarraise, disait hier que quatre cents hommes de son village et trois curés étaient partis depuis le soulèvement.

« Nous ne voulons plus de ces libéraux, ajoutait-il,

parce qu'ils n'aiment la liberté que pour eux. Nous ne pouvons pas même nous faire frères-lais. Voyez en France, les jésuites vivent en paix ; chez nous, on les persécute. »

Le pauvre homme avait raison pour les jésuites :

Qu'on puisse aller même à la messe,
Ainsi le veut la liberté.

Mais s'il passait six mois en France, il reviendrait bien vite en Espagne, car il n'est pas au monde de pays où l'on comprenne la liberté moins que chez nous.

Don Carlos aurait adressé un nouvel appel aux carlistes retardataires, et son appel aurait hâté leur départ. Le motif de ce nouveau sacrifice serait la nécessité de reconstituer la colonne surprise et défaite a Oroquieta. Dans beaucoup de fermes, on signale des jeunes gens partis pour les Amescoas. Deux auraient quitté l'Antiguo la nuit dernière. L'Antiguo est un petit village d'origine romaine, l'*Antiguo*, l'*ancienne ville*, situé au bout de la Concha de Saint-Sébastien. Et même dans cette ville où domine l'opinion progressiste, six carlistes, y compris le jardinier de M. Lasala y Collado, député ministériel de la capitale vasconde, seraient partis également la même nuit avec une bande de cinquante-deux hommes formée dans les environs. Cet empressement ne leur assure pas la victoire, parce qu'ils manquent de chefs habiles, que leurs forces sont insuffisantes et que, sans le secours des républicains, ils n'ont pas de chance de généraliser le soulèvement et de réussir ; mais il prouve la vivacité de l'opinion carliste dans les provinces avoisinant les Pyrénées. Ce soulèvement est le huitième. L'un a duré sept ans. Ils ont toujours été battus en fin de compte. Ils le seront encore cette fois vraisemblablement. N'importe, disent-ils, ils recommenceront aussitôt qu'ils le pourront.

Je ne suis pas plus carliste qu'amédéiste, bien que, si je dusse avoir des sympathies pour Don Carlos ou pour Don Amédée, je m'en sentirais plutôt pour celui des deux qui, descendant de Philippe V, a du sang français dans les veines; toutefois, je ne puis me défendre d'admiration pour ces paysans, braves et sobres, qui se battent au nom de leur religion et de leur roi. Ils savent bien que Don Carlos montant sur le trône, ils retourneront à leur charrue, à leurs travaux, leur pain noir. Ce n'est pas les appétits qui les guient. Ils marchent contre ceux qui attaquent leurs traditions religieuses et le prince qu'ils croient que Dieu leur a donné pour roi. Ils sont nés, élevés et nourris dans ces croyances. Ce matin, en me promenant sur les bords de l'Oria, je voyais des enfants hauts comme des poupées qui s'étaient coiffés d'un petit *boina* blanc et ceints d'une écharpe blanche — il n'y a pas six mois qu'ils étaient encore à la layette, — et qui jouaient aux carlistes. Trois ou quatre avaient le *boina* rouge et composaient le bataillon des *volontaires de la liberté* ou des libéraux. Après un simulacre de combat, on en vint aux coups véritables. Les blancs, plus nombreux, rossèrent les rouges d'importance. L'un des carlistes, méchant comme un coq, s'acharnait sur un libéral vaincu mordant la poussière. Je fus obligé d'intervenir. C'étaient des enfants du peuple qui n'avaient pas de bonnes; j'éloignai le blanc en le grondant de sa méchanceté, et je donnai un morceau de sucre au rouge qui pleurait à m'écorcher les oreilles. Dans vingt ans, ces petits carlistes se feront tuer peut-être pour Carlos VII vieilli ou pour le jeune Carlos VIII, prétendant aussi malheureux, c'est possible, que le duc de Madrid, que Carlos VI et que Carlos V. Cette persistance du carlisme dans les pays vasco-navarrais part certainement d'un excès de fanatisme, mais il part aussi de cette force morale, de cette foi vigoureuse dont s'est faite la grandeur du moyen-âge qui survit au milieu de ces montagnes.

Il est à remarquer que l'élément carliste s'est conservé intact dans les populations agricoles et s'est modifié dans les villes et les localités industrielles. Une grande route, une manufacture suffisent pour donner naissance à un groupe de libéraux plus ou moins républicains ou plus ou moins progressistes. Ainsi, les deux petites villes d'Oyarzun et de Renteria, près de la frontière française, en Guipuzcoa, sont très-proches voisines. Oyarzun est tout entier carliste; Renteria compte un certain nombre de libéraux. C'est qu'à Renteria il y a quelques fabriques et que la route de Madrid la traverse. De temps en temps des rixes éclatent entre les deux populations et l'on se lance des pierres.

Un spectacle plus curieux se voit quelquefois. Dans un ménage, le mari et la femme ne sont pas toujours du même parti. Tout à l'heure, je causais avec un ouvrier plâtrier qui refait un plafond dans la maison où je suis. « Moi, me disait-il, je suis libéral ; mais ma femme est carliste et les parents de ma femme sont carlistes. » Ces dissentiments se produisent dans les familles plus fortunées. On détient en ce moment au château de l'Orgullo à Saint-Sébastien, l'alcade de Segura où des partisans, il y a une semaine, ont blessé sept ou huit soldats, entre autres un capitaine dangereusement atteint par une balle au genou. Cet alcade, M. Zurbano, est connu pour ses opinions carlistes. Le gouvernement le soupçonnait de faire parvenir des munitions aux Amescoas, Segura n'en étant pas éloigné. Ce soupçon détermina son arrestation. Ce qu'il y a de curieux, c'est que sa femme, la señora de Zurbano, est non moins connue pour ses opinions libérales et que politiquement elle a été obligée de se réjouir de l'arrestation de son mari.

On ne sait pas ici ce qu'est devenu Amilivia. Amilivia est un beau vieillard qui a la réputation d'un des plus élégants danseurs du Guipuzcoa ; la danse, la guitare, la mandoline, les castagnettes et le chant étant en honneur d'Irun à Cadix. A certaines fêtes, il est d'usage de danser sur la *Plaza mayor* ou sur le gazon du *Paseo*. Les gars et les fils de famille dansent pêle-mêle, du moins dans les districts où les mœurs primitives se sont conservées sans mélange. Donc Amilivia ne manquait pas une danse dans tout le Guipuzcoa ; les brunes et sèches Guipuzcoanes en avaient fait leur coqueluche. Mais, hélas ! la guerre civile est venue, adieu les *boleros* et la *jota !* Amilivia cultivait dans le silence de son cœur la politique à côté des arts d'agrément. Amilivia est carliste. Le 6 ou le 7, je crois,

Amilivia a joué un bon tour où l'agilité de ses jambes a eu le beau rôle. Avec la petite bande d'amis qu'il s'est faits à la danse, il s'est glissé en tapinois dans la ville d'Azpéitia qu'il a émerveillée plus d'une fois par ses entrechats. Là, il s'est emparé prestement des fusils des *Volontaires de la liberté* non moins vigilants que nos gardes nationaux. On l'a vu le lendemain, à Azcoitia, rire de la stupéfaction des *volontaires*. Puis il a disparu. Où est-il? Pauvre Amilivia! si une balle vient mettre fin à tes amours avec Terpsychore, tous les tambours de basque du Guipuzcoa se voileront d'un crêpe et les Vasconnes amoureuses de la danse iront couper pour ta tombe des fleurs sauvages dans les forêts de Salinas et de Hernio ou des myosotis dans la vallée de Loyola.

D'après les lettres et les bruits apportés aujourd'hui à Tolosa par les voyageurs venant de Saint-Sébastien, les trois ou quatre vapeurs de guerre amarrés dans la baie sébastianaise seraient partis. Ils étaient en panne depuis plusieurs jours. On prétendait qu'ils avaient été envoyés par le gouvernement pour surveiller les côtes, comme si Don Carlos avait une Armada qui les menaçât. Le téméraire n'a pas même une barque. Son amiral est le pendant de l'amiral suisse. D'autres pensent que ces vapeurs sont venus amener tout simplement à Saint-Sébastien des troupes, des armes et des munitions. Et de fait, ils ont débarqué plusieurs bataillons; car, en Espagne, la guerre ne se fait pas comme partout. Il y a quinze jours qu'il n'existe plus un seul Vasco-Navarrais, au dire de l'état-major du maréchal Serrano et de M. le ministre d'État Sagasta. Si cela se passait en France ou en Angleterre, les soldats français rentreraient à Paris et les soldats anglais à Londres. Ici, on envoie d'heure en heure de nouveaux renforts à ces terribles vainqueurs.

Je reçois aussi deux nouvelles de Vitoria. La colonne de fantassins de la garnison de Bilbao envoyée, le 7, contre les carlistes qui se disposaient à cerner la ville, est rentrée dans ses casernes rapportant deux morts et trois blessés, ce qui fait croire qu'il n'y a pas eu de combat bien vif et que les carlistes se sont retirés vers les montagnes.

Le second événement serait la réapparition près de Barcelone du général Hermenegildo Ceballos. Qu'est-ce que c'est que ce général? La Péninsule en possède un si grand nombre que bientôt elle n'aura rien à envier à la république de Vénézuela. A Vénézuela, il n'y a que des généraux et des avocats. Lorsque deux muletiers se rencontrent : *Adios, doctor!* dit le premier au second qui lui répond, sans même lever la tête, tant il est sûr de son fait, *adios, general, adios!*

XXXI

LE COMBAT D'OROQUIETA.

Beasain, 12 mai.

Voici quelques renseignements intéressants sur l'affaire d'Oroquieta que je tiens d'un membre de la *Société internationale de secours aux blessés* dont une section s'est formée à Pampelune, sous la croix de la Convention de Genève. Il s'est rendu lui-même à Oroquieta, le 6 mai, deux jours après l'action, pour aider au pansement des blessés.

Il n'est peut-être pas inutile de vous dire que Pampelune est une des villes espagnoles où le service médical est le mieux installé. Elle compte plusieurs médecins distingués et des hospices ou maisons d'assistance bien tenues que j'ai pu visiter, il y a trois semaines. La population est elle-même hospitalière et compatissante aux malades. Un trait de ses mœurs vous le montrera. L'usage s'est établi d'envoyer une poule à toute femme en couches que l'on connaît. Cette poule est destinée à lui faire du bouillon. Une jeune dame de Pampelune me contait qu'elle en reçut cent soixante, lorsque, il y a quinze mois, sa petite fille vint au monde. Les femmes pourraient se faire un revenu de cette basse-cour, si elles n'étaient tenues à pareille réciprocité envers leurs amies en mal d'enfant. C'est M. Landa, médecin militaire fixé à Pampelune, qui a fondé la *Société de secours*. M. Landa s'est fait remarquer par les services qu'il a rendus à l'armée espagnole pendant la guerre contre le Maroc. Dans les derniers événements entre la France et la Prusse, M. Landa s'est mis à la disposition des ambulances et a offert aux hôpitaux militaires des deux nations, au nom de la population navarraise, du vieux vin de Navarre pour la consommation des convalescents.

Dès que la nouvelle du combat d'Oroquieta arriva, le 5 au soir, à Pampelune, le docteur Palacios, un pharmacien, le membre de la société qui me donne ces détails et plusieurs personnes charitables de la ville se mirent en marche vers le théâtre de la lutte, munis de provisions de bouche, de médicaments et d'instruments de chirurgie. La caravane se dirigea d'abord vers Irursun, siége de l'état-major de l'armée. Elle arriva dans la journée du 6 et fut reçue par le général Moriones, commandant en chef, et par le général Letona. Le général Moriones, dont le caractère est brusque, ne fut pas long à la complimenter. Je dois vous dire que cet officier ne jouit pas d'un grand crédit dans la capitale navarraise où il a commandé, même parmi les progressistes. Les mauvaises langues prétendent qu'il a gagné ses grades en inventant des soulèvements carlistes et en feignant de les réprimer. Je vous prie d'observer que je ne suis qu'un écho et que je n'ai aucune raison d'ajouter foi à cette médisance ou à cette calomnie, puisqu'en définitive M. Moriones a triomphé à Oroquieta. Mais M. Letona félicita chaudement les infirmiers volontaires de leur humanité et de leur empressement. Ceux-ci se rendirent alors à Oroquieta, qui est situé non loin d'Irursun, dans la direction du nord-est, et l'atteignirent le même jour.

Oroquieta est un pauvre village composé de six maisons, de l'habitation du curé et de l'église. Dans l'une de ces masures étaient couchés, sur de la paille et des feuilles sèches, dix-huit blessés dont huit soldats et dix carlistes. Ils occupaient deux chambres basses et un corridor. Plusieurs avaient des blessures affreuses, envenimées par le manque de soins pendant deux jours. Je ne sais s'il faut attribuer cet abandon à la négligence du général Moriones ou à la mauvaise organisation du service de santé dans les régiments qui sont sous ses ordres; mais on n'avait laissé auprès des dix-huit blessés qu'un fantassin qui avait été garçon apothicaire avant d'être soldat. Le brave garçon était sans ressources pour soulager ses malades. Il n'avait pu même leur faire une infusion et avait dû se borner à découper des bandages dans les chemises que portaient quelques-uns des militaires; car, au service de l'Espagne, comme au service de l'Autriche, le militaire n'est pas riche et la chemise ne figure souvent qu'au budget de la guerre. La fièvre les avait saisis. Une odeur fétide emplissait ce bouge. C'était un spectacle lamentable.

Les ambulanciers se mirent aussitôt à l'œuvre. Ils

enlevèrent les malades de ce pourrissoir, les distribuèrent entre les six cabanes, d'accord avec leurs habitants, les étendirent de leur mieux sur les grabats de mousse de ces bergers. Puis ils délièrent les pansages, lavèrent les plaies, y appliquèrent des compresses, leur donnèrent enfin les premiers soins et fabriquèrent deux seaux de limonade qu'avalèrent en un instant les fiévreux dont la moitié au moins succombera, pense le docteur Palacios.

Après quoi, le directeur de l'ambulance remit au curé les médicaments et les instructions nécessaires pour soigner les blessés, plus mille réaux pour l'achat des objets dont il aurait besoin ou l'indemnisation des gens d'Oroquieta, et deux cents réaux pour dire des messes à l'intention des vingt victimes qui avaient été inhumées l'avant-veille dans le cimetière du village.

On avait pourvu au plus pressé. Le docteur, le pharmacien, le membre du comité de la société et les autres personnes qui accompagnaient l'ambulance visitèrent le terrain. Les maisons étaient criblées de balles. L'une d'elles s'était à peu près effondrée sous le feu de l'artillerie de montagne du général Moriones. Dans les champs et les chemins environnants, on voyait une certaine quantité de bidons, de chaussures déchirées, de fourreaux de baïonnettes abandonnés par les combattants. Ils trouvèrent même un bâton emmanché d'un tranchet de cordonnier qui avait appartenu à un carliste, car il paraît que la plupart des partisans étaient armés seulement de pieux et autres armes primitives. L'inspection terminée, ils interrogèrent le curé et les habitants encore tout effrayés du combat auquel ils avaient assisté. La surprise et l'émotion n'ont pas dû permettre à ces malheureux montagnards de se rendre un compte bien exact de l'engagement et le récit qu'ils en ont fait à l'ambulance de Pampelune laisse bien des points dans l'obscurité.

Au dire du curé, bon vieillard septuagénaire, Don Carlos serait arrivé à Oroquieta, le 4 mai, cinq heures avant que les troupes du général Moriones n'y vinssent surprendre ses hommes. Il était mort de faim et de fatigue. Son état-major et sa bande n'étaient guères en meilleur état. Parmi ses capitaines se trouvaient un pharmacien et un marchand de chasubles de Pampelune. Vous voyez que Don Carlos est plus démocrate que l'on ne pense. Le colonel ou général Aguirre était avec lui. La servante du curé disposa le couvert, fit une soupe à l'ail et un ragoût d'agneau. Don Carlos s'assit à table, entouré de ses officiers, ayant le pasteur à sa droite et mangea de bon appétit.

Je ne sais pas si tout cela dura cinq heures et si la table était desservie lorsqu'on entendit les premiers coups de feu. Mais d'après les rapports qui ont été faits par le curé et les gens d'Oroquieta à la personne qui me fournit ces détails, les carlistes prirent les armes dès qu'ils s'aperçurent qu'ils étaient attaqués à l'improviste par le général Moriones, lequel avait été averti on ne sait par qui. Sur les 2 ou 3000 hommes qui composaient la bande, mille ou douze cents seulement étaient armés. Les autres n'ayant que des bâtons, ne tardèrent pas à s'enfuir. Les premiers, bien que se trouvant en présence de forces bien supérieures, se barricadèrent dans les maisons, se glissèrent derrière des plis de terrain ou se postèrent a l'abri des rochers. Le combat a duré une heure et demie, probablement aussi longtemps que les munitions. Vingt morts et dix-huit blessés tant carlistes qu'amédéistes ont été ramassés sur le champ de la lutte et plusieurs centaines de prisonniers, les uns disent trois cents, les autres sept cents, sont tombés entre les mains de M. Moriones, lorsque la résistance est devenue impossible. On prétend, ce n'est pas au membre de la société de secours que je fais allusion en parlant du nombre des prisonniers et du traitement qu'on leur a fait subir, on prétend que M. Moriones a fait conduire ces prisonniers à Pampelune, quatre à quatre, les mains attachées derrière le dos, et que le gouvernement oblige l'ayuntamiento pampelunois à les nourrir à ses frais. Je n'ai pu vérifier ces trois faits, l'ambulancier n'en parlant pas dans les renseignements qu'il a envoyés à Beasain.

Vous voyez que son récit est incomplet, bien que je n'émette pas le moindre doute sur la sincérité avec laquelle il rapporte les informations qu'il a recueillies à Oroquieta. C'est un homme des plus honorables, très-connu à Pampelune.

Il y a plusieurs points qu'il importerait d'éclaircir et que je n'ai pu débrouiller soit à l'aide de ces renseignements venus de la capitale navarraise, soit au moyen du récit qui m'a été fait à Salvatierra et des nouvelles que l'on donne de côté et d'autre dans le public. Car vous n'imaginez pas jusqu'à quel point il est difficile de se bien renseigner, que l'on soit étranger ou que l'on soit du pays, sur les événements de cette guerre. Elle se passerait au Chili que l'on saurait aussi facilement la vérité.

Ce que je voudrais surtout savoir, ce sont les points suivants :

Les troupes surprises à Oroquieta par le général Moriones formaient-elles l'armée entière de Don Carlos? D'après la version de l'ambulance, il paraîtrait que tous les partisans qui étaient allés recevoir le prétendant, le 2 mai, à la frontière française, au delà de Véra, sous le commandement du général Rada, escortaient Don Carlos dans la direction des Amescoas et marchaient en une seule bande, sans ordre, discipline ni précaution, puisqu'ils ont été surpris à Oroquieta où ils n'avaient pas même disposé des sentinelles autour de leur camp improvisé. D'après la version de Salvatierra qui est la plus vraisemblable, mais qui peut cependant n'être pas exacte, les partisans étaient plus de trois mille à l'entrée du prince à Véra. En sortant de cette petite ville pour gagner les montagnes de Amescoas, ils se seraient divisés en plusieurs colonnes, tant pour marcher plus commodément que pour se ravitailler dans les villages qui se trouvent sur la route, sans trop gêner les paysans. La colonne suprise à Oroquieta ne serait que l'arrière-garde de l'armée.

Don Carlos a-t-il pris part à l'engagement? On pourrait le présumer si l'on savait à quoi s'en tenir sur le premier point. Il est à peu près certain, en effet, que si la bande d'Oroquieta était au complet, Don Carlos a dû assister à l'irruption des régiments de

M. Moriones dans le village. Au contraire, si elle n'était que le groupe des retardataires, il est peu probable qu'il en fît partie. Le dîner chez le curé aurait eu lieu, dans ce cas, antérieurement à l'arrivée de cette dernière colonne. Toutefois, le membre de la société de secours qui ne fait, j'en suis sûr, que répéter les dires du curé et des paysans ses paroissiens, parle de Don Carlos au moment où l'on sonna l'alarme dans les rangs des carlistes. Le prince serait sorti du presbytère en brandissant son épée. Mais comme aucun témoignage ne vient établir ce qu'il est devenu à partir de ce moment et que personne ne l'a vu combattre, du moins personne ne le rapporte avec preuves à l'appui, il faut, je crois, s'arrêter à l'une de ces hypothèses : ou le correspondant, mon auteur, n'a pas bien compris si le curé lui a dit que Don Carlos avait brandi son épée, en se levant de table, comme un signe de résolution guerrière, ou l'avait tirée du fourreau pour se défendre contre les assaillants; et alors le moment de cette scène est discutable; ou le prince, se levant de table au cri de : *Voilà l'ennemi!* sautant à cheval et voyant la situation perdue, se serait enfui vers les Amescoas avec ceux des siens qui ne pouvaient combattre faute d'armes.

Tel est le rôle que l'on est obligé de faire jouer à Don Carlos si l'on admet qu'il était encore au presbytère à l'arrivée du général Moriones. Le membre de la société de secours qui, tout sincère qu'il soit, désirerait que les choses se fussent passées de cette manière (il est progressiste) entend établir son assertion sur les paroles vagues et vaguement rapportées du curé et sur deux proclamations de Don Carlos ramassées sur le terrain. J'ai ces proclamations entre les mains. L'une est adressée aux Espagnols; l'autre, aux soldats. Elles ont été publiées par les journaux français. L'ambulancier les a trouvées devant l'église d'Oroquieta, où il paraît que les soldats auraient brûlé une valise que l'on pensait être celle de Don Carlos. Il est bien étonnant que le prince emplisse d'imprimés sa valise et que l'on n'y ait rien découvert de plus intéressant. La preuve n'est donc pas du tout concluante.

Je ne puis vous donner mon avis sur ces deux faits: de quoi se composait la bande d'Oroquieta? Où était Don Carlos? parce que je n'ai pas les éléments suffisants pour me prononcer. Mais permettez-moi de vous dire que la fuite de Don Carlos au moment du combat me paraît bien invraisemblable; il me semble qu'il devait être déjà parti, tant il serait indigne d'un Bourbon de courir en lieu sûr quand de braves paysans mal armés engagent la lutte.

XXXII

EL INDULTO.

Hernani, 14 mai.

Il vient de se passer un fait auquel les hommes habitués à regarder par la lanterne magique de la politique des Espagnes, attachent une signification qui a dû échapper au public. Dans une proclamation adressée aux Navarrais, le général Letona qui commande l'une des divisions chargées de pacifier le soulèvement carliste, a promis l'*indulto* ou amnistie à tous les partisans qui rendront les armes. Aucune exception n'est posée. Aucun détail n'est fixé. Les organisateurs de la guerre, les chefs militaires, les curés et tous ceux qui sont à la tête des rebelles ou dans leurs rangs ne seront inquiétés par le gouvernement à partir du jour où ils viendront déclarer aux autorités constituées qu'ils rentrent à leur domicile. M. Letona a découvert le meilleur moyen peut-être d'apaiser, provisoirement tout au moins, le mouvement carliste. Mais quelques personnes croient voir, dans l'ordre du jour du général, un acte d'indépendance, et le premier fait par lequel s'affirme le parti du prince Alphonse. M. Letona, en effet, est alphonsin. Il y a quelques semaines, il l'a déclaré formellement dans une lettre que la presse de Madrid a reproduite. Et ce en quoi l'on croit apercevoir l'entrée en campagne des conservateurs modérés, c'est dans ce fait que le général Letona a promis l'*indulto*, de son propre chef, sans en référer au maréchal Serrano, sous les ordres duquel il est placé, ni au gouvernement du roi Amédée. Cette interprétation me paraît un peu subtile. Il me semble que l'on ne saurait donner un caractère politique à la mesure adoptée par M. Letona. Elle montre seulement que cet officier a l'intelligence de la situation, puisque les autres généraux et le maréchal Serrano se sont rendus à son exemple. Voyant que la promesse de l'*indulto* produisait une bonne impression, ils ont fini par l'accorder dans les mêmes termes.

Je ne sais si c'est un premier résultat de l'*indulto* ou si ce n'est qu'une coïncidence, mais la bande de cinq à six cents hommes réunie par Recondo a fait sa soumission, il y a deux jours, entre les mains du brigadier Primo Rivera, à Puente la Reyna, bourg situé sur la rivière de l'Arga au sud-ouest de Pampelune. La plupart de ces partisans ont été amenés le 12 au soir, à neuf heures, dans la ville de Saint-Sébastien où le gouverneur civil leur a délivré des sauf-conduits. Après quoi, ils ont repris le chemin de leurs villagss. J'en ai rencontré trois tout à l'heure près de l'ancienne porte d'Hernani, qui touche l'ayuntamiento. Leurs vêtements sont dans un état de délabrement pitoyable et leur corps est maigre à faire pitié. Vraiment, il n'y a pas grand mérite à battre des pauvres gens aussi mal équipés, et la victoire d'Oroquieta ne valait pas au général Moriones un autographe du roi.

Cette soumission a jeté le désarroi parmi les carlistes de Navarre qui étaient restés en partie aux Amescoas et dont les autres avaient gagné le nord de la province. On ne dit rien de ceux que l'on suppose aux Amescoas, dans la sierra de Andia et dans les districts méridionaux; mais on raconte, sans que je puisse pour ma part faire autre chose que vous répéter ces propos, on raconte que ceux du Nord seraient très-irrités contre Don Carlos à cause de sa conduite à Oroquieta. Je vous ai dit ce que je pensais de ce récit répandu par les progressistes et le gouvernement. Toutefois, il paraît à peu près certain qu'il règne dans ces mêmes bandes une vive excitation contre les chefs. Les généraux Ellio et Lirio auraient même failli être fusillés par leurs hommes, au dire de certaines personnes qui expliquent que les carlistes ne pardonneraient pas aux instigateurs du soulèvement de les avoir trompés. S'il est vrai qu'on leur eût promis des armes, une campagne facile et de peu de durée, l'appui de divers régiments de la troupe régulière, on conçoit, en effet, leur désappointement. Après trois semaines et plus, ils sont mal ou point armés, le succès ne se dessine pas en leur faveur, et les bataillons d'infanterie ne passent pas dans leurs rangs. Il est bien surprenant cependant, en ce qui concerne l'armée, que M. Nocedal et les autres chefs du parti carliste nourrissent encore des illusions. Don Carlos n'a pour partisans dans l'armée espagnole que quelques officiers isolés. Don Alfonso est le seul prétendant qui compte des groupes d'officiers et des bataillons de soldats en nombre suffisant pour peser dans la balance. Le bataillon d'infanterie caserné à Bilbao et qui, ainsi que je vous l'écrivais, avait été envoyé contre les nombreux carlistes qui cernaient la ville, puis dégagé par d'autres colonnes sorties de la garnison à son secours, était un de ceux précisément sur lesquels l'état-major de Don Carlos faisait foi. Le bataillon n'a pas tourné. Dans l'avant-dernière nuit, il a été transporté par mer de Bilbao dans le Bas-Guipuzcoa, où on a eu de lui quelques détails sur l'engagement.

Toujours est-il que l'on croit à l'entrée en France des généraux Rada, Lirio et Ellio, de divers autres officiers et de quelques centaines de carlistes que le gouvernement français fait interner à des distances respectables, puisqu'on a rencontré au Mans des laboureurs basques fort surpris d'aller si loin. Quant à Don Carlos, personne ne sait où il est. On dit bien qu'un grand personnage carliste est blessé assez grièvement d'une balle reçue à Oroquieta et caché dans les montagnes de Navarre ; mais on prononce plutôt le nom du prince Alphonse de Bourbon d'Este, frère de Don Carlos, ou celui du marquis de Valdespina. Je ne sais pas si M. Sagasta est mieux informé publiquement qu'en particulier, et s'il fait dire par ses journaux et par l'Agence Havas que le prince a franchi la frontière. En tout cas, il ne ferme pas les yeux tant il est poursuivi par l'ombre carliste. Dans la nuit du 11 au 12, à deux heures du matin, rêvant sans doute que le prétendant traversait le Manzanarès et priait le roi

Amédée de reprendre sa place à la cour italienne, il lança au gouverneur du Guipuzcoa ce laconique télégramme : « Où est Don Carlos? » comme on demande à quelqu'un : « Quelle heure est-il? » L'histoire ne dit pas si le gouverneur s'est levé pour aller voir « où est Don Carlos ».

Soit par suite de l'*indulto*, soit par suite de l'échec d'Oroquieta qui a augmenté le désordre des bandes navarraises, les partisans de cette province sont à présent très-dispersés. Ils ne présenteront plus un corps résistant tant qu'ils ne se seront pas rejoints. Aussi le maréchal Serrano a-t-il laissé au général Moriones le soin de maintenir la Navarre dans ce demi-état.

L'*indulto* a été sur le point de produire un résultat contraire chez les libéraux. L'immense majorité des Basques étant carliste, les habitants qui n'appartiennent pas à cette opinion se donnent la dénomination de *libéraux.* Les Sébastianais sont libéraux; une partie des Tolosans et des Hernaniens égalemént. Dans les bourgs un peu importants, il y en a plus ou moins. Ces libéraux, ceux qui ne sont ni boiteux, ni manchots, se sont organisés en *volontaires de la liberté*. Costume : pantalon rouge, tunique bleu gris avec pèlerine de même couleur, *boina* rouge avec plaque de cuivre au sommet en guise de houppe, baïonnette au ceinturon, vieux fusil. Fonctions : exercice et parade devant l'ayuntamiento, musique les jours de fête, petits et grands verres d'*aguardiente*. Dès que la nouvelle fut apportée de l'*indulto*, ce fut un haro général sur le maréchal Serrano dans le camp des libéraux. Comme le bruit arrivait en même temps que le danger diminuait en Navarre et qu'on n'aurait pas à faire appel à la bonne volonté des compagnies, la gent progressiste piailla tout à son aise. Le tambour battit le rappel, la trompette invita les volontaires à s'assembler. On délibéra, on vota des blâmes au maréchal. « Comment! on fait grâce à ces carlistes! Il faut fusiller toutes ces canailles! Serrano trahit! Déposons les armes! » La finale est, disent les médisants, ce qui leur tenait le plus au cœur. En exécution du vote, les volontaires d'Hernani, de Saint-Sébastien et de Tolosa ont accroché leurs fusils au clou. Voilà M. Serrano bien puni.

Excités par tous ces *boïnas* à plaque qui faisaient mine de se révolter, les ayuntamientos de Saint-Sébastien et de Tolosa décidèrent de demander au maréchal le retrait de l'*indulto*. Le 11, une commission de chaque municipalité se rendit à Zumarraga, je crois, où se trouvait le commandant en chef. Le gouverneur de la province accompagnait les commissaires. Dans l'entrevue qui eut lieu, les délégués exposèrent leur réclamation, exprimant l'espoir qu'on allait en finir avec les carlistes. M. Serrano leur répondit à peu près, et j'ai lieu de croire mes informations rigoureusement exactes, que le gouvernement n'avait pas la pensée d'amnistier tous ceux qui avaient trempé dans l'insurrection, qu'il se proposait de faire des exemples, bien que l'*indulto* ait été promis d'une manière générale; que, en ce qui concernait le carlisme, il se disposait à l'éteindre à tout jamais et que le président du conseil, M. Sagasta, engageait les députations provinciales à lui indiquer tous les moyens propres à empêcher le retour d'un soulèvement. Je n'affirmerais pas que j'eusse promis l'*indulto* si j'étais à la place du gouvernement de Don Amadeo; mais l'ayant promis, je tiendrais parole. L'interprétation jésuitique qu'il paraît vouloir faire de son propre décret serait une maladresse bien plus grande que de l'avoir rédigé dans des termes aussi larges. Elle serait de plus une déloyauté. Les exceptions dont parle le maréchal porteraient sur quelques-uns des quarante députés carlistes qui ont cependant rendu au gouvernement le service d'affaiblir notablement l'opposition parlementaire en se retirant du Congrès, sur les chefs militaires et sur les curés.

Quant à déraciner à jamais le carlisme du pays Basque et de la Navarre, je serais curieux de savoir le moyen qu'emploieront MM. Serrano et Sagasta. Dans ces provinces montagneuses, les gens naissent carlistes comme ils naissent porteurs d'eau en Auvergne et blagueurs le long de la Garonne. Pour faire subir la plus petite transformation à ce caractère national si vigoureusement dessiné, je n'exagère pas en disant qu'il faut laisser le temps à une génération nouvelle de pousser. A moins que M. Serrano ne fasse des carlistes ce que l'on fit des Amalécites, qu'il ne les extermine en masse. L'*indulto*, même restreint, ne permet pas de supposer cette violence.

Sans connaître au juste le plan de M. Serrano, on croit généralement que le gouvernement est décidé à appliquer, entre autres, deux mesures énergiques : maintenir indéfiniment les provinces du Nord en état de guerre; transplanter les curés basques et navarrais en Andalousie, par exemple, et les Andalous en Navarre et dans le pays basque. Les curés ont le tort, dans ces provinces carlistes, de trop s'occuper de politique, bien que, dans plusieurs villes, à Pampelune, pour ne citer qu'elle, l'évêque et le clergé pampelunois s'en tiennent éloignés. Les prêtres des campagnes ne gardent pas cette réserve. Leur moralité est excellente; ils rendent de vrais services à la population, qui, en retour, est complétement à leur dévotion. Mais ils la fanatisent en lui répétant sans cesse que la cause de Don Carlos est la cause de Dieu. Il est à présumer que Dieu a abandonné depuis longtemps à elle-même la politique des Espagnes. Malgré cet excès de zèle pour ce qu'ils considèrent comme le triomphe de la religion, ces prêtres méritent des égards, car ils ont contribué puissamment à maintenir les mœurs de ce pays dans une pureté admirable. Si on les transportait dans d'autres provinces, les districts du Nord perdraient certainement au change, lors même que la guerre civile ne reparaîtrait plus dans leurs montagnes. Cette mesure présentera une double difficulté. D'abord, comment enlever ce clergé très-nombreux et le fixer ailleurs? Il est probable que la population opposera la plus vive résistance et une résistance à main armée. Ensuite, où trouver des prêtres connaissant le basque et pouvant se faire entendre de leurs ouailles? Nous verrons les aloès fleurir au Groënland avant de voir les Basques et les Navarrais garibaldisés par les Italiens de Madrid.

Il n'y a donc plus en Navarre que le général Moriones avec quelques bataillons. Le maréchal Serrano et son état-major ont traversé, il y a trois ou quatre heures, le haut Guipuzcoa en se dirigeant vers Vitoria et Miranda pour entrer en Biscaye. Toutes les forces disponibles ont été envoyés au maréchal. Les chemins de fer et les bateaux à vapeur ne cessent nuit et jour d'effectuer le transport des troupes, de l'artillerie, des mitrailleuses et des vingt bataillons de fantassins que M. Serrano a jugés nécessaires pour soumettre la Biscaye. Quelques personnes ont parlé de vingt mille hommes d'infanterie, mais on a confondu les mots. Il s'agit de vingt bataillons, c'est-à-dire de dix mille hommes, chiffre énorme, puisque la Péninsule n'en compte que trente-cinq mille de cette arme, la première et la deuxième réserve appelées par le gouvernement n'étant pas encore en état probablement d'entrer en campagne. On prête au maréchal le projet de diviser son armée en six colonnes et de cerner les Biscayens qui sont au nombre de huit mille dont cinq, dit-on, passablement armés. Je ne crois pas qu'ils résistent aussi vigoureusement que les autres Basques, et j'ignore tout à fait s'ils ont des chefs. Lorsqu'on les aura dispersés, il est vraisemblable que la Catalogne, dont on signale chaque jour l'agitation croissante, se soulèvera à son tour, pendant que la Navarre reprendra haleine, et obligera le maréchal Serrano à faire la navette de l'ouest à l'est et de l'est à l'ouest du nord de l'Espagne.

XXXIII

LE PARTI CARLISTE.

Astigarraga, 17 mai.

Le parti carliste est né en Espagne, le 29 mars 1830, le jour où Fernando VII promulgua la Pragmatique de Carlos IV, son père, qui reconnaissait aux femmes le droit de succession au trône, conformément aux anciennes Constitutions d'Aragon et de Castille. La législation primitive de l'Espagne permettait, en effet, au sceptre de tomber en quenouille. C'est ainsi qu'Isabel Ire, en épousant Fernando le Catholique, lui apporta la couronne de Castille; que Carlos V d'Autriche hérita de la couronne du chef de sa mère, Juana la Folle; que Louis XIV de France, lors de son mariage avec Marie-Thérèse, renonça à régner sur la Péninsule par la capitulation matrimoniale. Felipe V, son petit-fils, roi d'Espagne par le testament de Carlos II, changea cet ordre de succession venu des Goths par les Aragonais et les Castillans. Il introduisit, de l'aveu des Cortès, la loi salique suivie en France; ou plutôt, il restreignit la succession des femmes au cas où il n'y aurait pas d'héritier mâle dans la descendance directe du roi régnant ou dans la branche collatérale. Lorsque Carlos IV arriva au pouvoir, il demanda aux Cortès, en 1789, le retour au vieux droit successoral. Ses deux fils, don Fernando et don Carlos, âgés l'un de quatre ans et l'autre de huit mois, avaient tous les deux une santé délicate. On avait peu d'espoir de les conserver à la vie. Dans la crainte que leur perte ne laissât le trône aller en d'autres mains, Carlos IV signa une Pragmatique qui, à défaut d'héritiers mâles, investissait de la pourpre sa fille, doña Carlotta, mariée au fils du roi de Portugal. La nature, qui déjoue les prévisions, accorda de longs jours aux infants don Fernando et don Carlos. Elle ne voulut pas que les couronnes de Portugal et d'Espagne se réunissent sur la tête de l'infante Carlotta, comme jadis celles d'Aragon et de Castille. De même que Carlos IV avait été sur le point de n'avoir d'autre héritier que sa fille, Fernando VII faillit transmettre le trône à son frère. Sa troisième femme, Marie-Amélie de Saxe, était morte sans lui donner d'enfants. C'était en 1829. Le roi Fernando essaya d'un quatrième mariage. A la fin de cette même année, il épousa sa nièce, Marie-Christine de Naples, fille d'Isabelle, reine des Deux-Siciles. La jeune reine devint grosse; et le 29 mars 1830, Fernando VII fit publier la Pragmatique de Carlos IV, afin d'assurer la royauté à son enfant, quel que fût son sexe. Marie-Christine accoucha d'une fille, doña Isabel, reine depuis sous le titre d'Isabel II la Catholique et qui a abdiqué récemment en faveur de son fils l'infant don Alfonso de Bourbon, prince des Asturies, Alfonso XII.

La naissance tardive de doña Isabel a fait éclore le carlisme. Voici comment! Fernando VII, n'ayant eu cet enfant que sur l'extrême limite de sa vie, bien qu'il ne fût âgé que de quarante-six ans, son entourage s'était préoccupé de lui donner un successeur. Et comme sa santé était chancelante, déclinant chaque jour, plusieurs avaient même songé à obtenir son abdication au profit de son frère, don Carlos. Les hommes attachés aux idées absolutistes se montraient surtout impatients de voir réussir cette manœuvre. Fernando VII avait le tort à leurs yeux d'avoir juré les Constitutions de 1812 et de 1823. Don Carlos, au contraire, était un prince aussi hostile aux nouveautés que respectueux pour la tradition. En outre, sa dévotion était poussée jusqu'au mysticisme. Le clergé comptait faire aisément de lui sa créature. Diverses tentatives, entreprises dans le but de lui donner le trône, échouèrent. La révolte de Bessières en 1825, les troubles qui éclatèrent en Aragon dans l'année 1827 ne purent pas aboutir. Mais, au mois d'août 1832, quelques mois après les secondes couches de la reine Marie-Christine qui venait de donner au roi une seconde fille, Maria-Luisa-Fernanda, aujourd'hui duchesse de Montpensier, Fernando fut pris à la Granja d'un violent accès de goutte qui le mit à deux doigts de la mort. Le parti absolutiste et apostolique qui avait à sa discrétion le premier ministre Calomarde, profitant des souffrances qui troublaient l'esprit du roi, lui arracha la révocation de la Pragmatique. Le bruit ne tarda pas à s'en répandre. La sœur de la reine, doña Luisa-Carlotta, qui avait une grande influence sur le malade, accourut de Cadix à la résidence royale, déchira de sa main l'acte de révocation et, rappelant au monarque et l'œuvre de son père et ses serments et sa jeune fille, l'innocente Isabel, qu'allaient dépouiller des intrigues de cour, lui fit renvoyer Calomarde, le décida à annuler la révocation, à maintenir la Pragmatique. En effet, le 31 décembre suivant, Fernando convoqua ses ministres, la députation de la grandesse, l'archevêque de Tolède, le patriarche des Indes et les dignitaires de la Couronne. En leur présence, il protesta contre la violence dont il avait été l'objet et déclara solennellement que sa fille, l'infante Isabel, était la seule et légitime héritière de son trône. Sa déclaration porta au comble la fureur du parti absolutiste, à l'instigation duquel des troubles éclatèrent à Burgos, à Tolède, à Valence, à Léon, en Catalogne, en faveur de don Carlos. Fernando, suivant les conseils de son nouveau ministre, Zea Bermudez, exila son frère en Portugal, réunit les Cortès et, dans une cérémonie qui se célébra avec toute la pompe de la vieille cour et où la fameuse formule, *Que Burgos jure et Tolède jurera quand je l'ordonnerai!* ne fut pas oubliée, il affirma publiquement la Pragmatique. Un peu moins d'un an après, le 29 septembre 1833, il mourut. Sa fille, doña Isabel, bénéficiaire de la Pragmatique, fut proclamée reine des Espagnes, sous la régence de sa mère, la reine Marie-Christine. Alors commença cette guerre de revendication dont le premier acte ne se termina, en 1839, que par la trahison de Maroto et la Convention de Vergara. Telle est l'origine du parti carliste.

Au point de vue du droit monarchique, de la légitimité successorale, beaucoup d'excellents esprits, légitimistes d'opinion, n'hésitent pas à dire que don Alfonso de Bourbon, fils d'Isabel II, est l'héritier vrai, incontestable, du trône d'Espagne et que la prétention du petit-fils de don Carlos V, frère de Fernando VII, Carlos VII, repose sur une confusion. D'abord, Felipe V n'a pas introduit en Espagne la loi salique pure; il n'a fait que modifier l'ancien droit espagnol en restreignant le droit des femmes. Ensuite, si Felipe V pouvait ainsi changer, même de l'aveu des Cortès, l'antique constitution du royaume, il n'y a pas de raison pour refuser à Carlos IV, à Fernando VII et aux Cortès la faculté légale de revenir au droit primitif. C'est ce que pense en Espagne la majorité de la noblesse, ainsi que j'ai eu déjà l'occasion de le dire à propos d'une polémique soulevée à Madrid, à mon sujet, il y a deux mois, entre carlistes et alphonsins. C'est ce que la noblesse a toujours pensé depuis l'avénement d'Isabel II; je n'en veux d'autre témoignage que le vote par lequel, en 1834, soixante et onze grands d'Espagne de la Chambre des Pairs ont exclu de la couronne Carlos V, premier du nom.

Malgré la netteté de ce raisonnement, le frère de Fernando VII, Carlos V, n'en persista pas moins à revendiquer la succession fraternelle; après lui, son fils, Carlos VI; et aujourd'hui encore, l'héritier de Carlos VI, Carlos VII, le prétendant qui se bat à cette heure dans le pays basque.

Ce prince, Carlos VII de Bourbon et d'Este, est né à Venise, le 29 mars 1848, de don Juan de Bourbon et de doña Beatrix d'Este, archiduchesse d'Autriche. Il a fait ses études à Vienne, à l'académie militaire. En 1867, il a épousé à Gratz, en Styrie, la princesse Marguerite de Bourbon, fille de la duchesse de Parme et nièce du comte de Chambord. De ce mariage sont nés trois enfants : doña Blanca, don Jaime et doña Elvira. Le duc de Madrid, Carlos VII, établit ses droits à la couronne d'Espagne sur la loi de succession agnatique de 1713 qui, à supposer que la Pragmatique n'existât pas, lui dévoluerait effectivement les droits du fils aîné de Carlos V, don Carlos-Luis-Maria-Fernando, comte de Montemolin, son oncle, mort sans postérité en 1861. L'héritier de celui-ci, don Juan, ayant signé, à Paris, le 3 octobre 1868, un acte d'abdication en faveur de son fils, tous les droits provenant du chef de Carlos V d'Espagne, si droits il y a, reposent sur la tête du prétendant Carlos VII.

Le soulèvement qui s'agite dans le nord de la Péninsule est le huitième que les carlistes entreprennent. L'histoire politique et militaire de ces huit campagnes serait assurément fort intéressante. Je ne me propose pas de l'écrire ici, ni même de noter point par point les opérations actuelles du prince ou celles du duc de la Torre dans les provinces soulevées. Les renseignements que j'ai pu recueillir dans les Castilles, la Navarre et les contrées vascongades, ne sont pas assez précis pour me permettre d'en tracer dès à présent le tableau, comme on pourrait le faire d'une bataille à laquelle on viendrait d'assister du haut d'un observatoire. Quant aux informations officielles données par le gouvernement du roi Amadeo, je les ai si souvent surprises, dans le cours de mon voyage, en flagrant délit de mensonge, que je n'y ajoute plus la moindre foi. Les autres récits qui courent le monde sont empreints de la même exagération, à moins, ce qui leur arrive souvent, qu'ils n'aient pas le sens commun. Je veux me borner, après avoir indiqué l'origine du carlisme, à expliquer clairement ce qu'il est.

On a vu que le parti absolutiste et le parti clérical qu'on appelait alors apostolique, n'avaient pas voulu pardonner à Fernando VII d'avoir subi les constitutions de 1812 et de 1823 et qu'ils s'étaient ralliés autour de son frère, Carlos V, dont le tempérament aurait mieux servi leurs desseins. Bien que la régente Marie-Christine ne se soit pas abandonnée aux libéraux et que son gouvernement ait plus souvent tenu de la monarchie absolue que de la monarchie constitutionnelle, ce régime parut encore beaucoup trop révolutionnaire aux monarchistes dissidents. La guerre ne cessa pas un jour, politiquement du moins, entre les carlistes et les christinos. Elle ne désarma pas davantage en 1854, après le départ de la régente et l'émancipation de la reine Isabel II. Jusqu'en 1868, elle a continué entre les carlistes et les isabellistes. A plus forte raison, ne s'est-elle pas apaisée depuis, la constitution démocratique de 1869 s'éloignant de plus en plus, non-seulement de la monarchie absolue, mais de la monarchie parlementaire, mais d'une monarchie nationale.

Comme à l'époque de la proclamation de la Pragmatique, le clergé est le principal appui du carlisme.

Il a été tout-puissant en Espagne. Il y jouit encore de beaucoup d'influence, la Péninsule étant le plus catholique des pays d'Europe. Il s'en faut qu'il soit aussi éclairé que le clergé français. Dans les campagnes surtout, ses lumières sont assez bornées. Je ne pense pas toutefois, ainsi que le répandent ses adversaires, qu'il rêve de rétablir l'Inquisition ni rien de semblable, parce que les esprits répugnent aujourd'hui à ces excès de fanatisme. Mais certainement il ambitionne de reconquérir le pouvoir et d'avoir un souverain à sa dévotion. Pour être exact, tous ses membres ne sont pas carlistes. L'Épiscopat, les titulaires des hautes charges ecclésiastiques, les chanoines des cathédrales, les curés des villes sont en majorité alphonsins. Le carlisme se concentre parmi les desservants des paroisses rurales et encore y a-t-il dans leur opinion des degrés d'orthodoxie. Dans les provinces méridionales, par exemple, les prêtres ont une vie moins sévère que dans les districts septentrionaux. Cela tient aux mœurs ambiantes qui dérivent elles-mêmes quelque peu du climat. Par suite ou par simple coïncidence, leur ardeur politique semble suivre la latitude et décroître à mesure que l'on descend vers les régions plus chaudes où les excitations d'une nature luxuriante combattent d'ailleurs l'action religieuse. En résumé, à peu près partout, le bas clergé est carliste et prêche ouvertement, car en Espagne chacun exprime tout haut son opinion, et prêche, dis-je, le rétablissement de Carlos VII, le roi selon le cœur de Dieu et surtout selon l'Église, le roi absolu, omnipotent, omniscient, *el rey neto !*

En 1830, le groupe des hommes politiques qui, de concert avec le parti apostolique, se détacha du berceau d'Isabelle, comprenait un certain nombre de personnages que l'on avait vus mêlés aux affaires de l'État sous le roi Joseph et sous Fernando VII. Les scrupules religieux dont ils furent alors assaillis décidèrent en partie leur scission. Mais, il y a quarante ans de là. Ces hommes ne sont plus. Pendant le petit demi-siècle qui s'est écoulé, les carlistes sont restés constamment en dehors du pouvoir et du mouvement des idées. Ils n'ont pu se former des chefs. Du reste, la croyance que le salut dans l'union étroite de la religion et de la politique s'est peu à peu éteinte ou refroidie, par bonheur ou par malheur, je n'oserais me prononcer à cet égard ; et la plupart des intelligences qui se sont révélées durant cette période se sont résolues à servir la régente Christine ou la reine Isabelle dont les principes étaient moins obstinés. On peut même dire, ce qui est piquant, que le carlisme n'a pas enfanté un seul homme politique. Son chef avoué, Don Candido Nocedal surnommé le vice-roi, est un progressiste, voire un ancien démocrate ! On commence souvent par là. Parmi les trente-sept députés carlistes que les élections du 5 avril dernier ont envoyés aux Cortès et qui se sont retirés à l'appel de Don Carlos, il est sûrement des hommes de valeur. Il n'est pas un *leader*, un chef d'État ! sauf M. Nocedal, dont il convient encore de ne pas exagérer l'importance. C'est bien peu pour gouverner la plus ingouvernable des nations.

Cette espèce d'ostracisme dans lequel le carlisme

se débat, à côté de la vie publique, a éloigné de lui également et les généraux et l'armée. L'armée est, en Espagne, un élément indispensable de la politique. Un parti ne peut rien sans elle et elle peut tout contre les partis. Il y a quarante ans que les carlistes se battent bravement sans succès. En quelques heures, le maréchal Prim a fait un pronunciamento. Or, voilà quarante ans aussi que l'armée combat les soulèvements carlistes. Je ne crois pas qu'il y ait un général espagnol qui n'ait gagné ses étoiles dans les expéditions contre les partisans de Don Carlos ; on comprend facilement que bien peu d'entre eux soient favorables au prince. Tout au plus, çà et là, dans un bataillon, se trouve-t-il un officier disposé à mettre son épée au service de sa cause. Quant au soldat, je ne sais pas s'il professe une opinion, mais il est admirablement discipliné, il suit toujours son drapeau. Entre autres exemples, je citerai celui d'un régiment d'infanterie qui tenait garnison, il y a quelques jours, à Bilbao. Il paraît que les carlistes avaient des motifs de compter sur sa défection. Dix-huit fantassins et deux sergents ont seuls répondu à leurs propositions.

Au surplus, ce n'est ni dans la noblesse ni dans l'armée, ni chez les hommes d'État ou dans les classes éclairées que se recrute le parti de Don Carlos. C'est dans le peuple. Soit qu'il subisse la direction des curés ou qu'il en partage bien réellement les goûts, soit qu'il obéisse à l'instinct de l'habitant des champs pour le pouvoir absolu, le paysan espagnol a les tendances du bas clergé. En effet, il n'est guère que deux opinions admises par les masses : ou la révolution qui ouvre une libre carrière aux appétits, ou la protection excessive de l'État. Celle-ci domine dans les villages et celle-là dans les centres. En Espagne où la sécurité existe à peine et où les traditions religieuses se conservent, le populaire rural a un penchant naturel et presque général pour la monarchie autoritaire et cléricale. Cela est vrai particulièrement pour les provinces du nord de la Biscaye, de l'Alava, du Guipuzcoa, de la Navarre, de Léon, de Burgos, de l'Aragon et la partie de la Catalogne qui longe les Pyrénées ou forme le district de Gerona.

La Navarre et les provinces vascondes sont, dans ce nombre, le sanctuaire du carlisme où les enthousiasmes se réchauffent, où les partisans se multiplient comme les chênes des forêts cantabriques que le bûcheron ne parvient pas à éclaircir. Les trois sœurs ont été protégées de l'invasion des mœurs étrangères par des causes diverses. La langue basque que seules elles parlent, n'a pas permis à la démocratie de leur faire la cour. Leur configuration géographique, configuration commune à la Navarre, en fait la Suisse de l'Ibérie, Suisse montagneuse, semée de pics, de chaînons, coupée de ravins et de fondrières, isolée dans une oasis qu'enveloppent les massifs pyrénéens, la mer, les plaines désertes de la Castille. C'est à l'abri de cet ermitage que se perpétue le peuple vasco-navarrain, type aussi vigoureux qu'original. Ses traits sont secs et nettement découpés. Il est sobre, dur à la fatigue, dévoué, courageux, fait pour la guerre; Navarrais et Guipuzcoans naissent soldats. Comme les peuplades primitives que la civilisation n'a pas altérées, il est non moins religieux que guerrier. Ses prêtres sont nombreux et d'une moralité excellente. Il est élevé, conseillé, secouru, dirigé par eux. Il vit avec eux, parce qu'ils ont la même origine que lui. La bien modeste existence que leur assure un viatique de huit cents réaux n'offusque pas sa pauvreté. Le curé est le meilleur ami du montagnard. Tous les deux croient en Dieu et sont carlistes. La cause de Don Carlos est bien plus à leurs yeux une affaire de religion qu'une question politique. *Viva don Carlos!* et *Viva Dios!* sont tout un. Il ne faut pas chercher d'autre mobile à leur dévouement. Il savent bien que leur misère sera la même, Carlos VII montant sur le trône d'Espagne, et qu'ils seront obligés comme avant de gagner leur pain à la sueur de leur front, mais leurs pères leur ont dit que Don Carlos était le roi que Dieu leur avait donné pour souverain légitime; les prêtres, chaque jour, leur répètent que Dieu sera irrité contre son peuple tant que Don Carlos vivra dans l'exil, et alors ils quittent leur chaumière, ils prennent un fusil, une arme quelconque, un pieu et les voilà partis sous la conduite du premier qui se met à leur tête. Leur foi naïve et leur bravoure sont admirables. En Navarre et dans le pays basque, toute la population est carliste, grands seigneurs, bourgeois, ouvriers, paysans, enfants et femmes. Le marquis de Valdespina se bat à côté de son fermier et le valet de Don Carlos Calderon suit son maître à la bataille. Le moyen âge, qui a survécu dans ces contrées, y laisse persister la simplicité antique. Il n'y a pas d'hostilité entre les classes, parce qu'elles sont en continuel échange de rapports.

Lorsque la population se met en campagne à l'appel de son roi *in partibus*, elle n'en a pas eu d'autre depuis 1832, ou aux sermons des curés qui prêchent la croisade comme au temps de Pierre l'Ermite, chaque village s'organise à sa guise. Un ancien officier, Recondo, lève une bande de cinq ou six cents hommes. Un danseur, Amilivia, réunit un millier de Guipuzcoans.

Un général, M. Diaz de Rada, rallie deux ou trois mille Navarrais. Carraza court la montagne avec une colonne de trois cents paysans. Des chefs de moindre importance conduisent des compagnies de cinquante ou de quatre-vingts partisans. Si le roi vient en Espagne, cela ne s'était pas vu depuis la première guerre où Carlos V avait établi son quartier-général à Oñate et où l'infant Don Sébastien, aujourd'hui retiré à Pau, tenait l'épée, quelques bandes se réunissent et viennent faire au prince une escorte d'honneur. Le 3 mai, à Vera, près de la Bidassoa, les Navarrais sont venus fêter l'arrivée de Carlos VII, et l'ont reçu sur le sol espagnol, au son des cloches, à genoux sur la route. Le respect pour la royauté est tel chez ces braves gens qu'ils honorent même les princes qui sont à leur sens des usurpateurs. Lorsque l'empereur Napoléon III et la reine Isabelle II eurent une entrevue à Saint-Sébastien, il y a quelques années, les paysans s'agenouilliaient le long du chemin de fer sur leur passage.

Malheureusement, tout en ce monde, jusques et y compris l'Espagne, tend un peu à s'uniformiser. L'originalité finira par disparaître de la terre. Il y a toujours des carlistes, il y en aura longtemps encore. Mais où êtes-vous? Don Ramon Cabrera, général Zumalacarréguy, chanoine Tristany, curé Mérino! Cabrera était un officier médiocre, peu versé dans la science militaire. Il était doué en revanche d'un coup d'œil infaillible. Lorsque d'un rocher il apercevait l'ennemi, il fondait sur lui comme un fauve. Le tigre du Maestrazgo ne manquait jamais sa proie. Sa *capa* rouge et son cri de guerre semaient la terreur dans les rangs des christinos en même temps qu'ils électrisaient les siens. « Vous lirez le récit de mes batailles, » disait-il un jour après avoir étudié un chapitre de la *Campagne de Russie* par M. de Ségur; et son regard ajoutait : « vous comparerez! » Le général n'a pas écrit ses mémoires, du moins il ne les a pas publiés; et il vit fort tranquillement en Angleterre. La fréquentation de ce peuple politique l'a apprivoisé. Une charmante et très-riche lady lui a rogné les ongles et limé les dents, comme au lion de la fable. Le tigre du Maestrazgo a maintenant des velléités de libéralisme. Il est partisan de la liberté des cultes, grand scandale pour les orthodoxes du carlisme! et il secoue mollement sa crinière blanche aux pieds d'Omphale. La fortune change les hommes. Le général Diaz de Rada est loin de Zumalacarréguy, sorte de héros à demi sauvage qui faisait trembler, lui aussi, les troupes de Marie-Christine.

Cependant, le carlisme vivra encore de longues années, bien qu'il soit vraisemblable que cette huitième entreprise devienne le huitième chapitre de ses défaites dans les fastes militaires de la branche cadette des Bourbons d'Espagne. Sa mauvaise organisation, la pénurie financière qui le paralyse dans un temps où la politique péninsulaire ne se traite qu'argent comptant, le manque d'armes, le défaut de capitaines habiles rendent la partie belle au maréchal Serrano. Il semble difficile qu'il la perde. Mais les carlistes ne profiteront de l'*indulto* que pour se soulever à la première occasion plus favorable. « Nous recommencerons », ai-je entendu dire, il y a quelques jours, à plusieurs partisans de la bande de Recondo qui, la veille, avaient fait leur soumission entre les mains du brigadier Primo Rivera, à Puente de la Reyna. Ils avouent naïvement leur bonne foi. Et lors même que souvent ils sont exploités par des drôles qui prétextent de leur dévouement à Don Carlos pour leur faire prendre les armes et mettre à contribution les ayuntamientos; au premier jour, on les verra reparaître, le *boina* blanc sur la tête, la ceinture blanche autour des reins, la marguerite carliste à la boutonnière, enlevant les rails des voies ferrées, coupant les télégraphes et priant poliment les voyageurs de leur laisser visiter les wagons pour s'assurer qu'ils ne transportent pas des militaires.

Sans doute, il leur sera de plus en plus difficile de réussir. Lors de la guerre de sept ans, il fallait plusieurs semaines aux troupes royales pour franchir les deux Castilles et venir de Madrid en Navarre. A présent, il suffit de quelques heures. Ils n'ont même plus le temps de se concerter. Une dépêche de la capitainerie générale au ministère de la guerre, et le lendemain deux ou trois régiments sillonnent leurs provinces. Malgré tous ces désavantages bien évidents, le carlisme est à ce point passé dans leurs veines, il a si intimement pénétré leur esprit, leurs mœurs, leur cerveau, tout leur être, qu'il faudrait l'extirper de deux ou trois générations successives pour réussir seulement à détruire quelques-unes de ses racines.

C'est ce que se propose d'exécuter le gouvernement de Don Amadeo. Le roi correct, *El rey regular*, comme on l'appelle, voudrait que tous les sujets que lui a donnés le maréchal Prim obéissent à la même loi. On prétend qu'il tentera de frapper les *fueros* des pays basques; si l'agitation carliste, les barricades républicaines et la politique alphonsine, venant à faire la boule de neige, lui en laissent le temps. C'est une bien grosse entreprise que celle de s'attaquer à ces libertés séculaires! M. Sagasta, président du conseil des ministres, est disposé à cet essai. Du moins, l'a-t-il donné à comprendre dans les instructions que les députations forales des provinces soulevées ont reçues de son cabinet. M. Serrano semble décidé pareillement à porter un coup décisif aux carlistes, si l'on en croit sa réponse aux délégations des ayuntamientos de Tolosa et de Saint-Sébastien qui sont montés à Zumarraga pour le supplier de retirer l'*indulto* que le gouverneur du Guipuzcoa n'avait même osé faire afficher dans sa capitale, tant il a excité de colère parmi les libéraux. Toutefois, ses paroles n'ont pas été jusqu'à présent suivies d'effet, les conditions qu'il impose aux bandes qui se soumettent étant en somme assez douces.

Néanmoins, les autorités ont demandé aux juntes basques et navarraises que l'administration sagastine a eu la rouerie de composer à son gré, en dépit du sentiment local, les moyens qu'elles jugeaient propres à empêcher tout soulèvement à l'avenir. Ce ne peut être que dans la pensée de les appliquer. Les juntes auraient répondu qu'entre autres mesures à prendre, notamment une occupation armée puissamment établie, des capitaines-généraux énergiques, tels que celui qui disait dans ses proclamations aux Guipuzcoans que la *carne carlista* était trop abondante en Biscaye et qu'il fallait donner la chasse à la *gente negra*, elles estimaient inévitable d'atteindre l'indépendance du clergé carliste. On commencerait par décréter la suppression de l'évêché de Vitoria, dans le diocèse duquel se trouvent les trois provinces sœurs, ce qui ne pourrait susciter un conflit bien grave avec la cour de Rome, Victor-Emmanuel tenant dans sa main les clefs de Saint-Pierre. Puis, on transporterait, un à un, les curés basques et navarrais en Andalousie ou dans la Murcie, en les remplaçant par des prêtres originaires des provinces du sud.

La première impossibilité à laquelle on se heurterait est la résistance qu'opposeraient les habitants, privés de leurs prêtres. La deuxième est l'embarras de trouver, ailleurs que parmi les desservants indigènes, des ecclésiastiques parlant le basque. La principale, enfin, est dans ce fait que l'on ne change pas, à coups de décrets ni par des violences, les mœurs d'une population, surtout lorsque ces mœurs reposent sur des croyances religieuses profondément enracinées, sur des coutumes qui se transmettent intactes depuis des siècles, sur un idiome qui a résisté au courant de deux langues parlées sur tous les continents.

FIN.

TABLE.

12489. — Typographie Lahure, rue de Fleurus, 9, à Paris

AOUT 1872.

LIBRAIRIE GERMER BAILLIÈRE

17, RUE DE L'ÉCOLE-DE-MÉDECINE, 17

PARIS

EXTRAIT DU CATALOGUE.

BIBLIOTHÈQUE DE PHILOSOPHIE CONTEMPORAINE

Volumes in-18 à 2 fr. 50 c.

Cartonnés 3 fr.

Ouvrages publiés.

H. Taine.

LE POSITIVISME ANGLAIS, étude sur Stuart Mill. 1 vol.

L'IDÉALISME ANGLAIS, étude sur Carlyle. 1 vol.

PHILOSOPHIE DE L'ART. 1 vol.

PHILOSOPHIE DE L'ART EN ITALIE. 1 vol.

DE L'IDÉAL DANS L'ART. 1 vol.

PHILOSOPHIE DE L'ART DANS LES PAYS-BAS. 1 vol.

PHILOSOPHIE DE L'ART EN GRÈCE. 1 vol.

Paul Janet.

LE MATÉRIALISME CONTEMPORAIN. Examen du système du docteur Büchner. 1 vol.

LA CRISE PHILOSOPHIQUE. MM. Taine, Renan, Vacherot, Littré. 1 vol.

LE CERVEAU ET LA PENSÉE. 1 vol.

Odysse-Barot.

PHILOSOPHIE DE L'HISTOIRE. 1 vol.

Alaux.

PHILOSOPHIE DE M. COUSIN. 1 vol.

Ad. Franck.

PHILOSOPHIE DU DROIT PÉNAL. 1 vol.

PHILOSOPHIE DU DROIT ECCLÉSIASTIQUE. 1 vol.

LA PHILOSOPHIE MYSTIQUE EN FRANCE AU XVIIIe SIÈCLE (St-Martin et don Pasqualis). 1 vol.

Charles de Rémusat.

PHILOSOPHIE RELIGIEUSE. 1 vol.

Émile Saisset.

L'AME ET LA VIE, suivi d'une étude sur l'Esthétique franç. 1 vol.

CRITIQUE ET HISTOIRE DE LA PHILOSOPHIE (frag. et disc.). 1 vol.

Charles Lévêque.

LE SPIRITUALISME DANS L'ART. 1 vol.

LA SCIENCE DE L'INVISIBLE. Étude de psychologie et de théodicée. 1 vol.

Auguste Laugel.

LES PROBLÈMES DE LA NATURE. 1 vol.

LES PROBLÈMES DE LA VIE. 1 vol.

LES PROBLÈMES DE L'AME. 1 vol.

LA VOIX, L'OREILLE ET LA MUSIQUE. 1 vol.

L'OPTIQUE ET LES ARTS. 1 vol.

Challemel-Lacour.

LA PHILOSOPHIE INDIVIDUALISTE, étude sur Guillaume de Humboldt. 1 vol.

L. Buchner.

SCIENCE ET NATURE, trad. de l'allem. par Aug. Delondre. 2 vol.

Albert Lemoine.

LE VITALISME ET L'ANIMISME DE STAHL. 1 vol.

DE LA PHYSIONOMIE ET DE LA PAROLE. 1 vol.

Milsand.

L'ESTHÉTIQUE ANGLAISE, étude sur John Ruskin. 1 vol.

A. Véra.

ESSAIS DE PHILOSOPHIE HÉGÉLIENNE. 1 vol.

Beaussire.

ANTÉCÉDENTS DE L'HÉGÉLIANISME DANS LA PHILOS. FRANÇ. 1 vol.

Bost.

LE PROTESTANTISME LIBÉRAL. 1 vol.

Francisque Bouillier.

DU PLAISIR ET DE LA DOULEUR. 1 vol.

DE LA CONSCIENCE. 1 vol.

Ed. Auber.

PHILOSOPHIE DE LA MÉDECINE. 1 vol.

Leblais.

MATÉRIALISME ET SPIRITUALISME, précédé d'une Préface par M. E. Littré. 1 vol.

Ad. Garnier.

DE LA MORALE DANS L'ANTIQUITÉ, précédé d'une Introduction par M. Prévost-Paradol. 1 vol.

Schœbel.

PHILOSOPHIE DE LA RAISON PURE. 1 vol.

Beauquier.

PHILOSOPH. DE LA MUSIQUE. 1 vol.

Tissandier.

DES SCIENCES OCCULTES ET DU SPIRITISME. 1 vol.

J. Moleschott.

LA CIRCULATION DE LA VIE. Lettres sur la physiologie, en réponse aux Lettres sur la chimie de Liebig, trad. de l'allem. 2 vol.

Ath. Coquerel fils.

ORIGINES ET TRANSFORMATIONS DU CHRISTIANISME. 1 vol.

LA CONSCIENCE ET LA FOI. 1 vol.

HISTOIRE DU CREDO. 1 vol.

Jules Levallois.

DÉISME ET CHRISTIANISME. 1 vol.

Camille Selden.

LA MUSIQUE EN ALLEMAGNE. Étude sur Mendelssohn. 1 vol.

Fontanès.

LE CHRISTIANISME MODERNE. Étude sur Lessing. 1 vol.

Saigey.

LA PHYSIQUE MODERNE. 1 vol.

Mariano.

LA PHILOSOPHIE CONTEMPORAINE EN ITALIE. 1 vol.

Faivre.

DE LA VARIABILITÉ DES ESPÈCES. 1 vol.

Letourneau.

PHYSIOLOGIE DES PASSIONS. 1 vol.

Stuart Mill.

AUGUSTE COMTE ET LA PHILOSOPHIE POSITIVE, trad. de l'angl. 1 vol.

Ernest Bersot.

LIBRE PHILOSOPHIE. 1 vol.

A. Réville.

HISTOIRE DU DOGME DE LA DIVINITÉ DE JÉSUS-CHRIST. 1 vol.

W. de Fonvielle.

L'ASTRONOMIE MODERNE. 1 vol.

C. Coignet.

LA MORALE INDÉPENDANTE. 1 vol.

E. Boutmy.

PHILOSOPHIE DE L'ARCHITECTURE EN GRÈCE. 1 vol.

Et. Vacherot.

LA SCIENCE ET LA CONSCIENCE. 1 vol.

Ém. de Laveleye.

DES FORMES DE GOUVERNEMENT. 1 vol.

Herbert Spencer.

CLASSIFICATION DES SCIENCES. 1 vol.

BIBLIOTHÈQUE DE PHILOSOPHIE CONTEMPORAINE

FORMAT IN-8.

Volumes à 5 fr., 7 fr. 50 c. et 10 fr.

JULES BARNI. **La Morale dans la démocratie.** 1 vol. 5 fr.

AGASSIZ. **De l'Espèce et des Classifications,** traduit de l'anglais par M. Vogeli. 1 vol. in-8. 5 fr.

STUART MILL. **La Philosophie de Hamilton.** 1 fort vol. in-8, traduit de l'anglais par M. Cazelles. 10 fr.

DE QUATREFAGES. **Ch. Darwin et ses précurseurs français.** 1 vol. in-8. 5 fr.

HERBERT-SPENCER. **Les premiers Principes.** 1 fort vol. in-8, traduit de l'anglais par M. Cazelles. 10 fr.

BAIN. **Des Sens et de l'Intelligence.** 1 vol. in-8, trad. de l'anglais par M. Cazelles. (*Sous presse.*)

ÉDITIONS ÉTRANGÈRES.

Éditions anglaises.

AUGUSTE LAUGEL. **The United States during the war.** 1 beau vol. in-8 relié. 7 shill. 6 d.

ALBERT REVILLE. **History of the doctrine of the deity of Jesus-Christ.** 1 vol. 3 sh. 6 p.

H. TAINE. **Italy** (Naples et Rome). 1 beau vol. in-8 relié. 7 sh. 6 d.

H. TAINE. **The Physiology of Art.** 1 vol. in-18, rel. 3 shill.

PAUL JANET. **The Materialism of present day,** translated by prof. Gustave MASSON. 1 vol. in-18, rel. 3 shill.

Editions allemandes.

JULES BARNI. **Napoléon I**er und sein Geschichtschreiber Thiers. 1 vol. in-18. 1 thal.

PAUL JANET. **Der Materialismus unserer Zeit,** übersetzt von Prof. Reichlin-Meldegg mit einem Vorwort von Prof. von Fichte. 1 vol. in-18. 1 thal.

H. TAINE. **Philosophie der Kunst.** 1 vol. in-18. 1 thal.

BIBLIOTHÈQUE D'HISTOIRE CONTEMPORAINE

Volumes in-18, à 3 fr. 50 c.

Cartonnés, 4 fr.

Carlyle.

HISTOIRE DE LA RÉVOLUTION FRANÇAISE, traduit de l'anglais par M. Elias Regnault. 3 vol.

Victor Meunier.

SCIENCE ET DÉMOCRATIE. 2 vol.

Jules Barni.

HISTOIRE DES IDÉES MORALES ET POLITIQUES EN FRANCE AU XVIIIe SIÈCLE. 2 vol.

NAPOLÉON Ier ET SON HISTORIEN M. THIERS. 1 vol.

Auguste Laugel.

LES ÉTATS-UNIS PENDANT LA GUERRE (1861-1865). Souvenirs personnels. 1 vol.

De Rochau.

HISTOIRE DE LA RESTAURATION, traduit de l'allemand. 1 vol.

Eug. Véron.

HISTOIRE DE LA PRUSSE depuis la mort de Frédéric II jusqu'à la bataille de Sadowa. 1 vol.

Hillebrand.

LA PRUSSE CONTEMPORAINE ET SES INSTITUTIONS. 1 vol.

Eug. Despois.

LE VANDALISME RÉVOLUTIONNAIRE. Fondations littéraires, scientifiques et artistiques de la Convention. 1 vol.

Thackeray.

LES QUATRE GEORGE, trad. de l'anglais par M. Lefoyer, précédé d'une Préface par M. Prévost-Paradol. 1 vol.

Bagehot.

LA CONSTITUTION ANGLAISE, trad. de l'anglais. 1 vol.

Émile Montégut.

LES PAYS-BAS. Impressions de voyage et d'art. 1 vol.

Émile Beaussire.

LA GUERRE ÉTRANGÈRE ET LA GUERRE CIVILE. 1 vol.

Édouard Sayous.

HISTOIRE DES HONGROIS et de leur littérature politique de 1790 à 1815. 1 vol.

Éd. Bourloton.

L'ALLEMAGNE CONTEMPORAINE. 1 v.

Boert.

LA GUERRE DE 1870-1871 d'après le colonel fédéral suisse Rustow. 1 vol.

Herbert Barry.

LA RUSSIE CONTEMPORAINE, traduit de l'anglais. 1 vol.

H. Dixon.

LA SUISSE CONTEMPORAINE, traduit de l'anglais. 1 vol.

Louis Teste.

L'ESPAGNE CONTEMPORAINE, journal d'un voyageur. 1 vol.

FORMAT IN-8.

Sir G. Cornewall Lewis.

HISTOIRE GOUVERNEMENTALE DE L'ANGLETERRE DE 1770 JUSQU'A 1830, trad. de l'anglais et précédé de la Vie de l'auteur, par M. Mervoyer. 1 v. 7 fr.

De Sybel.

HISTOIRE DE L'EUROPE PENDANT LA RÉVOLUTION FRANÇAISE.

1869. Tome Ier, 1 vol. in-8, trad. de l'allemand. 7 fr.

1870. Tome II, 1 v. in-8. 7 fr.

Taxile Delord.

HISTOIRE DU SECOND EMPIRE, 1848-1869.

1869. Tome Ier, 1 fort vol. in-8 de 700 pages. 7 fr.

1870. Tome II, 1 f. v. in-8. 7 fr.

REVUE **Politique et Littéraire** (Revue des cours littéraires, 2e série.)	REVUE **Scientifique** (Revue des cours scientifiques, 2e série.)

Directeurs : MM. Eug. YUNG et Ém. ALGLAVE

La septième année de la **Revue des Cours littéraires** et de la **Revue des Cours scientifiques**, terminée à la fin de juin 1871, clôt la première série de cette publication.

La deuxième série a commencé le 1er juillet 1871, et dorénavant chacune des années de la collection commencera à cette date. Des modifications importantes ont été introduites dans ces deux publications.

La *Revue des Cours littéraires* continue à donner une place aussi large à la littérature, à l'histoire, à la philosophie, etc., mais elle a agrandi son cadre, afin de pouvoir aborder en même temps la politique et les questions sociales. En conséquence, elle a augmenté de moitié le nombre des colonnes de chaque numéro (48 colonnes au lieu de 32). Elle s'appelle maintenant la **Revue politique et littéraire**, *Revue des Cours littéraires* (2e série).

La *Revue des Cours scientifiques*, en laissant toujours la première place à l'enseignement supérieur proprement dit et aux sociétés savantes de la France et de l'étranger, poursuit tous les développements de la science sur le terrain politique, économique et militaire. Elle a pris le même accroissement que la *Revue politique et littéraire* et publie également chaque semaine 48 colonnes au lieu de 32. Elle s'appelle la **Revue scientifique**, *Revue des Cours scientifiques* (2e série).

Prix d'abonnement :

Une seule revue séparément	Six mois.	Un an.	Les deux revues ensemble	Six mois.	Un an.
Paris	12f	20f	Paris	20f	36f
Départements.	15	25	Départements.	25	42
Étranger....	18	30	Étranger...	30	50

Prix de chaque numéro : 50 centimes.

L'abonnement part du 1er juillet et du 1er janvier de chaque année.

Les sept premières années (1864 à 1871) de la *Revue des Cours littéraires* et de la *Revue des Cours scientifiques*, formant la première série de cette publication, sont en vente : on peut se les procurer brochées ou reliées.

Prix de chaque volume pris séparément.............. br. 15 fr.
Prix de la collection complète de chaque Revue, 7 gr. v. in-4°. 105 fr.
La collection complète des deux Revues 14 gros vol. in-4°. 182 fr.

REVUE DES COURS LITTÉRAIRES

Table générale des matières contenues dans la première série (1864-1871).

MORALE

Le devoir, par M. Jules Simon, VI. — Le gouvernement de la vie, par le R. P. Hyacinthe, VII. — Du bonheur et des plaisirs vrais, par M. Ch. Lévêque, I. — Le droit naturel et la famille, par M. Ad. Franck, II. — La société domestique, la société conjugale, le foyer domestique (trois conférences), par le R. P. Hyacinthe, IV. — La famille, par M. Jules Simon, VI. — Les pères et les enfants au XIXe siècle, douze leçons, par M. Legouvé, IV. — Les domestiques d'autrefois et ceux d'aujourd'hui; la présence des filles à la maison, par le même, VI.

Antériorité du droit sur le devoir, par M. l'abbé Loyson, VI. — Les théories morales de l'antiquité, par M. Tissandier, V. — La morale évangélique, par M. l'abbé Loyson, VI. — Les doctrines morales au XVIe siècle, par M. Ernest Bersot, VI. — La morale de Spinoza, par M. Ch. Lemonnier, III. — La morale indépendante, sept leçons, par M. Caro, V. — La morale laïque, par M. Ch. Lévêque, VI. — Le principe humain et le principe divin de la morale, par M. Em. Beaussire, VI.

Le luxe, par M. Batbie, IV. — Même sujet, par M. Horn, V. — Le luxe des vêtements au moyen âge, par M. Baudrillart, VI. — Les femmes et la mode, par madame Sezzi, II. — L'amour platonique, par M. Waddington, I. — Caton et les dames romaines, par M. Aderer, IV. — Saint Jérôme et les dames romaines, par le même, VI.

L'étroitesse d'esprit, par M. Ath. Coquerel, VII. — L'amour de sa profession, par M. Jules Favre, VI. — L'acteur, le fonctionnaire, le journaliste, par M. Francisque Sarcey, VI.

THÉOLOGIE

Vie de Jésus, par M. de Pressensé, I. — Du témoignage des martyrs en faveur de la divinité de Jésus-Christ, par M. l'abbé Perreyve, I. — Les pères de l'école d'Alexandrie et la papauté primitive, par M. l'abbé Freppel, II. — Du pouvoir direct et indirect de l'Église sur le temporel des rois, par M. l'abbé Méric, VII. — Le protestantisme sous Charles IX, par M. l'abbé Perraud, VII.— Le colloque de Poissy, par le même, VII. — Le système de Herder, par M. l'abbé Dourif, II. — Le déisme, par le R. P. Hyacinthe, II. — Le christianisme de J. J. Rousseau, par M. Fontanès, VII. — La religion progressive, par M. Despois, VII. — L'unite de l'esprit parmi les chrétiens, par M. Fontanès, IV. — Pourquoi la France n'est- elle pas protestante? par M. Ath. Coquerel fils, III. — Des progrès religieux hors du christianisme, par sir John Bowring, III. — Les progrès du catholicisme en Angleterre, par M. Gaidoz, VII. — La Rome actuelle et le concile, par M. de Pressensé, VII.

PHILOSOPHIE

Sa définition et son objet (3 leçons), par M. Paul Janet, II. — Origine de la connaissance humaine, par M. Moleschott, II. — L'homme est-il la mesure de toutes choses? par M. Paul Janet, III. — De la personnalité humaine, par M. Caro, IV. — L'intelligence, par M. Taine, VII. — La physiologie de la pensée, par M. Bain, VI. — L'existence indépendante de l'âme, par M. Schrœder van der Kolk, V. — Distinction de l'âme et du corps, par M Paul Janet, I. — L'âme des bêtes, par M. Brisebarre, I. — Même sujet, par M. P. Janet, V. — L'induction, par M. Em. Beaussire, VII. — Le problème de la création, par M. Caro, VII. — Idée d'une géographie et d'une ethnographie psychologiques, par M. Ch. Lévêque, I. — Le fatalisme et la liberté, par le même, II. — L'âme humaine dans l'histoire, par M. Bohn, II. — Situation actuelle du spiritualisme, par M. Caro, II. — Le spiritualisme libéral, par M Em. Beaussire, V. — La liberté philosophique, par le même, V. — Matérialisme, idéalisme, spiritualisme, par M. Ravaisson, V.

Philosophie de l'Inde, par M. Paul Janet, II. — Le mysticisme dans l'Orient ancien et moderne, par M. Ch. Lévêque, V. — Du monothéisme juif, par M. Munck, II. — Démocrite, par M. Ch. Lévêque, I. — Socrate et les sophistes, par M. Lorquet, I. — L'école socratique, par M. Vera, VII. — Le stoïcisme, par M. Tissandier, V. — Le christianisme des philosophes païens, par M. Havet, II. — Le procès de Galilée, par M. Trouessart. — Les trois Galilée, par M. Philarète Chasles, IV. — Descartes, par M. Bohn, II. — Des controverses philosophiques au XVIIe siècle (10 leçons), par M. Paul Janet, IV. — Preuves de l'existence de Dieu d'après Descartes (7 leçons), par le même, V. — Diderot, par M. Jules Barni, III. — Saint-Simon, par M. Ch. Lemonnier, I. — Kant et la métaphysique, par M. Paul Janet, VI. — La philosophie allemande en France depuis 1815, par le même, V. — M. Cousin et sa philosophie, par M. Vera, II. — Victor Cousin, par M. Ch. Lévêque, IV. — Philosophie des deux Ampère, par M. Em. Beaussire, VII. — Les spirites, par M. Tissandier, II. — La philosophie contemporaine en Italie, par M. Em. Beaussire, VII. — Le mouvement philosophique en Sicile, par le même, IV. — Les deux philosophies, Stuart Mill et Hamilton, par le même, VI. — La psychologie anglaise contemporaine, par le même, VII. — Même sujet, par M. Joly, VII. — La psychologie de M. Bain, par M. Stuart Mill, VI. — Un précurseur de Darwin, par M. Joly, VI. — La nouvelle philosophie scientifique, par M. Ch. Lévêque, VII. — La science moderne et la métaphysique, par le même, VII.

POLITIQUE

Les devoirs civiques, par M. Jules Favre, VII. — De la morale dans la démocratie, par M. Jules Barni, II. — Le respect du droit d'autrui, par M. Beudant, VII. — Principes de la société moderne, par M. Albicini, IV. — De la civilisation, par M. Duveyrier, II. — La vraie et la fausse égalité, par M. Ad. Franck, IV. — De l'union des classes, par M. Paul Janet, V. — La raison d'État, par M. Ferri, II. — La libre conscience, par M. de Pressensé, VII. — Du progrès, par M. Laboulaye, VI. — La révolution pacifique, par M. Saint-Marc Girardin, VII.

Constitution des États-Unis (9 leçons), par M. Laboulaye, I. — Organisation politique de l'Angleterre, par M. Fleury, II. — Une Académie politique sous le cardinal de Fleury, par M. Paul Janet, II. — Louis XV et la diplomatie secrète, par M. Raimbaud, V. — Principes et caractères de la révolution française, par M. Macé, IV. — L'Assemblée constituante : les cahiers de 1789, Déclaration des droits de l'homme, suppression de la féodalité, premier projet de constitution, question du véto, exclusion des ministres de l'Assemblée, réorganisation administrative, loi électorale, suffrage universel, droit de paix et de guerre, serment civique, organisation judiciaire, municipalité de Paris, par M. Laboulaye, VI et VII. — L'esprit de privilége sous la Restauration, par M. Baudrillart, V.

Principaux publicistes : Locke, Montesquieu, madame de Staël, Benjamin Constantin, Royer-Collard, Sismondi, par M. Ad. Franck, I, IV et VI. — Malesherbes, par M. Laboulaye, VII. — L'éloquence politique, par M. Guibal, VI. — Les orateurs de la Constituante, par M. Reynald, VII. — Mirabeau, par M. Laboulaye, V et VI. — Mirabeau et la cour, par M. Reynald, VII. — Les orateurs parlementaires de l'Angleterre, par M. Édouard Hervé, III. — Abraham Lincoln, par M. Aug. Cochin, VI. — Le général Grant, par le même, VII. — Montalembert, par le même, VII.

Wilberforce, par M. Bersier, II. — Les nègres affranchis des États-Unis, par MM. Laboulaye, Leigh, de Pressensé, Sunderland, Coquerel fils, Crémieux, Rosseuw Saint-Hilaire, Th. Monod, II; par MM. Laboulaye, Franck, Albert de Broglie, Chamerovzow, Augustin Cochin, Dhombres, III. — La traite et l'esclavage, par MM. Laboulaye, Augustin Cochin, Horn, Mage, Knox, Beraza, IV. — Les résultats de l'émancipation, par MM. Laboulaye, Garrison, Albert de Broglie, général Dubois, etc., IV.

La guerre, par M. Ath. Coquerel, VI. — La paix et la guerre, par M. Ad. Franck, I. — La paix perpétuelle, par M. Ch. Lemonnier, IV. — La ligue de la paix, par M. Michel Chevalier, VI. — Même sujet, par le R. P. Hyacinthe, VI.

LÉGISLATION

Introduction générale à l'étude du droit, par M. Beudant, I. — Philosophie du droit civil, par M. Ad. Franck, II. — Cours de droit civil (première année), par M. Valette, I et II. — Du droit de punir, par M. Ortolan, II. — La loi pénale et la science du droit criminel, par M. Mouton, VI. — Le droit pénal et la

Révolution française, par M. Thézard, VI. — Du droit administratif, par M. Batbie, II. — Du droit international, par M. Beltrano, I. — Principes philosophiques du droit public, par M. Franck, III. — La poésie dans le droit, par M. Lederlin, III. — Du caractère français dans ses rapports avec le droit, par M. Thézard, IV.

Les origines celtiques du droit français, par M. de Valroger, I. — La législation criminelle en Angleterre, par M. Laboulaye, I et II. — La liberté de la librairie, par M. Jules Simon, VII.

ÉCONOMIE POLITIQUE

Histoire, but et objet de l'économie politique, par M. Baudrillart, IV. — L'enseignement de l'économie politique, par M. Em. Levasseur, VII. — Rôle de l'économie politique dans les sciences morales, par le même, VI. — Les commencements de l'économie politique dans les écoles du moyen âge, par M. Ch. Jourdain, VI. — Histoire du travail, par M. Frédéric Passy, III. — Les expositions de l'industrie, par M. Em. Levasseur, IV. — L'Exposition de 1867, par M. Audiganne, IV.

QUESTIONS SOCIALES

De l'inégalité des conditions sociales, par M. Jules Favre, VIII. — Horace Maun ou l'égalité d'instruction, par M. Laboulaye, VI. — De l'égalité d'éducation, par M. Jules Ferry, VII. — Le travail des enfants dans les manufactures, par M. Jules Simon, IV. — Le logement de l'ouvrier, par le même, V.

Du droit de tester, par M. Ad. Franck, III. — De l'hérédité, par M. Frédéric Passy, IV.

La famille et l'État, conférence de M. Renan, par M. Beaussire. — Les femmes dans l'État, par M. J. Barni, V. — Du progrès social par l'instruction des femmes, par M. Thévenin, I. — L'instruction des femmes doit-elle être différente de celle des hommes? par miss Becker, VI. — Le droit des femmes en Angleterre, par M. W. de Fonvielle, V. — Idées de Proudhon et de Stuart Mill sur les femmes, par M. Van der Berg, VII. — La femme et la raison, par mademoiselle Deraismes, VI. — Les grandes femmes, par la même, VI. — De l'éducation de la femme, par M. Virchow, III. — De la condition des femmes au XIVe siècle, par M. Aderer, III. — La question des femmes au XVe siècle, par M. Campaux, I. — L'éducation littéraire des femmes au XVIIe siècle, par M. Deltour, II. — L'instruction secondaire des filles et M. l'évêque d'Orléans, par M. Eug. Yung, IV. — La femme au XIXe siècle, par M. Pelletan, VI.

ENSEIGNEMENT

L'enseignement officiel et l'enseignement populaire au moyen âge, par M. Paulin Pâris, II. — Des progrès de l'érudition moderne, par M. Hignard, II. — Des études classiques latines, par M. Tamagni, I. — L'étude de l'histoire, l'éducation oratoire, par M. Carlyle, III. — L'instruction moderne, par M. Stuart Mill, IV. — De l'état actuel de l'Université, par M. Mézières, IV. — De l'enseignement supérieur français, par M. Eugène Véron, II. — Le doctorat ès lettres, par M. Ch. Lévêque, VI. — Les universités anglaises, par M. Challemel-Lacour, II. — Les professeurs des universités allemandes, par M. Elias Regnault, II. — L'enseignement supérieur français et l'enseignement supérieur allemand, par M. H. Heinrich, III. — L'université d'Iéna, par M Louis Koch, III. — Les programmes des universités allemandes, par M. Louis Leger, VI. — Histoire de l'enseignement de la procédure, par M. Paringault, III. — L'enseignement du droit à Rome, par M. Bremer, VI. — L'enseignement de l'Ecole des chartes, par M. Emile Alglave, II. — Un lycée de filles en Amérique, par M. Gaidoz, V. — Le service militaire dans les Universités allemandes, par M. L. Koch, VI.

Conférences et conférenciers, par M. L. Simonin, V. — Les conférences de la rue de la Paix, par M. Eugène Véron, II. — La chaire d'éloquence française à la Sorbonne, par M. Saint-René Taillandier, V. — Eugène Gandar, professeur d'éloquence française, par M. Em. Beaussire, VII. — M. Berger, professeur d'éloquence latine, par M. Martha, VII. — Le cours de M. Jules Barni à Genève, par M. Eugène Despois, III. — Discours d'ouverture de l'Athénée, par M. Eug. Yung, III. — Discours d'ouverture des conférences du boulevard des Capucines, par M. Em. Deschanel, V. — Discours de réouverture des mêmes conférences, par M. Sarcey, V et VI. — Les conférences en Angleterre et en Amérique, par M. Laboulaye, VII.

Les bibliothèques populaires, par M. Jules Simon, II et III; par M. Ed. Charton; par M. Laboulaye, III. — De l'éducation qu'on se donne à soi-même, par M. Laboulaye, III. — Du choix des lectures populaires, par M. Saint-Marc Girardin, III.

De l'avenir de l'instruction populaire, par M. Jules Favre, VI. — L'instruction populaire, par MM. de Pressensé, Royer-Collard et Rosseuw Saint-Hilaire, IV. — L'instruction primaire en 1867, par M. Guizot, IV. — La vérité sur l'instruction primaire en Prusse, par M. L. Koch, V.

HISTOIRE ANCIENNE

Du rôle de la Grèce dans l'histoire du monde, par M. Gladstone, III. — La cité antique, ouvrage de M. Fustel de Coulanges, par M. Édouard Tournier, V. — Histoire de la civilisation grecque (10 leçons), par M. Alfred Maury, I. — La diplomatie dans l'antiquité, par M. Egger, VI.

État moral des Romains sous la république, sous l'empire (3 leçons), par M. Alfred Maury, I. — Les pauvres dans l'ancienne Rome, par M. Crouslé, VI. — Recherches sur la mort de César, par M. Dubois (d'Amiens), V. — La vie privée de l'empereur Auguste, par le même, VI. — Auguste, son siècle, sa famille, ses amis (6 leçons), par M. Beulé, IV. — Les successeurs d'Auguste, Tibère, Caligula (7 leçons), par le même, V. — Le testament politique d'Auguste, par M. Abel Desjardins, III. — Le portrait de Néron, par M. Beulé, VI. — L'impératrice Faustine, femme de Marc-Aurèle, par M. Ernest Renan, IV. — L'impérialisme romain, par M. Seeley, VII. — Les libertés municipales dans l'empire romain, par M. de Valroger, II. — La société romaine du temps des premiers empereurs comparée à la société française de l'ancien régime, par M. A. Maury, II. — La vie épicurienne des Romains sous l'empire, par M. Gebhart, VI. — Le paganisme au temps de Plutarque, par M. Egger, II. — L'organisation du travail dans l'empire romain, par M. Lacroix, VII. — L'Afrique au temps de Tertullien, par l'abbé Freppel, I. — Le monde romain et les barbares, par M. A. Geoffroy, II.

HISTOIRE DU MOYEN AGE

Origines du peuple français, par M. Henri Martin, VII. — De l'origine des monuments appelés celtiques, par le même, IV. — Les Bretons d'Angleterre et les Bretons de France, par M. de la Villemarqué, IV. — Charlemagne économiste, par M. Abel Desjardins, IV. — Charlemagne et Alcuin, par le même, IV. — La théorie féodale, par M. Paulin Pàris, II. — De l'état social au moyen âge d'après les archives des couvents, par M. Vallet de Viriville, I. — La poésie et la vie réelle au moyen âge, par M. Gebhart, VII. — La reconnaissance des peuples sauvés, épisode de l'histoire de Venise et du Bas-Empire, par M. J. Armingaud, V. — Une année de la guerre de Cent ans, par M. Berlioux, II. — L'Italie au moyen âge, par M. Huillard-Bréholles, VI. — Relations de la France avec l'Italie au XVIe siècle, par M. Wallon, I et II. — Lucrèce Borgia, par M. Philarète Chasles. VII. — François Ier et Marguerite de Navarre, par M. Zeller, V. — La Réforme, par M. Bancel, I. — De l'histoire du protestantisme français, par M. Guizot, III.

HISTOIRE MODERNE

L'Allemagne pendant la guerre de Trente ans, par M. Bossert, IV. — Mazarin, par M. Wolowski, IV. — Le procès de Fouquet, par M. Maze, V. — Vauban, par M. Baudrillart, IV. — Les colonies françaises sous Louis XIV, par M. Jules Duval, VI. — De la civilisation en France et en Angleterre depuis le XVIIe siècle jusqu'à nos jours (20 leçons), par M. Alfred Maury, III et IV. — L'Allemagne depuis le traité de Westphalie (8 leçons), par le même, V. — La France au XVIIIe siècle (8 leçons), par le même, V. — Frédéric le Grand et sa politique, par M. Ed. Sayous, II. — Catherine II et sa cour, par M. Schnitzler, II. — Même sujet, par M. Blanchet, VI. — Voyage de Joseph II à la cour de Marie-Antoinette, par le même, III. — Les quatre George, par Thackeray, V. — De l'administration française sous Louis XVI, tableau des institutions et des idées de l'ancien régime (52 leçons), par M. Laboulaye, II, III et IV. — Les approches de la révolution (1787-1789, 10 leçons), par le même, V. — Fondation des États-Unis, rôle de la France, par M. Maze, VI. — L'Assemblée constituante : les élections de 1789, ouverture des états généraux, Mirabeau journaliste, serment du Jeu de paume, séance du 23 juin, réunion des ordres, prise de la Bastille, les massacres, assassinat de Foulon et Berthier, la nuit du 4 août, les 5 et 6 octobre, destruction des parlements, confiscation des biens du clergé, les assignats, la liste civile, la constitution civile du clergé, Camille Desmoulins et Marat, les Suisses de Châteauvieux, par M. Laboulaye, VI et VII. — La guillotine et la révolution française, par M. Dubois (d'Amiens), III. — Le vandalisme révolutionnaire, ouvrage de M. Despois, par M. Eug. Véron, V. — Les assignats, par M. Émile Levasseur, III. — Du sentiment religieux dans la révolution française, par M. de Pressensé, II. — Le premier consul, par M. Jules Barni, VI. — Napoléon Ier et son historien M. Thiers, par M. Despois, VII. — Waterloo, par M. Chesney, VI. — Les alliés à Paris en 1814 et 1815, par M. Léon Say, V. — Épisodes de la guerre des États-Unis (1861 à 1865), par M. Auguste Laugel, II. — Les provinces rhénanes, par M. de Sybel, VI. — Les frontières naturelles de la France, par M. Himly, IV.

Formation territoriale de la Prusse; part de la France dans sa première grandeur; la Prusse sous le *roi sergent;* opinion de Frédéric II sur nos frontières du Rhin; le fusil de Molwitz; alliances de la France avec la Prusse; la guerre de Sept ans; les Russes en Pologne; la diplomatie prussienne et la Révolution française; la Prusse et Napoléon Ier, par M. Combes, VII.

LITTÉRATURE GÉNÉRALE

De l'influence des mœurs publiques sur la littérature, par M. Jules Favre, VI. — La prose, la poésie, par M. Paul Albert, V. — L'éloquence religieuse, le roman, les épopées et le théâtre au moyen âge, par le même, VII. — Le diable au point de vue poétique, par M. Büchner, VI. — Les contes de fées, par M. de Tréverret. V. — L'art théâtral, par M. Ad. Crémieux, VI. — Historiens anciens et modernes, par M. Benlœw, V. — De la loi de réaction dans l'histoire et les lettres, par le même, V. — Développement de la critique et du droit d'examen dans l'Europe contemporaine, par M. Philarète Chasles, V.

LITTÉRATURE GRECQUE

Coup d'œil sur l'histoire de la langue grecque, par M. Egger, IV. — Homère, par M. Spielhagen, III. — Même sujet, par M. Jules Girard, VI. — Les poëmes homériques, par M. Hignard, III. — La famille dans Homère, par M. Moy, VI. — La poésie épique, par M. Steinthal, III. — La parole et l'écriture chez les Grecs, par M. Curtius, II. — Némésis, ou la jalousie des dieux, thèse de M. Édouard Tournier, par M. H. Weil, II. — De la langue et de la nationalité grecques, Hésiode, les poëtes cycliques, origine de la prose, la science historique chez les Grecs, les prédécesseurs d'Hérodote, Thucydide, Xénophon, Plutarque (10 leçons), par M. Egger, I et II. — Le siècle de Périclès, par le même, III. — Le drame et l'État chez les Athéniens, par M. Emile Burnouf, III. — Moralité des légendes dramatiques de la Grèce, par M. Egger, VII. — La tradition classique dans la pastorale et l'apologue, par le même, VI. — La littérature à Athènes pendant les guerres, par le même, VII. — Valeur historique des discours de Thucydide, par M. J. Denis, II. — Pausanias, par M. Bétant, II. — La littérature grecque au temps d'Alexandre et de ses successeurs, par M. Egger, IV. — La littérature grecque et la littérature latine comparées, par M. Havet, III. — Épictète, par le même, VI. — M. Hase et les savants grecs émigrés à Paris sous le premier empire et sous la restauration, par M. Brunet de Presle, II. — Le grec moderne, par M. Egger, II; par Brunet de Presle, III. — Influence du génie grec sur le génie français (4 leçons), par Egger, V. — Influence du génie grec au XIXe siècle, par le même, VI. — Intérêt moderne de la littérature grecque, par M. Matheew Arnold, VI.

LITTÉRATURE LATINE

Térence, par M. Talbot, III. — Lucrèce et Catulle, par M. Patin, II. — Lucrèce, par M. Despois, VII. — La poésie rustique, par M. Martha, III. — Cicéron et ses amis, par M. Eugène Despois, III. — Cicéron après le passage du Rubicon, par M. Berger, I. — Étude de la société romaine d'après les plaidoyers de Cicéron; un gouvernement de province au temps de Verrès, par M. Havet, I. — Lettres de Brutus et de Cicéron, par le même, VII. — L'acteur Roscius, par M. Hermann Göll, VII. — Les mémoires à Rome avant César, par M. Berger, VI. — L'*Énéide*, par M. Jules Girard, VII. — L'éloquence au temps d'Auguste, par M. Berger, II. — Le procès de la littérature du siècle d'Auguste, par M. Beulé, IV. — Tacite, par M. Havet, I. — Juvénal et ses œuvres, le turbot de Domitien, par M. Martha, I. — Juvénal et son temps, par M. Gaston Boissier, III. — Juvénal et ses satires, par M. Despois, VII. — L'empire et l'état des esprits à l'époque d'Adrien, par M. Berger, III. — La jeunesse de Marc-Aurèle, Fronton historien, par M. Berger, III. — La littérature latine de Tacite à Tertullien, par M. Havet, IV.

LITTÉRATURE FRANÇAISE

Origines de la littérature française, par M. Gaston Pâris, IV. — Le génie de la Bretagne, par M. Félix Frank, III. — Les romans de la Table-Ronde, par M. Paulin Pâris, I. — La chanson de Roncevaux, par M. A. Viguier, II. — De la poésie provençale, par M. Paul Meyer, II. — Rensard, par M. Lenient, VII. — La seconde renaissance française, par le même, VII. — Jeunesse de Montaigne; idées de Montaigne sur les lois de son temps, par M. Guillaume Guizot, III. — Histoire du théâtre en France, par M. Thévenin, I. — Les Mémoires de Sully, par M. Lavisse, VI. — Vie et œuvres de Mézeray, par M. Patin, III. — Rotrou, par M. Saint-René Taillandier, I. — Hommes de robe au XVIIe siècle, par M. Gidel, V. — Gazettes et journaux au XVIIe siècle, par le même, VI. — Les gens de province au XVIIe siècle, par le même, VII. — Bourgeois et gentilshommes au XVIIe siècle, par le même, IV. — Une visite à Port-Royal, par M. Lenient, V. — Bourdaloue, la politique chrétienne, par M. J. J. Weiss, III. — Rieurs mélancoliques : Villon, Scarron, Molière, par M. Talbot, V. — Molière et ses prédécesseurs du XVIe siècle, par M. Bocher, VI. — Molière et l'en-cas de nuit, par M. Despois, VII. — Molière, conférence de M. Deschanel, IV. — Molière, par M. Marc Monnier, IV. — Les femmes dans Molière, par M. Aderer, II. — La Fontaine et ses fables, par M. Saint-Marc Girardin, I. — La Fontaine et ses critiques, par M. J. Claretie, I. — La satire dans les fables de la Fontaine, par M. Crouslé, V. — Les faux autographes de madame de Maintenon, par M. Grimblot, IV. — Saint-Simon, par M. Deschanel, I. — La littérature d'une génération (1720-1750), par M. Étienne, VII. — Du rôle des gens de lettres au XVIIIe siècle, par M. Paul Albert, III. — Montesquieu, par M. Gandar, II. — J. J. Rousseau et les encyclopédistes, par M. Paul Albert, III. — J. J. Rousseau, par M. Gidel, V. — La jeunesse de Diderot et de Rousseau, par M. Gandar, V. — Grimm et Diderot, par M. Reynald, VI. — Voltaire (7 leçons), par M. Saint-Marc Girardin, V. — Les correspondants de Voltaire, Bolingbroke, par M. Reynald, V. — La statue de Voltaire, conférence de M. Deschanel, IV. — Influence des salons sur la littérature au XVIIIe siècle, par M. de Loménie, I. — Fontenelle et les salons au XVIIIe siècle, par M. Hippeau, II. — Un épisode de l'histoire de la censure au XVIIIe siècle, par M. Hauréau, V. — Le marquis de Mirabeau, par M. L. de Lavergne, V. — Le marquis d'Argenson, par M. Em. Levasseur, V. — La comédie après Molière, par M. Lenient, IV. — Regnard, par M. Ordinaire, VII. — Les valets dans la comédie, par M. Gaucher, III. — La comédie et les mœurs au XVIIIe siècle, par M. Ch. Gidel, III. — Le décor au théâtre, par M. Talbot, IV. — Le théâtre de Favart: Piron et Gresset, par M. J. J. Weiss, II. — Bailly et l'*Abbé de l'Épée*, par M. Legouvé, VII. — La tragédie de *Médée*, par le même, VII. — Lekain, Talma, mademoiselle Rachel, par M. Samson, III. — De la convention au théâtre, les pièces de M. Alexandre Dumas fils, le théâtre de M. Emile Augier, les pièces nouvelles, etc., conférences de M. Francisque Sarcey, IV. — Le théâtre de George Sand, par M. C. de Chancel, II. — Le théâtre de M. Emile Augier, par le même, III. — L'homme et l'argent dans la comédie et dans l'histoire, par M. Conus, V. — Comparaison entre Henri Heine et Alfred de Musset, par M. William Reymond, III. — La poésie, la musique et l'art dans la Provence moderne, par M. Philarète Chasles, I. — Les lettres et la liberté, ouvrage de M. Despois, par M. Eug. Véron, III. — Alfred de Vigny, par M. L. de Ratisbonne, VI. — Sainte-Beuve, par M. Gaston Boissier, VII. — De l'état actuel de la littérature française, par M. S. de Sacy, V.

LITTÉRATURES ITALIENNE ET ESPAGNOLE

Dante et ses œuvres, par M. Mézières, II. — De l'apostolat de Dante, par M. Hillebrand, II. — Dante poëte lyrique, la *Divine comédie*, par M. Bergmann, III. — Dante considéré comme citoyen, par M. Gebhardt, III. — De la renaissance en Italie, par le même, III. — Le théâtre italien au xve siècle, par M. Hillebrand, V. — Pétrarque, ouvrage de M. Mézières, par M. Em. Beaussire, V. — Pétrarque historien de César, par M. Berger, VI. — La correspondance du Tasse, par M. Reynald, IV. — Décadence et renaissance des lettres en Italie, par le même, IV. — Florence et le génie italien, par le même, IV. — Machiavel, par M. Twesten, V. — Cervantès, par M. Émile Chasles, II. — Don Quichotte, par Reynald, II. — Comparaison des théâtres de l'Espagne et de l'Angleterre, par Büchner, VII.

LITTÉRATURE ANGLAISE

Hamlet, par M. Mayow, V. — Shakspeare poëte comique, par M. de Tréverret, VII. — L'esprit humoriste, par M. Gebhart, IV. — Les autobiographes et les voyageurs anglais, par M. Philarète Chasles, I. — Les romanciers et les journalistes anglais, par M. Mézières, I. — Naissance de la presse en Angleterre, par le même, VII. — Les moralistes anglais au XVIIIe siècle, par M. Reynald, II. — Gulliver, par le même, III. — Tom Jones, par M. Hillebrand, III. — Robinson Crusoé, par le même, III. — Saint-Évremond et Hortense Mazarin à Londres, par M. Ch. Gidel, IV. — La féerie en Angleterre, par M. North-Peath, II. — Les chants de l'Irlande rebelle, par M. Gaidoz, V. — Les romans de Ch. Dickens, par M. J. Gourdault, II. — Charles Dickens, par M. Büchner, VII.

LITTÉRATURE ALLEMANDE

Hans Sachs, poëte allemand du XVIe siècle, par M. Léon Boré, III. — La Réforme et la Renaissance en Allemagne, par M. Gebhart, VI. — L'esprit théologique et l'esprit littéraire en Allemagne, par M. Bossert, VII. — Influence du *Laocoon* de Lessing sur la littérature, par M. Gümlich, III. — Rôle littéraire de Lessing, par M. Grücker, V. — La jeune Allemagne de 1775, par M. Hillebrand, IV. — Un humoriste allemand, par M. Dietz, V. — La vie d'Alexandre de Humboldt, par Dowe, VII. — Le roman populaire dans l'Allemagne contemporaine, par Dietz, V et VII. — Le mouvement littéraire en Allemagne, par le même, VI.

LITTÉRATURES SLAVES

De l'état actuel de la littérature en Russie, par M. Chodzko, III. — Le drame moderne en Russie, par le même, V. — Les études historiques en Russie, par M. Pogodine, VII. — L'enseignement du russe, par M. L. Leger, V. — Le pluriel, le singulier et le panslavisme, par le même, V. — La poésie épique en Bohême, par le même, V. — Une Académie chez les Croates, par M. L. Leger, V. — L'Académie d'Agram, par le même, VI. — La littérature slave en Bulgarie au moyen âge, par le même, VI. — Le drame moderne en Serbie, par M. Chodzko, VII. — Le mouvement intellectuel en Serbie, par M. L. Leger, V. — La langue et la poésie roumaines, par M. Philarète Chasles, III.

ÉTUDES ORIENTALES

Les éléments fédératifs des Aryas européens, par M. Duchinski, I. — Les Aryas primitifs, par M. Girard de Rialle, VI. — Le culte de l'arbre et du serpent dans l'Inde, par M. Fergusson, VI. — Les castes dans l'Inde, par M. Hauvette-Besnault, VII. — Le nihilisme bouddhique, par M. Max Müller, VII. — Le conte égyptien des Deux frères, par M. Maspero, VII. — Histoire du déchiffrement des inscriptions cunéiformes, par M. Oppert, I. — Le Talmud, par M. Deutsch, V. — Le bouddhisme tibétain, par M. Léon Feer, II. — Les voyageurs au Tibet, par le même, V. — Les nouvelles découvertes au Tibet, les contes mongols, les peuplades du Brahmaputra et de l'Iravadi, par le même, VI. — L'Essence de la sagesse transcendante, par le même, III. — La composition du Coran, par M. Hartwig Derenbourg, VI. — De l'histoire philologique et littéraire de la Turquie, par M. Barbier de Meynard, I.

PHILOLOGIE COMPARÉE

Considérations générales, par M. Hase, I. — La science du langage, par M. Max Müller, I et III. — Que la philologie est une science, par M. Farrar, VI. — De la forme et de la fonction des mots, par M. Michel Bréal, IV. — Morphologie des langues, par M. Schleicher, II. — De la méthode comparative appliquée à l'étude des langues, par M. Michel Bréal, II. — Grammaire de Bopp, par le même, III. — L'article, par M. Hase, I. — Publications philologiques, par M. Ed. Tournier, V. — Qu'est-ce que faire une édition? par le même, VI. — La celtomanie, par M. Louis Leger, VII.

ARCHÉOLOGIE

De l'emploi du bronze et de la pierre dans la haute antiquité, par M. Lubbock (avec 94 figures), III et IV. — Triangulation de Jérusalem, par sir H. James, III. — L'art romain sous les rois, sous la république, topographie de Rome (6 leçons), par M. Beulé, I. — Des fouilles et découvertes archéologiques faites à Rome depuis dix ans (11 leçons), par le même, III et IV. — Les fouilles du Palatin, par M. Félix Frank, III. — Une nouvelle Alesia découverte en Savoie, par le même, III. — Nouvelle étude sur les camps romains, par M. Heuzey, III. — Antiquités du Mexique et de l'Amérique centrale, par M. l'abbé Brasseur de Bourbourg, I.

BEAUX-ARTS

L'œuvre d'art, par M. Taine, II. — L'idéal dans l'art, par le même, IV. — Des portraits historiques, par M. Georges Scharf, III. — De l'ornementation et du style, par M. Semper, II. — De l'architecture dans ses rapports avec l'histoire, par M. Viollet-le-Duc, IV. — L'esthétique des lignes, par M. Charles Blanc, VI. — Philosophie de la musique, par M. Ch. Beauquier, II.

L'art indien, égyptien, grec, romain, gréco-romain (6 leçons), par M. Viollet-le-Duc, I. — Le paysage en Grèce, par M. Heuzey, II. — De l'intérêt que les sujets tirés de l'histoire grecque offrent aux artistes, par le même, I. — État des esprits et des caractères en Italie au début du XVIe siècle, philosophie de l'art en Italie (3 leçons), par M. Taine, III. — Léonard de Vinci, par le même, II. — Titien, par le même, IV. — La peinture dans les Pays-Bas, par le même, V. — La peinture flamande ancienne et moderne, par M. Potvin, II. — La peinture en Allemagne au temps de la Réforme, par M. Woltmann, V. — Bernard Palissy, par M. Audiat, II. — Watteau, par M. Léon Dumont, III. — Delacroix et ses œuvres, par M. Alexandre Dumas, II. — Histoire de la musique aux XVIIIe et XIXe siècles, par M. Debriges, I. — Histoire de la musique, par M. Helmholtz, V.

GÉOGRAPHIE

Géographie de la Gaule, par M. Bourquelot, I. — Histoire des découvertes géographiques au XIXe siècle, par M. Himly, I. — Les États slaves et scandinaves, par le même, II. — Le premier âge des colonies françaises, par M. Jules Duval, V. — La Nouvelle-Calédonie, par M. Jules Garnier, V. — L'Afrique ancienne et moderne, par M. Himly, V. — Les découvertes récentes dans l'Afrique centrale, par Levasseur, II. — L'Abyssinie, par sir S. Baker, V. — L'Algérie et les colonies françaises, par J. Duval, I.

VOYAGES

Les voyages et la science, par M. Pingaud, VII. — Une visite à Patmos, par M. Petit de Julleville, IV. — Un voyage au Parnasse, par le même, VI. — Les sources du Nil, par sir Samuel Baker, III. — Le Nil, par le même, IV. — Les populations du Nil blanc, un voyage aux sources du Nil, l'Abyssinie, par M. Guillaume Lejean, II. — Le docteur Barth, Livingstone, par M. Jules Duval, IV. — L'Afrique et l'esclavage, par M. Ernest Morin, II. — De Mogador à Maroc, par M. Beaumier, V. —

Madagascar, souvenirs du Mexique, souvenirs du Canada et des États-Unis, par M. Désiré Charnay, II. — Les vrais Robinsons, par M. Victor Chauvin, II. — La vallée de Cachemyr, par M. Guillaume Lejean, IV. — L'intendant Poivre dans l'extrême Orient, par M. Jules Duval, IV. — La commission française dans l'Indo-Chine, par M. Garnier, VI. — Tentative de M. Cooper pour passer directement de la Chine dans l'Inde, par M. Saunders, VII. — De New-York à San-Francisco, par M. Simonin, IV. — Un projet de voyage au pôle Nord, par M. Gustave Lambert, IV.

Une ascension vers le ciel, par M. Tyndall, VII. — A travers la France et l'Italie en 1844, par Ch. Dickens, VII.

NÉCROLOGIE

De Barante, par M. Guizot, IV. — Victor Le Clerc, par M. Guigniault, III. — Victor Cousin, par M. Patin, IV. — Daveluy, par M. Ch. Lévêque, IV. — Gandar, par M. Beaussire, IV. — Ad. Berger, par M. Martha, VII. — Perdonnet, V. — E. de Suckau, V. — Bœck, par M. Dietz, IV. — Mittermaier, par M. L. Koch, V. — Ortloff, V. — Schleicher, par M. Louis Leger, VI. — Bopp, par M. Guigniault, VII.

VARIÉTÉS

Causerie historique et littéraire sur la gastronomie, par M. Conus, IV. — Histoire d'un brigand grec, par M. L. Terrier, IV. — Les funérailles de Napoléon Ier, par Thackeray, V. — Étrangers à Paris, Français à l'étranger, par le même, VI.

GUERRE DE 1870. — SIÉGE DE PARIS

(Voir le volume de la septième année.)

La guerre de 1870, par M. Du Bois-Reymond. — France et Allemagne, par le R. P. Hyacinthe. — Les deux Allemagnes, par M. Mézières. — Les manifestes des professeurs allemands, par M. Geffroy. — La poésie patriotique en France, par M. Lenient. — De la poudre et du pain! par M. Ath. Coquerel. — Les blessés, par le même. — La défense par l'offensive, par M. Ravaisson. — Paris et la province, par M. Augustin Cochin. — Le dernier jour de 1870, par M. Le Berquier. — Du salut public, par M. de Pressensé.

La réunion de l'Alsace à la France, par Ch. Giraud. — Le paysan combattant l'invasion, par Ortolan. — Les réquisitions en temps de guerre, par Colmet de Santerre. — La convention de Genève, par Bonnier. — Le pensionnat de madame l'Europe, ou comment l'Allemand battit et détroussa le Français en présence de l'Anglais, qui le regarda faire (traduit de l'anglais).

REVUE DES COURS SCIENTIFIQUES

Table des matières contenues dans la première série
1864-1871.

PHILOSOPHIE DES SCIENCES

La science en général. — Développement des idées dans les sciences naturelles, par J. de Liebig, IV. — Les sciences naturelles et la science en général, par Helmholtz, IV. — Philosophie naturelle; caractères d'une véritable science, par P. G. Tait, VII.
Classification des sciences, par J. Murphy et A. R. Wallace, VII; — par A. Comte et Th. H. Huxley, VI.
Le positivisme et la science contemporaine, par Th. H. Huxley, VI. — Auguste Comte et M. Huxley, par R. Congrève, VI.
Le raisonnement scientifique. — Les axiomes de la géométrie, par H. Helmholtz, VII — La théorie de M. Mill sur le raisonnement géométrique, par W. R. Smith, VII. — Induction et déduction dans les sciences, par J. de Liebig, IV.
La méthode expérimentale. — Méthode expérimentale, par Matteucci, II. — L'observation et l'expérimentation en physiologie, par Coste et Cl. Bernard, V. — L'expérimentation en géologie, par Daubrée, V. — L'expérimentation et la critique expérimentale dans les sciences de la vie, par Cl. Bernard, VI.
La force et la matière. — Matière et force, par Bence Jones, VII. — Unité des forces physiques, par Chevrier, VI. — La force et la matière, par A. Cazin, V. — Voyez Physique et Chimie.
La vie et la pensée. — La base physique de la vie, par Th. H. Huxley, VI. — Les forces physiques et la pensée, par J. Tyndall, VI. — Matière et force dans les sciences de la vie, par Bence Jones, VII. — L'intelligence dans la nature, par J. Murphy et A. R. Wallace, VII. — Conception mécanique de la vie, par R. Virchow, III. — Unité de la vie, par Moleschott, I. — Voyez Physiologie et Zoologie.
Rôle des sciences dans la société. — Importance sociale du progrès des sciences, par Huxley, III. — Ce que doit être une éducation libérale, par Huxley, V. — Utilité des sciences spéculatives, par Riche, III. — Conquêtes de la nature par les sciences, par Dumas, III. — Passé et avenir des sciences, par Barral, II. — Développement national des sciences, par Virchow, III. — La science dans la société américaine, par B. A. Gould, VII.

ORGANISATION SCIENTIFIQUE

Les sciences et l'Institut, par Cl. Bernard, VI.
Universités étrangères. — L'organisation des universités, par E. du Bois-Reymond, VII. — Les universités allemandes, par Em. Alglave, VI. — L'enseignement supérieur en Russie, par Eug.

Feltz, VI. — Les universités italiennes, par Matteucci, IV. — Les musées scientifiques en Angleterre, par Lorain, VI.

Les laboratoires en France. — Le budget de la science en France, par Pasteur, V. — Utilité d'un laboratoire public de chimie, par Fremy, I. — Le laboratoire de physique de la Sorbonne, par Delestrée, IV. — Études géologiques pratiques à Paris en 1869, par Ed. Hebert, VI. — L'art d'expérimenter ; histoire des laboratoires, par Cl. Bernard, VI. — L'organisation scientifique de la France par H. Sainte-Claire Deville, Bouley, de Quatrefages, Dumas, Morin, VII.

Établissements d'enseignement. — L'agronomie au Muséum d'histoire naturelle de Paris en 1869, par Em. Alglave, VI. — La Faculté de médecine et l'École de pharmacie de Paris, par Ém. Alglave, VII. — L'instruction primaire en France, par Bienaymé, VI.

Observatoires. — L'observatoire de Paris, par Le Verrier, V. — Observatoire météorologique de Montsouris, par Ch. Sainte-Claire Deville, VI. — Bureau météorologique d'Angleterre, par Robert H. Scott, VI. — Programme météorologique, par Dollfus-Ansset, VI.

ASTRONOMIE

Généralités. — La constitution de l'univers, par Delaunay, V. — L'éther remplissant l'espace, par Balfour Stewart, III. — Étude spectroscopique des corps célestes, cours par W. A. Miller, V. — La pluralité des mondes, par Babinet, IV. — Astronomie moderne, constitution physique du soleil, par Le Verrier, I.

Le télescope, par Pritchard, IV. — Le sidérostat, par Laussedat, V. — L'Observatoire de Paris en 1866, par Le Verrier, V. — Les travaux récents en astronomie (1866-67), par von Madler, V.

Le soleil. Les éclipses. — Le soleil étoile variable, par Balfour Stewart, IV. — Parallaxe du soleil, par Le Verrier et Delaunay, V. — Constitution physique du soleil, par Faye, II. — Chaleur du soleil, par W. Thomson, VI. — Constitution physique du soleil, découvertes récentes par le spectroscope, par J. Normann Lockyer, VI.

Éclipses de soleil, par Laussedat, III. — L'éclipse totale de soleil du 18 août 1868, par Le Verrier et Faye, V. — L'éclipse totale du 18 août 1868 et la constitution physique du soleil, par C. Wolf, VI. — Protubérances solaires pendant l'éclipse du 7 août 1869, par W. Harkness et G. Rayet, VII.

Les étoiles. — Les soleils ou les étoiles fixes, par le P. Secchi, V. — Mouvements propres des étoiles et du soleil, par C. Wolf, III. — La scintillation des étoiles, par Montigny, V. — Étoiles variables périodiques et nouvelles, par Faye, III. — Une étoile variable, par Hind, III. — Le Scorpion, par W. de Fonvielle, V. — Nébuleuses, par Briot, II. — Le groupement des étoiles, les tourbillons et les nuages stellaires, VII.

Les étoiles filantes. — Les pierres qui tombent du ciel, par Stan. Meunier, IV. — Étoiles filantes en 1865-1866 ; origine cosmi-

que, par A. S. Herschel, III. — Étoiles filantes en 1866-1867 ; rapport avec la lumière zodiacale ; étoiles du 10 août 1867 ; nouvelle méthode d'observation, par A. S. Herschel, IV. — Étoiles filantes, par A. Newton, Schiaparelli, de Fonvielle, IV.
La lune. — La lune et la détermination des longitudes, par Delaunay, IV. — Chaleur dans la lune, par Harrison, III.
Les comètes. — Comètes, par Briot, III. — Constitution physique des comètes, par Huggins, V. — Figure des comètes, par Faye, VII.
La terre. — La figure de la terre, par C. Wolf, VII. — Ralentissement de la rotation de la terre, par Delaunay, III. — Age et ralentissement de la rotation de la terre, par W. Thomson, VI. — Éloge historique de Puissant, par Elie de Beaumont, VI.

PHYSIQUE

Philosophie physique. — Voyez Philosophie des sciences.
Etats de la matière. Forces moléculaires. — Divers états de la matière, par Jamin, I. — Conversion des liquides en vapeurs, par Boutan, II. — Les dissociations; les densités de vapeurs, par Henri Sainte-Claire Deville, II. — Continuité des états liquides et gazeux, par Th. Andrews, VII.
Mélange des gaz; atmolyse; forces physiques dans la vie organique et inorgan., par Becquerel, II et III. — Mouvements vibratoires dans l'écoulement des gaz et des liquides, par Maurat, VI.
Air. Aérostation. — L'air et son rôle dans la nature, par A. Riche, III. — Aérostats, par Barral, I. — Navigation aérienne, par Simonin, IV. — Vol dans ses rapports avec l'aéronautique, par J. B. Pettigrew, IV. — Voyez Météorologie.
Eau. Glace. Glaciers. — Rôle de l'eau dans la nature, par Riche, III. — La glace, par Bertin, III. — Les glaciers, par Helmholtz et Tyndall, III; — par L. Agassiz, IV. — La descente des glaciers, par H. Mosely, VII. — Phénomènes glaciaires, par Contejean, IV. — Période glaciaire, par Babinet, IV.
Acoustique. — Le son, par A. Cazin, III. — Les sons musicaux, par Lissajous, II. — Causes physiologiques de l'harmonie musicale, par Helmholtz, IV. — Vibration des cordes; flammes sonores et sensibles; influence du magnétisme et du son sur la lumière et du son sur les veines liquides, par J. Tyndall, V. — Son, par J. Tyndall, VI. — Timbre des sons, par Terquem, VI.
Chaleur. — Le chaud et le froid, par A. Riche, V. — Chaleur de la flamme oxyhydrogène, par W. Odling, V. — Radiation solaire, par Lissajous, III. — Chaleur comparée à la lumière et au son, par Clausius, III. — Chaleur rayonnante, par J. Tyndall, III. — La chaleur rayonnante, par Desains, V. — La température dans les profondeurs de la mer, par W. B. Carpenter, VI.
Théorie dynamique de la chaleur en physique, chimie, astronomie et physiologie, par Matteucci, III. — La seconde loi de la théorie mécanique de la chaleur, par Clausius, V. — Effets mécaniques de la chaleur; sources de chaleur; progrès récents de la thermodynamique, par Cazin, II et IV. — Mécanique de la

chaleur ; travaux de Favre, par Henri Sainte-Claire Deville, VI. — Les conséquences nécessaires et les inconséquences de la théorie mécanique de la chaleur, par J. R. Mayer, VII.

Électricité. — Nature de l'électricité, par Bertin, IV. — Les forces électriques, par A. Cazin, VI. — Électricité appliquée aux arts, par Fernet, IV. — Nouvelles machines magnéto-électriques, par C. W. Siemens, Wheatstone, C. F. Varley et W. Ladd, IV.

Application des phénomènes thermo-électriques à la mesure des températures, par Edm. Becquerel, V. — Des phénomènes électro-capillaires, par Onimus, VII. — Action physiologique des courants électriques de peu de durée dans l'intérieur des masses conductrices étendues ; des oscillations électriques, par H. Helmholtz, VII. — Faraday, par Dumas, VII.

Magnétisme.—Magnétisme et électricité, par Quet, IV.— L'aimant, par Jamin, IV. — Déviation de la boussole dans les vaisseaux de fer, par A. Smith, III.

Lumière. — Théorie de la vision. — Voyez Physiologie (*Sens*).

Images par réflexion et par réfraction ; lentilles, cours par Gavarret, III. — Les équivalents de réfraction, par Gladstone, V. — Composition de la lumière, coloration des corps, par Desains, IV.—Transformation des couleurs à l'éclairage artificiel, par Nicklès, III. — Phosphorescence et fluorescence, par A. Serré, V. — Polarisation de la lumière, par Bertin, IV. — Couleur bleue du ciel, polarisation de l'atmosphère, direction des vibrations de la lumière polarisée, par J. Tyndall, VI.

Causes de la lumière dans les flammes lumineuses, par E. Frankland et Henri Sainte-Claire Deville, VI.

Photochimie, par Jamin, IV. — Les rayons chimiques et la lumière du ciel, par J. Tyndall, VI. — Opalescence de l'atmosphère, intensité des rayons chimiques, par Roscoë, III. — Photographie, par Fernet, II.

L'analyse spectrale et ses applications à l'astronomie, par W. A. Miller, IV et V. Voyez Astronomie (*Soleil*). — Statique de la lumière dans les phénomènes de la vie, par Dubrunfaut, V.

MÉTÉOROLOGIE

L'air au point de vue de la physique du globe et de l'hygiène, par Barral, I. — L'atmosphère et les climats, cours par Gavarret, III. — Causes de la diversité des climats, par Marié-Davy, V.

Formation des nuages, par J. Tyndall, VI.—Formation et marche des nuages, par Scoutetten, VI. — La pluviométrie, recherches de Bérigny, par Bienaymé, VI. — Électricité atmosphérique, par Palmieri, II. — La foudre, par Jamin, III.

GÉOGRAPHIE PHYSIQUE — VOYAGES

Courants marins, par Burat, I. — Courants et glaces des mers polaires, par Ch. Grad, IV. — Conquête du pôle Nord, par

Simonin, V. — L'expédition allemande dans l'océan Glacial arctique en 1868, par Ch. Grad, VII.

Taïti, par Jules Garnier, VI. — Les montagnes Rocheuses, par W. Heine, V. — Le Japon, par La Vieille, V. — Voyage d'exploration scientifique en 1868 et 1869, par R. I. Murchison, VI.

CHIMIE

L'affinité. L'action chimique. — Propriétés générales des corps par Balard, I. — Généralités de la chimie, par S. de Luca, I. — L'affinité, par Chevreul, V. — L'affinité, par Dumas, V. — L'état naissant des corps, par H. Sainte-Claire Deville, VII. — Principes généraux de chimie d'après la thermo-dynamique, par H. Sainte-Claire Deville, V. — Durée des actions chimiques, par Vernon Harcourt, V. — L'action chimique directe et inverse, par W. Odling, VI. — L'affinité. Phénomènes mécaniques de la combinaison, par H. Sainte-Claire Deville, IV. — Actions catalytiques, par Schönbein, III.

Physique chimique. — Dialyse, par Balard, I. — Diffusion des gaz, par Graham et Odling, IV. — Absorption des gaz par les métaux, par Odling, V. — Diffusion des corps, par de Luynes, V. — Travaux de Graham, par Williamson et Hoffmann, VII.

Constitution des corps. Théories chimiques. — La chimie d'autrefois et celle d'aujourd'hui, par Kopp, IV. — Constitution des corps organiques; les théories chimiques, par Troost, VI. — Les doctrines chimiques depuis Lavoisier, par Würtz, VI. — Constitution chimique des corps et ses rapports avec leurs propriétés physiques et physiologiques, par Crum Brown, VI. — La divisibilité et le poids des molécules (travaux de Williamson). La théorie des types, par A. Ladenburg, VII. — Les états isomériques des corps simples, cours par Berthelot, VI et VII. — Cours de chimie inorganique d'après la théorie typique de Gerhardt, par Daxhelet, VII.

Métalloïdes. — Les métalloïdes, cours par A. Riche, II. — Combustion par Würtz, I. — Le feu, par Troost, II. — Chaleur de la flamme oxyhydrogène, par W. Odling, VI.— Le feu liquide, par Nicklès, VI. — L'air, par A. Riche, — et par Peligot, III. Voyez PHYSIQUE (*Air*). — L'eau, par Würtz, II. — Les eaux de Paris, par A. Riche, III.—Les eaux de Londres, par E. Frankland, V et VI. — Le soufre, par Payen, III, — et par Schutzenberger, V. — Les eaux sulfureuses des Pyrénées, par Filhol, VI. — Constitution du carbone, de l'oxygène, du soufre et du phosphore, par Berthelot, VI et VII. — La synthèse chimique; l'acide cyanhydrique et le sulfure de carbone, par Berthelot, VI. — Poudre (voy. SCIENCES MILITAIRES).

Sels. Dissolutions. — Lois de constitution des sels, par H. Sainte-Claire Deville, I. — Spectres chimiques, par S. de Luca, I. — Les dissolutions, par Balard, I. — Les solutions sursaturées, par Ch. Violette, II, — par J. Jeannel, III, — et par Gernez, IV.

Métaux. — Méthodes générales de réduction des métaux, par

H. Sainte-Claire Deville, II. — L'aluminium, par le même, I. — Cæsium, rubidium, indium, thallium, par Lamy, V. — L'hydrogénium, par Th. Graham, VII. — Le vanadium et ses composés, par Roscoë, VI. — Les alliages et leurs usages, par Matthiessen, V. — Cyanures doubles du manganèse et du colbalt, par Descamps, V. — Nouveaux fluosels et leurs usages, par Nicklès, V.

Chimie organique. — Méthodes générales en chimie organique, par Berthelot, IV. — Rôle de la chaleur dans la formation des combinaisons organiques, cours par Berthelot, II. — Histoire des alcools et des éthers, par Berthelot, II. — Ammoniaques composées ; nouvelles matières colorantes, par A. W. Perkins, VII. — Composés organiques du silicium, par Friedel, V. — Sulfocyanures des radicaux organiques, par Henry, V. — Une nouvelle classe de sels ; l'acide hypochloreux en chimie organique, par Schutzenberger, V. — Les éthers cyaniques, par Cloëz, III. — Chimie organique, par Würtz, II. — Série aromatique, par Bourgoin, III.

Chimie physiologique. — Action de l'oxygène sur le sang, par Schönbein, II. — Des fermentations, rôle des êtres microscopiques dans la nature, par Pasteur, II. — Existence dans les tissus des animaux d'une substance fluorescente analogue à la quinine, par Bence Jones, III. — Circulation chimique dans les corps vivants, par Bence Jones, VI. — Études de L. Pasteur sur la maladie des vers à soie, par Duclaux, VII.

Histoire. — Les travaux chimiques en Allemagne en 1869, par A. Kékulé, VII. — Scheele; un laboratoire de chimie au XVIIIe siècle, par Troost, III. — Éloge historique de Pelouze, par Dumas, VII. — Le laboratoire de chimie de la Faculté de médecine de Paris en 1867, par Würtz, V.

GÉOLOGIE — MINÉRALOGIE

Origine et avenir de la terre, par Contejean, III. — Théorie de la terre de Hutton, par Christison, VI. — Les temps géologiques ; âge et chaleur centrale de la terre, par W. Thomson, VI. — Chaleur centrale de la terre, par Raillard, V. — Périodes géologiques, par Wallace, III.

Formation de la croûte solide du globe, par Ed. Hébert, I. — Oscillations de l'écorce terrestre pendant les époques quaternaire et moderne, par Ed. Hébert, III.

Les montagnes, par Lory, V. — Le réseau pentagonal, par Élie de Beaumont, VI. — La géographie et la géologie, par R. I. Murchison, VII. — Transports diluviens dans les vallées du Rhin et de la Saône, par Fournet, V. — Voyez PHYSIQUE (*Glaciers*).

Géologie du bassin de Paris, par A. Gaudry, III. — Géologie de l'Auvergne, par Lecoq, II. — L'Alsace pendant la période tertiaire, par Delbos, VII. — Les pays électriques, par Fournet, V. — Théorie des micaschistes et des gneiss, par Fournet, IV.

Volcans. Tremblements de terre. — Les volcans et les tremblements de terre, par T. Sterry Hunt, VI. — Phénomènes chimiques des volcans; causes des éruptions, par Fouqué, III. — Siége probable de l'action volcanique, par T. Sterry Hunt, VII. — Volcans du centre de la France, par Lecoq, III. — Volcans de boue; gisements de pétrole en Crimée, par Ansted, III. — Éruption du Vésuve, par Palmieri et Mauget, V. — Éruption d'une île volcanique, par Fouqué, III. — Éruptions sous-marines des Açores, par Fouqué, V. — Le tremblement de terre d'août 1868 dans la Sud-Amérique, par Cl. Gay, VI.

Histoire. — Histoire de la géologie, par Ed. Hébert, II. — Histoire de la minéralogie, par Daubrée, II. — Les questions récentes en géologie, par Ch. Lyell, I.

PALÉONTOLOGIE

Développement chronologique et progressif des êtres organisés, par d'Archiac, V. — La faune quaternaire, cours par d'Archiac, I. — La caverne de Kent, par Pengelly, III. — La théorie de l'évolution et la détermination des terrains; les migrations animales aux époques géologiques, par A. Gaudry, VII. — Les organismes microscopiques en géologie, par Delbos, V. — Un morceau de craie, par Th. H. Huxley, V.

Histoire. — Histoire de la paléontologie, par A. Gaudry, VI. — La paléontologie de 1862 à 1870; la doctrine de l'évolution, par Th. H. Huxley, VII.

BOTANIQUE

Anatomie. Physiologie. — Organographie végétale, cours par Chatin, I et II. — Développement des végétaux, racines, par Baillon, I. — Respiration des plantes aquatiques, par Van Tieghem, V. — Action de la vapeur de mercure sur les plantes, par Boussingault, IV. — Tendances des végétaux; action de la chaleur sur les plantes, par Duchartre, VI. — Végétation du printemps, par Lecoq, II. — Végétation pyrénéenne, par Jaubert, V.

L'individu. L'espèce. — L'individualité dans la nature au point de vue du règne végétal, par Nægeli, II. — Métissage et hybridation chez les végétaux, par de Quatrefages, VI. — La primevère de Chine et ses variations par la culture, par E. Faivre, VI.

Cryptogames. — Reproduction chez les cryptogames, par Brongniart, V. — Les algues, par Brongniart, V. — Les champignons, par Tulasne, V. — Champignons, cours par A. Brongniart, VI.

Paléontologie végétale. — Les flores de l'ancien monde, d'après les travaux de Schimper, par Ch. Grad, VII. — La végétation primitive, par J. Dawson, VII. — La végétation à l'époque houillère, par Bureau, IV. — Les forêts cryptogamiques de la période houillère, par W. Carruthers, VII.

Histoire. Bibliographie. — Les travaux botaniques de 1866 à 1870, par G. Bentham, VII. — Congrès international de Paris en 1867, par E. Fournier, IV. — Histoire des plantes de Baillon, VII. — Paléontologie végétale de Schimper, par A. Brongniart, VII.

AGRICULTURE

Chimie agricole. — Géologie et chimie agricoles, cours par Boussingault, I et III. — Physique végétale, cours par Georges Ville, II et III. — L'agriculture et la chimie, par Isid. Pierre, V. — La production végétale, assimilation par les plantes de leurs éléments constitutifs; les engrais chimiques et le fumier, cours par G. Ville, V. — Assimilation des éléments qui composent les plantes, par Isid. Pierre, VI.

Économie et génie agricoles. — Situation actuelle (1866) de l'agriculture, par Barral, III — La crise agricole, par G. Ville, III. — L'agriculture par la science et par le crédit, par G. Ville, VI. — Travaux agricoles en France, par Hervé Mangon, I.

Céréales. — Verse des céréales par Isid. Pierre, VI. — Les parasites des céréales ; l'ergot du seigle, par E. Fournier, VII.

Cultures spéciales. — Rapports de la botanique et de l'horticulture par A. de Candolle, III. — La sériciculture dans l'Inde, par Simmonds, VI.

ZOOLOGIE

Origine de la vie. Génération spontanée. — Origine des êtres organisés, par A. Müller, IV. — Les générations spontanées, par Milne Edwards, I; — par Coste, I; — par Pasteur, I; — par Pouchet, I; — par N. Joly, II. — Le rapport à l'Académie sur les générations spontanées, II.

Origine des espèces. — Théorie de l'espèce en géologie et en botanique, avec ses applications à l'espèce et aux races humaines, cours par de Quatrefages, V et VI. — Le transformisme, par Broca, VII. — Division des êtres organisés en espèces, par A. Müller, IV. — Métissage et hybridation, par de Quatrefages, VI. — Influence des milieux sur la variabilité des espèces, par Faivre, V. — La théorie de l'évolution ; animaux intermédiaires entre les oiseaux et les reptiles, par Th. H. Huxley, V. — Ch. Darwin à l'Académie des sciences de Paris, VII. — Les travaux de Ch. Darwin, par H. Milne Edwards, VII. — L'origine des espèces, par A. R. Wallace, VII. — Voyez ANTHROPOLOGIE.

Zoologie biologique. — Point de vue biologique dans l'étude des êtres vivants, par A. Moreau, III. — Les animaux inférieurs ; la physiologie générale et le principe vital, par P. Bert, VI. — Le commensalisme dans le règne animal, par P. J. van Beneden, VII. — La vie animale dans les profondeurs de la mer, par W. B. Carpenter, VI et VII. — Le fond de l'Atlantique, faune et conditions biologiques, par L. Agassiz, VII.

Morphologie générale. — Principes rationnels de la classification zoologique; les espèces; ordre d'apparition des caractères zoologiques pendant la vie embryonnaire, par L. Agassiz, VI. — Rapports fondamentaux des animaux entre eux et avec le monde ambiant, au point de vue de leur origine, de leur distribution géographique et de la base du système naturel en zoologie, cours par Agassiz, V. — Les animaux et les plantes aux temps géologiques, par Agassiz, V. — La série chronologique, la série embryologique et la gradation de structure chez les animaux, par Agassiz, V. — Les classifications et les méthodes en histoire naturelle, par Contejean, VI. — L'histoire naturelle de la création, par Burmeister, VII. — Les métamorphoses dans le règne animal, par P. Bert, IV.

Vertébrés. — Classification nouvelle des Mammifères, par Contejean, V et VI. — La physionomie, théorie des mouvements d'expression, par Gratiolet, II. — Distribution géographique des Mammifères, par Bert, IV. — Les Singes, par Filippi, I. — L'Orang-outan ; les Lynx, par Brehm, V. — Le vol chez les oiseaux, cours par Marey, VI et VII. — Reptiles, cours par Duméril, I. — Poissons électriques, par Moreau, III.

Insectes. Annelés. — Histoire de la science des animaux articulés ; espèces utiles et nuisibles, par E. Blanchard, I et III. — Organisation et classification des Insectes, cours par Gratiolet, I. — Métamorphoses des Insectes, par Lubbock, III. — Métamorphoses et instincts des Insectes, cours par E. Blanchard, III et IV. — Le vol chez les Insectes, par Marey, VI et VII. — Vaisseaux capillaires artériels chez les Insectes, par Kunckel, V.

Fourmis, par Ch. Lespès, III. — Soie et matières textiles provenant des animaux, par E. Blanchard, II. — La sériciculture dans l'Inde, par Simmonds, VI. — Ravages de la Noctuelle des moissons dans les cultures du nord de la France, par E. Blanchard, II. — Génération et dissémination des Helminthes, par Baillet et Cl. Bernard, V.

Mollusques. Zoophytes. — Michael Sars, par E. Blanchard, VII. — Manuel de conchyliologie de Woodward, VII. — Recherches de Marion sur les Nématoïdes marins ; travaux de N. Wagner sur les Ancées du golfe de Naples, par E. Blanchard, VII.

Danger des déductions à priori en zoologie, par Lacaze-Duthiers, III. — Organisation des Zoophytes ; Corail, cours par Lacaze-Duthiers, III. — Madrépores, par Vaillant, IV. — Génération chez les Alcyonaires, par Lacaze-Duthiers, III. — Lamarck, de Blainville et Valenciennes, par Lacaze-Duthiers, III.

Distribution géographique. — Histoire naturelle de la Basse-Cochinchine, par Jouan, V. — Faune de la Nouvelle-Zélande, par Jouan, VI. — Le centenaire de Humboldt, par L. Agassiz, VII.

ANTHROPOLOGIE

L'homme fossile. Anthropologie préhistorique. — Histoire primitive de l'homme, par K. Vogt, VI. — Existence de l'homme à l'époque tertiaire, par Alph. Favre, VII. — L'homme tertiaire en Amérique et la théorie des centres multiples de création, par Hamy, VII. — L'homme fossile ; habitations lacustres ; industrie primitive, par N. Joly, II. — Tumuli et habitations lacustres, par Virchow, IV. — Boucher (de Perthes), par Dally, VI.

L'art dans les cavernes, par de Mortillet, IV. — Condition intellectuelle de l'homme dans les âges primitifs, par E. B. Tylor, IV. — Condition primitive de l'homme et origine de la civilisation, par J. Lubbock, V. — Survivance des idées barbares dans la civilisation moderne, par E. B. Tylor, VI. — Conditions du développement mental, par Kingdom Clifford, V.

Le congrès d'anthropologie préhistorique : session de 1868 à Norwich, compte rendu par L. Lartet, VI. — Session de 1869 à Copenhague, par X. et Cazalis de Fondouce, VI et VII.

Origine de l'homme. — L'homme et sa place dans la création, par Gratiolet, I. — L'homme et les singes, par Filippi, I. — La sélection naturelle et l'origine de l'homme, par E. Claparède, VII.

Unité de l'espèce humaine. — Unité de l'espèce humaine, cours par de Quatrefages, II, V et VI. — Propagation par migrations, par de Quatrefages, II. — Métissage et hybridation, par de Quatrefages, VI. — Unité de l'espèce humaine, par Hollard, II. — Les centres multiples de création, par L. Agassiz, V, — et par Hamy, VII. — Voyez Zoologie (*Origine des espèces*).

Les races. Ethnologie. — Histoire naturelle de l'homme, cours par Gustave Flourens, I. — Caractères généraux des races blanches, par de Quatrefages, I. — Formation des races humaines mixtes, par de Quatrefages, IV. — Crâniologie ethnique, par N. Joly, V. — Synostose des os du crâne, par de Quatrefages, VI. — L'ethnologie de la France au point de vue des infirmités, par Broca, VI. — Les Kabyles du Djurjura, par Duhousset, V. — Ethnologie de l'Inde méridionale, par de Quatrefages, VI. — Le choléra à la Guadeloupe chez les diverses races, par de Quatrefages, VI. — Acclimatation des Européens dans les pays chauds, par Simonot, IV. — La physionomie ; théorie des mouvements d'expression, par P. Gratiolet, II.

Statistique. — Mouvement et décadence de la population française, par Broca, Jules Guérin, Bertillon, Boudet, IV. — La mortalité dans les divers départements de la France, par Bertillon, VII. — La vie moyenne dans l'Ain. L'instruction primaire en France, par Bienaymé, VI. — La mortalité militaire pendant la guerre d'Italie en 1859, par Bienaymé, VII. — La population de Cuba, VII.

Histoire des travaux anthropologiques. — Les questions anthropologiques de notre temps, par Schaaffhausen, V. — L'anthropologie en France depuis vingt ans (1846-1867), par de Quatrefages, IV. — Etudes anthropologiques et Sociétés d'anthropologie en France et en Amérique de 1858 à 1868, par Broca, VI. — Travaux de la Société d'anthropologie de Paris de 1865 à 1867, par Broca, IV. — Séances de la Société d'anthropologie de Paris en 1870. Ethnologie de la Basse-Bretagne ; suite de la discussion sur le transformisme, VII. — Le cerveau de l'homme et des primates ; ostéologie pathologique des nouveau-nés ; acclimatation des Européens en Afrique ; discussion sur le transformisme, VII.

ANATOMIE — HISTOLOGIE

Histoire. — Histoire de l'anatomie, par P. Gervais, VI. — L'école anatomique française, par G. Pouchet, IV.

Microscope et autres moyens d'étude en anatomie générale; caractères organiques des tissus; ce qu'on doit entendre par *organisation* dans l'état actuel de la science, par Ch. Robin, I. — Histologie, programme du cours de Ch. Robin, I et II. — Principes généraux d'histologie, par Ch. Robin, V.

Conditions anatomiques des actions réflexes, par Chéron, V. — Structure du cylindre-axe et des cellules nerveuses, par Grandry, V. — Rapports du système grand sympathique avec les capillaires, par G. Pouchet, III.

Appropriation des parties de l'organisme à des fonctions déterminées. — L'anatomie générale et ses applications à la médecine, par Ch. Robin, VII.

Anatomie pathologique. — L'anatomie pathologique, par Vulpian, VII. — L'anatomie pathologique, par Laboulbène, III.

PHYSIOLOGIE

Théorie de la vie. — Conception mécanique de la vie. Atome et individu, par Virchow, III. — La physique de la cellule dans ses rapports avec les principes généraux de l'histoire naturelle, par Wundt, V. — L'irritabilité, cours par Cl. Bernard, I. — La science de la vie, par W. Kühne, VII. — Unité de la vie. Limites de la nature humaine, par Moleschott, I. — La causalité en biologie, par Moleschott, II. — La base physique de la vie, par Th. H. Huxley, VI.

Méthode en physiologie. — La méthode en physiologie, par Moleschott, I. — L'expérimentation et la critique expérimentale dans les sciences de la vie, par Cl. Bernard, VI. — L'observation anatomique et l'expérimentation physiologique, par P. Bert, VI. — L'art d'expérimenter et les laboratoires. Les moyens contentifs physiologiques, cours par Cl. Bernard, VI. — L'observation et l'expérimentation en physiologie, par Coste et Cl. Bernard, V. — Voyez Organisation scientifique.

Physiologie générale. — Deux cours, par Cl. Bernard, I, II et III. — Les animaux inférieurs, la physiologie générale et le principe vital, par P. Bert, VI. — Physiologie et zoologie, par P. Bert, VII. — Organisation et connexions organiques, par Cl. Bernard, V. — Voyez Médecine (*Médecine expérimentale*).

Vie et lumière, par Moleschott et par Büchner, II. — Différences physiologiques et intellectuelles des deux sexes, VI. — Des forces en tension et des forces vives dans l'organisme animal, par Onimus, VII. — Voyez Zoologie biologique.

Le cerveau. — Les centres nerveux; travaux de Flourens, par Cl. Bernard, VI. — Vitesse des actes cérébraux, par Marey, VI. — Vitesse de la transmission de la sensation et de la volonté à travers les nerfs, par E. du Bois-Reymond, IV. — Activité inconsciente du cerveau, par Carpenter, V. — Relation entre l'activité cérébrale et la composition des urines, par Byasson, V. — Ablation du cerveau chez les pigeons, par Voit, VI. — Les alcaloïdes de l'opium, cours par Cl. Bernard, VI.

Les sens. — Théorie de la vision, cours par H. Helmholtz, VI. — L'œil, par Mansart, IV. — La vision binoculaire, par Giraud-Teulon, V. — Fonction collective des deux organes de l'ouïe, par Plateau, V.

Le système nerveux. — L'élément nerveux et ses fonctions; les actions réflexes, cours par Cl. Bernard, I et II. — Le système nerveux, par P. Bert, III. — Fonctions du système nerveux, cours par Vulpian, I et II. — Origine de l'électrotone des nerfs, par Matteucci, V. — L'électrophysiologie, cours par Matteucci, V. — Les anesthésiques, cours par Cl. Bernard, VI. — Les actions nerveuses sympathiques, par P. Bert, VII. — Centre d'innervation du sphincter de la vessie, par Massius, V. — Le curare, cours par Cl. Bernard, II et VI.

Le système musculaire. — L'élément contractile et ses fonctions, cours par Cl. Bernard. I. — Production du mouvement chez les animaux, par Marey, IV. — Méthode graphique en biologie; mouvement dans les fonctions de la vie; deux cours par Marey, III et IV. — Le vol chez les insectes, cours par Marey, VI. — Le vol chez les oiseaux, cours par Marey, VI et VII. — Les mouvements involontaires chez les animaux, cours par Michaël Foster, VI. — Sources chimiques de la force musculaire, par E. Frankland, IV.

Le cœur. — Le cœur et ses rapports avec le cerveau, par Cl. Bernard, II. — L'innervation du cœur, par Cl. Bernard, V.

Le sang, la circulation et la respiration. — Les propriétés du sang, cours par Cl. Bernard, II.—Le sang étudié au moyen de l'oxyde de carbone; l'asphyxie, cours par Cl. Bernard, VII. — La vie du sang, par Virchow, III. — Une ambassade physiologique, par Moleschott, IV. — La respiration, par P. Bert, V. — Physiologie du mal des montagnes, par Lortet, VII. — Circulation chimique dans les corps vivants. Passage de divers sels dans les tissus, par Bence Jones, VI.

La digestion et les sécrétions. — Physiologie comparée de la digestion, cours par Vulpian, III et IV. — Les liquides de l'organisme, sécrétions internes et externes, excrétions, cours par Cl. Bernard, III. — Théorie des peptones et absorption des substances albuminoïdes, par E. Brücke, VI. — Rôle de la cholestérine dans l'organisme, travaux d'Austin Flint, par St. Laugier. — Recherches de Gréhant sur l'excrétion de l'urée, par F. Terrier, VII. — La déglutition, par Cl. Bernard, V.

Embryogénie.—Embryogénie comparée, cours par Coste, I et II.— Histoire d'un œuf, par Vaillant, VI. — Structure et formation de l'œuf chez les animaux, par Ed. van Beneden et Gluge, VI. — L'œuf et la théorie cellulaire, par Schwann, VI. — L'ovaire et l'œuf, travaux récents, par Ed. Claparède, VII. — Origine et mode de formation des monstres omphalosites, par Dareste, II. — Génération des éléments anatomiques, par Ch. Robin, IV.

MÉDECINE

Philosophie médicale.—Matérialisme et spiritualisme en médecine, par Hiffelsheim, II. — Maladie dans le plan de la création, par Cotting, III. — Erreurs vulgaires au sujet de la médecine, par Jeannel, III. — Physiologie base de la médecine, par Moleschot, III.—Les systèmes et la routine en médecine, par Axenfeld, V. — La médecine d'observation et la médecine expérimentale, par Cl. Bernard, VI. — L'évolution de la médecine scientifique, par Cl. Bernard, VII.

Pathologie générale. — Qu'est-ce que la maladie? État actuel de la pathologie, par Virchow, VII. — La médecine de nos jours, par W. Acland, V. — La médecine clinique contemporaine, par W. Gall, V. — L'avenir de la médecine, par Béclard, V.— Poussières et maladies, par J. Tyndall, VII. — Pathologie générale, par Chauffard, I;— et par Lasègue, II. — La médecine scientifique; la méthode graphique appliquée à l'étude clinique des maladies, par Lorain, VII. — Progrès récents en pathologie, par R. Wirchow, V.

Médecine expérimentale.—Le curare considéré comme moyen d'investigation biologique, cours par Cl. Bernard, II. — Histoire des agents anesthésiques et des alcaloïdes de l'opium, cours par Cl. Bernard, VI. — L'oxyde de carbone, cours par Cl. Bernard, VII. — Le sang dans l'empoisonnement par l'acide prussique, par Büchner, VI.

Thérapeutique. — Thérapeutique, par Trousseau, II. — Passé et avenir de la thérapeutique; l'observation clinique et l'expérimentation physiologique, par Gubler, VI. — L'électrothérapeutique, par Becquerel, IV et VII. — Courant constant appliqué au traitement des névroses, cours par Remak, II. — Eaux sulfureuses des Pyrénées, par Filhol, VI.

Pathologie spéciale. — L'alimentation et les anémies, cours par G. Sée, III. — La glycogénie et la glycosurie, par Bouchardat, VI. — La fièvre, par Virchow, VI. — Causes des fièvres intermittentes et rémittentes, par J. A. Salisbury, VI. — La vaccine, par Brouardel, VII.— La variole à Paris et à Londres, par Bouchardat, VII. — La rage, par Bouley, VII. — Le choléra à la Guadeloupe chez les diverses races, par de Quatrefages, VI. — La mortalité des femmes en couches, par Lorain, VII. — Maladies mentales, par Lasègue, II. — Gheel; aliénés vivant en famille, par J. Duval, V.

Chirurgie. — Occlusion pneumatique des plaies, par J. Guérin, V. — Les germes atmosphériques et l'action de l'air sur les plaies, par J. Tyndall, VII. — Nature et physiologie des tumeurs, par Virchow, III. — Régénération des os; coloration des tissus par le régime garancé, par Joly, IV. — Bégayement dans d'autres organes que ceux de la parole, par J. Paget, VI.

Ophthalmologie. — Congrès international ophthalmologique de Paris en 1867, par Giraud-Teulon, IV. — Les travaux de von Graefe, par Giraud-Teulon, VII. — Myopie au point de vue militaire, par Giraud-Teulon, VII. — Voyez Physiologie (*Sens*).

Hygiène. — Hygiène, par Bouchardat, I. — Hygiène et physiologie, par H. Favre, I. — L'hygiène publique en Allemagne, par Pettenkofer, V. — Voyez Siége de Paris en 1870-1871.

Influence de la civilisation sur la santé, par J. Bridges, VI. — La mortalité des nourrissons, par Bouchardat, VII. — Les eaux de Londres, par E. Frankland, V et VI.

La fécondité des mariages et les doctrines de Malthus, par Broca, V. — Le blé dans ses rapports avec la mortalité, le nombre des mariages et des naissances, les famines, par Bouchardat, V.

Les hôpitaux. — Les hôpitaux et les lazarets, par Virchow, VI. — L'assistance publique à Paris, par Lorain, VII.

Histoire de la médecine. — Histoire de la médecine, par Daremberg, II. — La médecine dans l'antiquité et au moyen âge, par Daremberg, III et IV. — La médecine du XVe au XVIIe siècle, par Daremberg, V. — Histoire des doctrines médicales, par Bouchut, I. — Guy de Chauliac, par Follin, II. — Harvey, par Béclard, II. — L'école de Halle, Fréd. Hoffmann et Stahl, par Lasègue, II. — Barthez et le vitalisme, par Bouchut, I. — Les chirurgiens érudits : Antoine-Louis, par Verneuil, II.

MÉCANIQUE

Les forces motrices, par A. Cazin, VII. — Transmission du travail dans les machines ; palier glissant de Girard ; machine à gaz de Hugon ; machine à air chaud de Laubereau, par Haton de la Goupillère, IV. — Histoire des machines à vapeur, par Haton de la Goupillère, III. — La marche à contre-vapeur des machines locomotives, VII.

SCIENCES INDUSTRIELLES

Chemins de fer. Canaux. — Histoire des chemins de fer : le pont du Rhin, le percement du mont Cenis, par Perdonnet, I. — Le percement du mont Cenis, par A. Cazin, VII. — Le chemin de fer de l'Atlantique au Pacifique, par W. Heine, IV. — Le tunnel sous-marin entre la France et l'Angleterre, par Bateman, VII. — Travaux du canal de Suez, par Borel, IV.

Télégraphie électrique. — La télégraphie électrique, par Fernet, V. — Le télégraphe transatlantique, câble, appareils électriques, transmission des courants, par Varley et W. Thomson, V. — Pose des câbles sous-marins, par Fleeming-Jenkin, VI.

Fer. — Le fer à l'Exposition de 1867, par L. Simonin, IV.

Mines. — La houille et les houilleurs, par L. Simonin, IV. — Épuisement probable des houillères d'Angleterre, par Stanley Jevons, V. — Placers de la Californie, par L. Simonin, IV.

Arts. — Physique appliquée aux arts, cours par Ed. Becquerel, I. — Photographie, par Fernet, II. — Cristallisations salines, application à l'impression sur tissus, par Ed. Gand, V.

Chimie appliquée aux arts, cours par Péligot, I. — La teinture, par de Luynes, III. — Matières colorantes récentes; ammoniaques composées, par W. H. Perkins, VI.

Industries chimiques. — Chimie appliquée à l'industrie, cours par Payen, I. — L'éclairage au gaz, par Payen, II. — Le verre, par de Luynes, IV. — Le guide du verrier. Le conseil des prud'hommes, par Bienaymé, VII.

SCIENCES MILITAIRES

Stratégie. Fortifications. — Les nouvelles armes de précision; avantage de la défense sur l'attaque; les fortifications de campagne; attaques des côtes fortifiées, par H. Shaw, VII. — Fortifications des côtes de l'Angleterre, par F. D. Jervois, VI.

Artillerie ; armes. — Système Moncrieff pour les batteries d'artillerie côtière, par Moncrieff, VI. — L'artillerie prussienne, VII. — Les fusils se chargeant par la culasse, par Majendie, IV.

Marine. — Les navires cuirassés, par E. J. Reed, VII. — Nouvelles machines à vapeur de la marine militaire française, par Dupuy de Lôme, IV. — Applications de l'électricité à la marine et à la guerre, par Abel, VI.

Soldats. — Validité militaire de la population française, par Broca, IV. — L'ethnologie de la France au point de vue des infirmités militaires, par Broca, VII. — La myopie au point de vue militaire, par Giraud-Teulon.

Poudre. — La poudre à canon; nouvelles substances pour la remplacer, par Abel, III. — Le picrate de potasse et les poudres fulminantes, par G. Tissandier, VI. — Force de la poudre et des matières explosibles, par Berthelot, VII.

Chirurgie militaire. — Ambulances et hôpitaux des armées en campagne, par Champouillon, VII. — Les plaies par armes à feu, par Nélaton, VII. — Amputations, suite des blessures par armes de guerre, par Sédillot, VII. — La mortalité militaire pendant la campagne d'Italie en 1859, par Bienaymé, VI. — Premiers soins à donner aux blessés, par Verneuil, VII.

SIÉGE DE PARIS EN 1870-1871

Alimentation. — Le régime alimentaire pendant le siége, par G. Sée, VII. — Conseils sur la manière de se nourrir pendant le siége, par A. Riche, VII. — Des moyens d'employer pendant le siége nos ressources alimentaires, par Bouchardat, VII.

Hygiène. Médecine. — Des maladies qui peuvent se développer dans une ville assiégée, par Béhier, VII. — L'hygiène de Paris pendant le siége, par Bouchardat, VII. — L'état sanitaire de Paris pendant le siége, par Bouchardat, VII. — Premiers soins à donner aux blessés, par A. Verneuil, VII.

HISTOIRE DES SCIENCES

Antiquité. Moyen âge. — État arriéré des sciences chez les anciens, par von Littrow, VII. — L'état naissant des sciences au moyen âge, par H. Kopp, VII.

Renaissance. — Revue générale du développement des sciences dans les temps modernes, par H. Helmholtz, VII. — La médecine du XVe au XVIIe siècle, par Daremberg, V. — Harvey, par Béclard, II. — Travaux de la vieillesse de Galilée; Galilée et Babiani, par Philarète Chasles, VI.

XVIIe siècle.— Correspondance de Galilée, de Pascal et de Newton sur l'attraction universelle, etc., par MM. Chasles, Faugère, Le Verrier, Duhamel, David Brewster, R. Grant, IV et VI. — Newton, par J. Bertrand, II. — Les idées de Newton sur l'affinité, par Dumas, V.

XVIIIe siècle — Clairault et la mesure de la terre, par J. Bertrand, III. — Voltaire physicien, par E. du Bois-Reymond, V. — Franklin, par H. Favre, I. — Scheele, par Troost, III. — Genie scientifique de la Révolution, par H. Favre, I.—Antoine Louis, par A. Verneuil, II. — Les œuvres de Lavoisier, par Dumas, V. — Barthez, par Bouchut, I.

XIXe siècle. — Gœthe naturaliste, par H. Helmholtz, VII. — Lamarck, de Blainville et Valenciennes, par Lacaze-Duthiers, III. — A. de Humboldt par L. Agassiz, VII. — Puissant, par Élie de Beaumont, VI. — Dutrochet, par Coste, III. — Gratiolet, par P. Bert, III. — Poncelet, par Ch. Dupin, V. — Faraday, par Dumas, V. — E. Verdet, par Levistal, IV. — Flourens, par Cl Bernard et Patin, VI. — Boucher (de Perthes), par Dally, VI. — Purkynié, par L. Léger, VII. — Pelouze, par Cahours, V. — et par Dumas, VII. — Foucault, par Lissajous, VI. — Th. Graham, par Williamson et Hoffmann, VII. — Cl. Bernard, par Patin, VI. — Michaël Sars, par E. Blanchard, VII. — Von Graefe, par Giraud-Teulon, VII.

HISTOIRE DES SOCIÉTÉS SAVANTES

Le rôle des sociétés savantes, par Fotherby, VII.

La première Académie des sciences de Paris (de 1666 à 1699), par J. Bertrand, V. —L'ancienne Académie des sciences de 1789 à 1793, par J. Bertrand, IV. — Le Congrès des sociétés savantes de France en 1867, IV. — Les travaux scientifiques des départements en 1868 et en 1869, par E. Blanchard, V, VI et VII. — La Société des amis des sciences, par Boudet, V, VI.

Association Britannique, session de Dundee en 1867, par W. de Fonvielle, V. — La science britannique en 1868, discours inauguraux, par J. D. Hooker et Sabine, V. — Congrès médical d'Oxford en 1868, par Lorain, VI. — La Société royale d'Edimbourg de 1783 à 1811, par Christison, VI — Histoire de la Société Huntérienne de Londres, par Fotherby, VII.

Les congrès scientifiques en Allemagne et en Angleterre; le congrès d'Innsbrück, par Arch. Geikie, VII.

RÉCENTES PUBLICATIONS

BAGEHOT. **La constitution anglaise**, traduit de l'anglais. 1869, 1 vol. in-18 de la *Bibliothèque d'histoire contemporaine.* 3 fr. 50

BARNI (Jules). **La morale dans la démocratie.** 1860, 1 vol. in-8 de la *Bibliothèque de philosophie contemporaine.* 5 fr.

BARNI (Jules). **Manuel républicain.** 1872, 1 vol. in-18. 1 fr. 50

BEAUSSIRE. **La liberté dans l'ordre intellectuel et moral.** Étude de droit naturel, 1866, 1 fort vol. in-8. 7 fr.

BEAUSSIRE. **La guerre étrangère et la guerre civile.** 1 vol. in-18 de la *Bibliothèque d'histoire contemporaine.* 3 fr. 50

BLANCHARD. **Les métamorphoses, les Mœurs et les Instincts des insectes**, par M. Émile BLANCHARD, de l'Institut, professeur au Muséum d'histoire naturelle. 1868, 1 magnifique volume in-8 jésus, avec 160 figures intercalées dans le texte et 40 grandes planches hors texte. Prix, broché. 30 fr.

Relié en demi-maroquin. 35 fr.

A. BLANQUI. **L'Éternité par les astres**, hypothèse astronomique. 1872, in-8. 2 fr.

BOERT. **La guerre de 1870-1871**, d'après le colonel fédéral suisse Rustow. 1 vol. in-18 de la *Bibliothèque d'histoire contemporaine.* 3 fr. 50

BOUCHUT et DESPRÈS. **Dictionnaire de Médecine et de Thérapeutique médicale et chirurgicale**, comprenant le résumé de la médecine et de la chirurgie, les indications thérapeutiques de chaque maladie, la médecine opératoire, les accouchements, l'oculistique, l'odontechnie, l'électrisation, la matière médicale, les eaux minérales, et *un formulaire spécial pour chaque maladie.* 1873 2e édit. très augmentée. 1 magnifique vol. in-4, avec 750 fig. dans le texte. 25 fr.

ÉD. BOURLOTON. **L'Allemagne contemporaine**, 1872. 1 vol. in-18 de la *Bibliothèque d'histoire contemporaine.* 3 fr. 50

ÉD. BOURLOTON et E. ROBERT. **La Commune** et ses idées à travers l'histoire. 1872. 1 vol. in-18. 3 fr. 50

CHALLEMEL-LACOUR. **La philosophie individualiste.** Étude sur Guillaume de Humboldt. 1864, 1 vol. in-18 de la *Bibliothèque de philosophie contemporaine.* 2 fr. 50

EM. FERRIÈRE. **Le Darwinisme.** 1872, 1 vol. in-18. 4 fr. 50

HERBERT BARRY. **La Russie contemporaine**, traduit de l'anglais. 1873. 1 vol in-18 de la *Bibliothèque d'histoire contemporaine.* 3 fr. 50

HILLEBRAND. **La Prusse contemporaine et ses institutions.** 1867, 1 vol. in-18 de la *Bibliothèque d'histoire contemporaine.* 3 fr. 50

HUMBOLDT (G. de). **Essai sur les limites de l'action de l'État,** traduit de l'allemand, et précédé d'une Étude sur la vie et les travaux de l'auteur, par M. Chrétien, docteur en droit. 1867, 1 vol. in-18. 3 fr. 50

LANGLOIS (député à l'Assemblée nationale). **L'homme et la Révolution.** Huit études dédiées à P. J. Proudhon. 1867, 2 vol. in-18. 7 fr.

EM. DE LAVELEYE. **Des formes de gouvernement dans les sociétés modernes.** 1 vol. in-18 de la *Bibliothèque de philosophie contemporaine.* 2 fr. 50

LUBBOCK. **L'homme avant l'histoire,** étudié d'après les monuments et les costumes retrouvés dans les différents pays de l'Europe, suivi d'une description comparée des mœurs des sauvages modernes, traduit de l'anglais par M. Ed. BARBIER, avec 156 figures intercalées dans le texte. 1867. 1 beau vol. in-8, broché. 15 fr.

Relié en demi-maroquin avec nerfs. 18 fr.

LUBBOCK. **Les origines de la civilisation.** 1873. 1 vol. grand in-8 avec figures. Traduit de l'anglais. (*Sous presse.*)

J. MICHELET. **Le Directoire et les origines des Bonaparte.** 1872, 1 vol. in-8. 6 fr.

MIRON. **De la séparation du temporel et du spirituel.** 1866, in-8. 3 fr. 50

PARIS (comte de). **Les Associations ouvrières en Angleterre** (Trades-Unions). 1869, 1 vol. gr. in-18. 2 fr. 50

Édition populaire. 1 vol. in-18. 1 fr.

Édition sur papier de Chine : brochée. 12 fr.

— reliée. 20 fr.

TAXILE DELORD. **Histoire du second empire,** 1848-1870 :

1869. Tome Ier, 1 fort vol. in-8 de 760 pages. 7 fr.

1870. Tome II, 1 fort vol. in-8. 7 fr.

VALMONT. **L'espion prussien.** 1872, roman traduit de l'anglais. 1 vol. in-18. 3 fr. 50

VÉRON (Eug.). **Histoire de la Prusse depuis la mort de Frédéric II jusqu'à la bataille de Sadowa.** 1867, 1 vol. in-18 de la *Bibliothèque d'histoire contemporaine.* 3 fr. 50

L'armée d'Henri V. — Les bourgeois gentilshommes de 1870. 1 vol. in-18. 3 fr. 50

Enquête parlementaire sur l'insurrection du 18 mars. Rapports, dépositions des témoins, pièces justificatives. 1 vol. in-4 à 3 colonnes. 16 fr.

Enquête parlementaire sur les événements du 4 septembre. (*Sous presse.*)

Annales de l'Assemblée nationale. Compte rendu *in extenso* des séances, annexes, rapports, projets de lois, propositions, etc. Prix de chaque volume. 15 fr.

Les cinq premiers volumes ont paru.

Paris. — Imprimerie de E. Martinet, rue Mignon, 2.

BIBLIOTHÈQUE D'HISTOIRE CONTEMPORAINE

VOLUMES IN-18 A 3 FR. 50 C.

CARTONNÉS, 4 FR.

Carlyle.

HISTOIRE DE LA RÉVOLUTION FRANÇAISE, traduit de l'anglais par M. Elias Regnault. — Tome Iᵉʳ : [illegible] *La Bastille.* — Tome II : *La Constitution.* — Tome III et dernier : *La [illegible].*

Victor Meunier.

SCIENCE ET DÉMOCRATIE. 2 vol.

Jules Barni.

HISTOIRE DES IDÉES MORALES ET POLITIQUES EN FRANCE AU XVIIIᵉ SIÈCLE. 2 vol.

Jules Barni.

NAPOLÉON Iᵉʳ ET SON HISTORIEN M. THIERS. 1 vol. [illegible] sous le titre NAPOLÉON Iᵉʳ. 1 vol. in-18.

Auguste Laugel.

LES ÉTATS-UNIS PENDANT LA GUERRE (1861-1865). Souvenirs personnels. 1 vol.

De Rochau.

HISTOIRE DE LA RESTAURATION, traduit de l'allemand par M. Rosenwald. 1 vol.

Eug. Véron.

HISTOIRE DE LA PRUSSE depuis la mort de Frédéric II jusqu'à la bataille de Sadowa. 1 vol.

Eugène Despois.

LE VANDALISME RÉVOLUTIONNAIRE. Fondations littéraires, scientifiques et artistiques de la Convention. 1 vol.

Sir G. Cornewall Lewis.

HISTOIRE GOUVERNEMENTALE DE L'ANGLETERRE DE 1770 A 1830, traduit de l'anglais [illegible] M. Mervoyer. 1 vol.

De Sybel.

HISTOIRE DE L'EUROPE PENDANT LA RÉVOLUTION FRANÇAISE [illegible]

Hillebrand.

LA PRUSSE CONTEMPORAINE ET SES INSTITUTIONS. 1 vol.

Thackeray.

LES QUATRE GEORGE, traduit de l'anglais par M. Lefoyer, précédé d'une préface par M. Prévost-Paradol. 1 vol.

Bagehot.

LA CONSTITUTION ANGLAISE, traduit de l'anglais. 1 vol.

Émile Montégut.

LES PAYS-BAS. Impressions de voyage et d'art. 1 vol.

Émile Beaussire.

LA GUERRE ÉTRANGÈRE ET LA GUERRE CIVILE. 1 vol.

Édouard Sayous.

HISTOIRE DES HONGROIS et de leur littérature politique de 1790 à 1815. 1 vol.

Edgar Bourloton.

L'ALLEMAGNE CONTEMPORAINE. 1 vol.

B. Boert.

LA GUERRE DE 1870-1871, d'après [illegible]. 1 vol.

Herbert Barry.

LA RUSSIE CONTEMPORAINE, traduit de l'anglais. 1 vol.

Hepworth Dixon.

LA SUISSE CONTEMPORAINE, traduit de l'anglais. 1 vol.

Louis Teste.

L'ESPAGNE CONTEMPORAINE, journal d'un voyageur. 1 vol.

[illegible] 1869. Tome I. 1 vol. [illegible] traduit de l'allemand [illegible] Tome II. 1 vol. [illegible]

Taxile Delord.

HISTOIRE DU SECOND EMPIRE, 1848-1869. [illegible] Tome [illegible] 1 vol. [illegible] complet. [illegible]

[illegible] Germer Baillière [illegible]

www.ingramcontent.com/pod-product-compliance
Ingram Content Group UK Ltd.
Pitfield, Milton Keynes, MK11 3LW, UK
UKHW012152240726
13966UKWH00002B/279